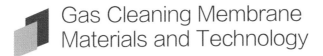

Gas Cleaning Membrane
Materials and Technology

气体净化膜材料与膜技术

仲兆祥　邢卫红　著

U0376462

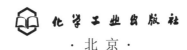

化学工业出版社

·北京·

内 容 简 介

本书针对大气污染控制和人类健康保障的重大战略需求，系统介绍了气体净化膜的相关概念和术语、气体净化膜分离原理、膜结构表征和评价方法；按照应用气体环境特征，详细介绍了中低温净化膜、高温净化膜、多功能净化膜等不同类型膜材料的制备方法、性能参数和应用进展；最后介绍了气体净化膜装备以及膜在室内空气净化、医疗领域和工业领域典型的应用案例。

本书既是对气体净化膜相关基础知识的介绍，也是作者们在该领域的多年研究经验以及国家自然科学基金、国家重点研发计划项目、江苏省杰出青年基金等项目成果的总结，内容丰富，适用性强，反映了该领域的理论研究前沿及应用发展趋势。本书可供化工、材料、环境、冶金等领域从事空气过滤材料和气体净化技术开发的研究人员，以及高等院校化学工程、材料科学与工程、环境工程等专业的师生参考。

图书在版编目（CIP）数据

气体净化膜材料与膜技术/仲兆祥，邢卫红著. —北京：化学工业出版社，2021.3
ISBN 978-7-122-38697-7

Ⅰ.①气…　Ⅱ.①仲…②邢…　Ⅲ.①膜材料-应用-气体净化-研究②薄膜技术-应用-气体净化-研究　Ⅳ.①TQ028.2

中国版本图书馆 CIP 数据核字（2021）第 042887 号

责任编辑：傅聪智　　　　　　　　　　文字编辑：高璟卉
责任校对：边　涛　　　　　　　　　　装帧设计：王晓宇

出版发行：化学工业出版社（北京市东城区青年湖南街 13 号　邮政编码 100011）
印　　装：三河市航远印刷有限公司
710mm×1000mm　1/16　印张 19　字数 360 千字　2022 年 1 月北京第 1 版第 1 次印刷

购书咨询：010-64518888　　　　　　　售后服务：010-64518899
网　　址：http://www.cip.com.cn
凡购买本书，如有缺损质量问题，本社销售中心负责调换。

定　　价：128.00 元　　　　　　　　　　　　　　版权所有　违者必究

前 言

　　大气污染物排放控制是国家可持续发展的重大战略需求。工业烟尘排放是大气雾霾的主要成因之一，如何严格控制超细粉尘排放，实现资源的高效洁净利用，是化工、能源、钢铁、冶金、建材等行业面临的共性问题，迫切需要新型分离技术的支撑。目前，工业气体除尘主要采用静电除尘、袋式除尘、旋风除尘、水膜除尘等技术。经过多年的发展，传统除尘技术的理论研究和装备水平均已达到相当高的程度，在理论与方法的指导下实现了大规模的工业应用。然而，由于 $PM_{2.5}$ 的微纳尺度性，采用传统除尘技术去除率低，不能满足日益严格的排放要求。膜技术为 $PM_{2.5}$ 控制提供了有效途径，具有分离效率高、能耗低等优点，尤其对高温气体的净化，可以最大程度地利用气体的物理显热，实现能量回收。因此，在过去的十多年里，基于膜材料的分离技术在许多国家成为气体净化的最佳选择之一。研究者将其与纳米催化技术、功能材料技术以及智能制造技术进行有机结合，并赋予其能量回收、功能协同等新的内涵，使其在气固相反应过程、工业烟气净化过程和人体健康安全防护等领域具有广阔应用前景，对化学工业过程节能减排以及资源高效洁净利用起到重要推动作用。

　　在液相分离领域，分离膜的理论体系和应用技术相对成熟，但是在气体净化领域，膜技术的理论与应用发展整体落后于液相领域。气体净化研究的理论支撑目前还主要依赖于以深层过滤为基础的传统过滤材料理论，新的气体净化膜理论体系尚未完善。主要原因之一是气体净化的应用需求在整体上要晚于水处理领域，导致相关研究起步较晚；二是流体性质（黏度、密度、压强、压缩性等）的本质差异，导致分离过程呈现出新的传质特征，这种传质特征的差异对膜材料提出了新的挑战，需要解决的是气体净化膜材料的设计、制备和应用问题，并在此基础上发展和完善气体净化膜的理论支撑体系。发展膜材料与膜过程相关理论，大力推进膜过程在传统工业中的应用，全面提升我国膜材料制备及膜技术的应用水平，对于提高我国能源与资源利用效益，降低环境污染具有重要的战略意义。本书正是适应这种发展的需要，是我国膜领域工作者在大量研究与实践应用基础上的经验总结与理论探索。

　　本书共分 11 章：第 1 章简要介绍了气体净化膜的相关定义与分类、气固分离原理；第 2 章主要介绍了我国空气污染的现状与成因，剖析了主要污染物类型，并给出了我国几种主要工业行业大气污染物的排放标准和民用空气净化产品的相关标准等；第 3 章系统介绍了气体净化膜的结构性质表征、应用性能评价方法；第 4 章以中低温气体净化膜为重点，从膜制备技术、主要分类、结构与性能、改性方法、主要应用等方面介绍了双向拉伸、静电纺丝、特殊浸润性纳米纤维、碳纳米管等膜材料；第 5 章突出气体净化膜在高温气体净化领域的应用，以碳化硅陶瓷膜为重点，介绍了高温气体净化膜的制备方法、成型技术、主要应用等情况，并对其他类型高温气体净化膜进行了简要的介绍；第 6 章针对气体分离过程，从膜材料分类、制备方法、性能参数、传质模型、工艺流程及膜组件、主要应用等方面介绍了 VOCs 分离膜以及膜吸收脱硫膜等几种气体净化膜；第 7 章则针对复杂气体净化体系，介绍了催化型、抗菌型气体净化膜，详细讨论了集氮氧化物催化与粉尘截留为一体的催化型气体净化膜；第 8 章主要介绍了气体净化膜分离装备，讨论了污染物体系各参数、膜分离元件与过滤方式等对膜分离装备的影响，同时介绍了面向不同应用过程的膜装备的选型设计及结构形式；第 9 章基于室内空气污染问题，介绍了膜在家用空气净化器、新风净化系统、家用防雾霾纱窗等领域的应用；第 10 章针对医疗领域，介绍了气体净化膜在医用气体过滤，医用口罩等方面的应用；第 11 章介绍了气体净化膜在燃煤电厂、废弃物燃烧的超低排放以及分子筛、染料等粉体回收方面的应用案例，最后介绍了陶瓷膜在高温烟气净化领域的实际工程案例。

南京工业大学周荣飞教授、周浩力教授、张峰副教授、邱鸣慧副教授、冯厦厦博士、韩峰博士、胡敏博士后、康玉堂博士后等为本书编写提供了素材，协助进行了图表和文献的整理，在此对他们的辛勤付出表示衷心的感谢！同时也感谢汪勇教授、姚建峰教授、陈日志研究员等在本书编写过程中给予的宝贵建议！江苏久朗高科技股份有限公司、南京膜材料产业技术研究院有限公司为本书提供了丰富的工程资料，在此对他们的贡献表示衷心的感谢！

本书的研究工作得到国家自然科学基金项目、国家重点研发计划项目、江苏省杰出青年基金等项目的支持，特此致谢！材料化学工程国家重点实验室、国家特种分离膜工程技术研究中心、南京工业大学膜科学技术研究所在本书的编写过程中给予了大力支持，在此一并表示感谢！

由于时间和著者能力所限，书中难免存在一些不足与纰漏，敬请读者批评指正。

著者

南京工业大学膜科学技术研究所

2021 年 8 月于南京

目 录

第 1 章

绪 论

气体净化膜材料是气固或气气分离膜技术的核心，相比于以传统滤材为基础的过滤技术，膜材料及膜技术更加节能、环保、高效且适用领域广，在工业尾气处理、产品回收、洁净空间维护、室内空气净化等领域均有广泛应用，是解决人类所面临的能源、环境、传统产业改造等领域重大问题的共性技术之一。目前气体净化膜技术的发展呈现以下几方面的特点：一是气体净化膜材料正向高净化效率、低过滤阻力及多功能化方向发展；二是气体净化膜材料市场快速发展，与上下游原材料生产与装备制造产业结合日趋紧密；三是随着"中国制造 2025"路线图明确提出"高性能分离膜材料"是关键战略材料的战略重点之后，《国务院关于加快培育和发展战略性新兴产业的决定》也提出将"高性能膜材料"列入战略性新兴产业，未来气体净化膜技术对节能减排、资源回收利用、产业结构升级的推动将日趋明显；四是随着人们对健康、安全生活环境需求的日益提升，气体净化膜在个人防护、家用空气净化器、特种防护面料及装备等民用领域的应用将迅速发展。

1.1 定义与术语

1.1.1 气体净化膜定义

气体净化膜主要是指用于脱除气体中固态或气态污染物的分离膜材料。气体净化膜按照孔径大小主要分为多孔膜和致密膜，多孔膜的孔径约为 $0.3 \sim 10 \mu m$，主要应用于气体中超细颗粒物的脱除和多污染物（如粉尘与 NO_x）协同治理等领域；致密膜孔径在 $1nm$ 以下，主要用于挥发性有机物（VOCs）、SO_2 等分离回收治理方面[1]。

按照使用温度，气体净化膜又分为中低温膜和高温膜。中低温膜可以在260℃以下直接脱除气体中的气固相杂质，主要材质为高分子材料，多采用拉伸等方法制备而成。典型的中低温膜是由聚四氟乙烯（PTFE）经过膨化、压延、双向拉伸等工艺制备得到的具有多孔结构的PTFE膜[2]。高温膜主要用于温度超过260℃的烟气净化。国际上自20世纪80年代即开展了相关研究。目前，高温膜分离材料中已实现工业化生产的主要有金属材料和无机非金属材料等。常见的金属膜主要由铁铝合金、Hastelloy合金、310S不锈钢、Inconel 601合金等金属粉末烧结制备[3]；无机非金属材料主要有多孔碳化硅材料、多孔堇青石材料、硅酸铝纤维复合陶瓷过滤材料、氧化铝/莫来石纤维复合陶瓷过滤材料等。高温膜以碳化硅陶瓷膜为典型，碳化硅原料与添加剂经过搅拌混合、造粒、成型、烘干、一次烧结、涂膜、二次烧结等一系列工艺，最后得到碳化硅陶瓷膜产品，目前国外已在煤化工等领域成功建设了示范工程[4]。无论中低温还是高温气体净化领域，气体净化膜在解决空气污染源头治理方面正扮演着越来越重要的角色[5]。

1.1.2　气体净化术语

（1）颗粒物
悬浮在空气中的固态、液态或固态与液态混合的颗粒状物质，如粉尘、烟、雾和微生物等[6]。

（2）PM$_{2.5}$
PM$_{2.5}$是指环境空气中动力学当量直径小于或等于$2.5\mu m$的颗粒物。

（3）粉尘
悬浮在空气中的微小固体颗粒物，一般由固体颗粒物受机械力破碎而产生。

（4）烟
悬浮在烟气中的微小固体颗粒物，一般由气体或蒸汽冷凝产生，粒径通常小于粉尘。

（5）气溶胶
气溶胶是指悬浮在气体介质中的固态或液态颗粒所组成的气态分散系统，粒径在$0.01\sim10\mu m$之间。

（6）油性气溶胶
由油烟、油雾、沥青烟、焦炉烟、柴油机尾气产生的悬浮在空气中的气溶胶。

（7）非油性气溶胶

由煤尘、水泥尘、工地扬尘、酸雾和无机盐类等产生的悬浮在空气中的气溶胶。

（8）挥发性有机物（VOCs）

参与大气光化学反应的有机化合物，或根据有关规定确定的有机化合物[7]。

（9）吸湿性粉尘

指颗粒物在空气中吸收环境水分，含水率出现增大的粉尘。

（10）非吸湿性粉尘

指颗粒物在空气中长时间放置，其含水率不发生变化的粉尘。

（11）可吸入粒子

可吸入粒子是指易通过呼吸过程进入呼吸道的粒子。

（12）分离膜

分离膜是一种附着在支撑体外表面，具有微细孔道和表面过滤功能的薄膜。

（13）膜面积

有机或者无机支撑体外表面起分离作用的有效面积[8]。

（14）气体渗透通量

气体渗透通量为给定操作条件下，单位时间、单位膜面积透过气体的量，$m^3/(m^2 \cdot h)$。

（15）透气度

透气度是多孔材料气体透过性能的一种表征方式，也称为相对透气系数，$m^3/(h \cdot kPa \cdot m^2)$[9]。

（16）过滤风速

过滤风速是指气体经过膜过滤元件的面速度，m/min。

（17）工况风量

工况风量指的是膜净化过滤等设备进出口实际气体体积流量，m^3/h[10]。

（18）标况风量

标况风量是指在温度为273K，压力为101325Pa时，膜净化过滤等设备进出口的气体体积流量，m^3/h。

（19）过滤压降

过滤压降指在标准状况下，以洁净空气作为过滤介质，过滤风速1m/min条件下，气体通过过滤元件的压力降，Pa。

（20）分离效率（R）

分离效率指含尘气流在通过分离膜时所截留下来的粉尘量占入口处粉尘量的百分数，%[11]。

（21）空气净化效能

空气净化效能指在一定的室内空间、一定的做功时间里，空气净化器对定量污染源的净化速度和能力[12]。

（22）洁净空气量（clean air delivery rate，CADR）

洁净空气量指单位时间通过净化器过滤后，输出洁净空气的总量，m^3/h。

（23）高效空气过滤器（high efficiency particulate air filter，HEPA）

高效空气过滤器指针对尺寸为 $0.3\mu m$ 的小颗粒物，如粉尘、花粉、霉菌、细菌等，以质量浓度计，过滤效率不低于 99.97% 的过滤器。

（24）质量因子（quality factor，Q_f）

质量因子指不同过滤材料的过滤性能[13]，表示如下：

$$Q_f = -\ln(1-R)/\Delta P$$

其中 R 为分离效率，%；ΔP 为膜材料在一定气体流速下的过滤压降，Pa。

1.2 气体净化膜的分类

按照净化对象，气体净化膜主要分为三类：分别是气体除尘膜（也称气固分离膜）、气相污染物净化膜（也称气体分离膜）和气固相污染物协同净化膜。其中气体除尘膜又分为中低温气体除尘膜和高温气体除尘膜[14]。

1.2.1 气体除尘膜

1.2.1.1 中低温气体除尘膜

中低温气体除尘膜是指应用于温度低于 260℃ 气体净化体系的有机复合膜材料。有机复合膜由支撑层和膜层构成。支撑层起增加膜材料强度的作用，支撑层材料主要包括聚苯硫醚（PPS）、聚酰亚胺纤维（P84）、聚酯（PET）、玻璃纤维和聚四氟乙烯（PTFE）等；膜层覆合于支撑层上，厚度一般为几百纳米到几微米之间，制备方法主要有热压拉伸、浸渍和静电纺丝等。比较常见的膜材料是 PTFE 膜，长期工作温度达到 200℃ 以上。PTFE 高分子颗粒经过高温膨化，再通过压延、拉伸等工艺获得直径几百纳米至几微米的纤维丝状材料，最终通过加工得到工业和民用的气体净化膜产品[15]。一般通过拉伸或静电纺丝制备的膜材料还有聚乳酸（PLA）、聚酰胺（PA）、聚丙烯腈（PAN）、聚酯（PET）、聚甲基丙烯酸甲酯（PMMA）、聚醚酰亚胺（PEI）、聚氧乙烯（PEO）、聚乙烯醇（PVA）、聚乙烯吡咯烷酮（PVP）、醋酸纤维素（CA）和聚砜（PSU）等。

美国 Gore 公司于 1976 年率先申请 PTFE 膜专利，经过长期的技术积累，在 PTFE 膜的制造技术领域长期以来一直处于优势地位。目前，美国 Gore 公司与 Donaldson 开发的膨体聚四氟乙烯（ePTFE）膜，无论在产品性能、膜装备技术，还是工业应用规模上都远远领先于其他公司，其产品已广泛用于煤炭气化、废物焚烧、废物热解、再生黑色金属熔化、贵金属回收、多晶硅生产、流化床催化剂净化、锅炉装置、化工制造和发酵过程等工业领域[16,17]。我国有机复合膜用于水处理领域开发研究起步较早，但用于气体净化的有机复合膜材料研究起步较晚。南京工业大学膜科学技术研究所是国内最早从事气体净化膜材料制备及应用研究的机构之一，江苏久朗高科技股份有限公司经过多年攻关成功开发了高性能双疏 PTFE 膜材料，建成了气体净化膜规模化生产线，已在工业领域推广 100 余项膜法气体净化工程，并率先开发了民用膜法气体净化产品。

此外，近年来通过静电纺丝技术制备的纳米纤维膜越来越受到关注，该法制备的膜材料纤维直径在几纳米到几百纳米之间，由纳米纤维构筑的气体净化膜一方面具有高孔隙率和高比表面积，另一方面纤维直径与气体平均自由程（约 66nm）相当，使得过滤阻力大幅降低，已成为制备高效低阻气体过滤器的重要发展方向之一[13]。

近年来超高分子量聚乙烯（ultra-high molecular weight polyethylene，UPE）膜也进入了高效气体净化市场，除了具有高效和低阻的过滤性能及卓越的化学、表面和物理特性外，同样具有精确的粒级效率。UPE 膜由于化学组成为碳和氢两种元素，所以其废弃物在燃烧处置时不会对环境造成不良影响，是一种环境友好型产品。由于具有良好耐磨性及与基材更好的密合性，UPE 膜作为空气滤材时可以与超细玻纤或高强度的 PET 组合，而且产品可以加工成折褶式过滤器或折褶式滤芯，已经逐渐进入气体净化市场。但是其耐高温和耐化学腐蚀性能弱于膨体聚四氟乙烯膜，目前主要有美国的 Lydall Filtration 公司、Millipore 公司、Gore 公司生产销售。图 1-1 和图 1-2 分别为双向拉伸 PTFE 膜、静电纺丝 PAN 膜和 UPE 膜的电镜照片与实物图照片。

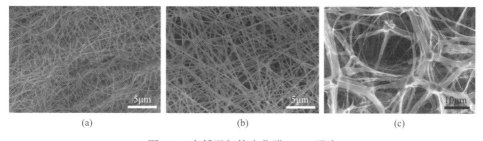

(a)　　　　　　　　　(b)　　　　　　　　　(c)

图 1-1　中低温气体净化膜 SEM 照片
（a）双向拉伸 PTFE 膜；（b）静电纺丝 PAN 膜；（c）UPE 膜

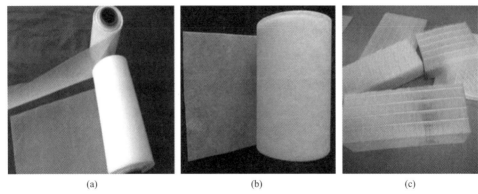

图 1-2　气体净化膜产品实物图

（a）双向拉伸 PTFE 膜；（b）静电纺丝 PAN 膜；（c）UPE 膜

1.2.1.2　高温气体除尘膜

在能源、冶金、化工、水泥等工业过程中，会产生大量的高温烟气，这些烟气中含有粉尘、氮氧化物、硫氧化物等有害组分，直接排放会造成大量的热能流失和严重的环境污染。高温气体除尘是在高温（＞260℃）条件下直接进行气固分离，实现气体净化的一项技术，它可以最大程度地利用气体的显热、潜热、动力能以及气体中其他的有用资源。高温气体除尘的核心就是高温气体除尘膜材料，它直接影响除尘器能否高效、稳定运行，决定整个过滤器的使用寿命，因此对高温气体除尘膜材料的开发具有重要的意义[18]。

高温气体除尘膜的开发研究始于 20 世纪 70 年代，美国能源部开展了以无机膜为过滤介质的高温气体过滤技术的开发研究工作，随后德国、日本、英国等发达国家也都开展了类似的研究工作。当时开发该技术的主要目的是实现被称之为跨世纪新技术的"煤洁净燃烧联合循环发电工艺技术"的商业化，解决燃气轮机叶片的磨损问题，延长燃气轮机叶片的寿命及提高工作效率。经过一段时间的发展，到 20 世纪 90 年代中期，高温气体过滤除尘技术取得了较大进展。首先是一批先进的高性能无机膜过滤材料的开发为高温气体过滤除尘技术的工业化应用奠定了基础；其次，高温除尘工艺技术的提高，如系统高温密封和过滤元件自保护密封技术、过滤元件再生技术等，大大推动了高温气体过滤除尘技术的工业化应用进程[19,20]。

高温气体净化膜主要特点是耐高温、耐腐蚀、抗热震和使用寿命长，膜材料能够在300℃以上的烟气中直接将粉尘截留，净化后的气体粉尘浓度小于5mg/m³。高温除尘膜按照材质主要分为多孔陶瓷膜和多孔金属膜两种。多孔陶瓷膜从早期的氧化铝、堇青石材质慢慢发展成以大孔碳化硅载体为主的高温分离膜材料。国际上最早由美国 Pall Schumacher 公司开发了一种碳化硅质陶瓷复合膜高温过滤元件，制备工艺主要为冷等静压，其典型的产品为 Dia-Schumalith F-20 和 Dia-Schumalith F-40。Dia-Schumalith F-20 产品主要是用平均粒径 $180\mu m$ 的碳化硅颗粒作骨料，以黏土作结合剂，经过高温烧结制备支撑体层，然后采用平均粒径 $22\mu m$ 的碳化硅细粒作过滤膜层。支撑体的孔隙率达到 37%，抗折强度达到 30MPa 以上，膜层孔径 $10\sim20\mu m$，使用温度可以达到 $1000℃$ 以上[21]。

国内从 20 世纪 90 年代开始，以南京工业大学、中国科学技术大学、清华大学、海南大学、山东工业陶瓷设计院、中国科学院金属研究所等为代表的高校及科研院所对高温气体除尘材料及技术进行深入的研究，成功开发了氧化铝、莫来石和堇青石、碳化硅等多孔陶瓷膜，并进行了工业中试应用，取得了一系列的进展[22]。近年来由南京工业大学自主开发的高温除尘碳化硅膜具有较好的高温过滤稳定性能。其采用原位反应烧结制备双层结构膜，内层为平均孔径较大的支撑体以保证滤管的强度，在支撑体的外表面涂敷一层平均孔径较小的碳化硅膜层，以实现对颗粒物的表面过滤（如图 1-3）。支撑体孔径比较大，孔隙率一般大于 40%，平均孔径 $40\sim60\mu m$，分离膜层平均孔径在 $1\sim10\mu m$ 范围内可调，可以根据实际粉尘粒径大小选择合适的膜孔径[4,18,23-27]，碳化硅膜的结构参数性能如表 1-1 所示。

(a)　　　　　　　　　　(b)　　　　　　　　　　(c)

图 1-3　碳化硅陶瓷膜管实物图（a）、断面（b）和表面微观图（c）

表 1-1　典型的两种高温气体除尘膜参数性能

参数	碳化硅膜	钛铝合金膜	参数	碳化硅膜	钛铝合金膜
支撑体孔隙率/%	30~50	30~45	膜层孔径/μm	1~10	0.5~10
支撑体孔径/μm	40~60	20~30	膜层厚度/μm	50~200	100~200
膜层孔隙率/%	45~50	30~40			

多孔金属膜过滤材料最大优势在于良好的耐温性和机械性能。另外，金属材料的韧性和导热性使其具有很好的抗热、抗震性。此外，多孔金属膜材料还具有良好的加工性能和焊接性能。但多孔金属膜高温除尘目前还存在一定的问题：金属过滤材料一般在高温下会出现随着温度增加而强度下降的现象。因此，在使用过程中存在着最高温度的限制。近年来，国内外大力开展高性能金属过滤材料的研究，其中 Fe-Al 金属间化合物和 310S 不锈钢（镉、镍含量高）以其突出的抗

图 1-4　Fe₃Al 高温气体除尘膜产品

高温氧化和耐硫腐蚀性能而备受关注。如美国 Mott 公司和 Pall 公司生产的 310S、Inconel 600（镍基合金）、Fe-Al 金属间化合物等烧结金属滤管，耐温 600～900℃[28,29]。我国有关研究单位如安泰科技公司、西北工业研究院、成都易态科技公司等也开展了 Fe₃Al、310S 等先进金属过滤材料的研制和 310S 烧结金属丝网高温煤气除尘中试研究，并在工业上实现了成功应用。图 1-4 给出的是 Fe₃Al 膜产品图片，其结构参数如表 1-1 所示。

1.2.2　气相污染物净化膜

气相污染物净化膜是指在一定条件下，能够将多种成分混合的气体中某个或某些成分分离出来的一种膜材料。本书气相污染物净化膜主要介绍两种膜材料，分别是吸收脱硫膜和 VOCs 分离膜。

1.2.2.1　吸收脱硫膜

膜基气体吸收技术（membrane gas absorption，MGA）是一种将膜分离与传统化学吸收相耦合的新型分离技术，以中空纤维陶瓷膜和小孔径陶瓷膜为主。20 世纪 80 年代中期 Qi 和 Cussler 最先完整地提出膜吸收概念，以中空纤维膜接触器替代传统填料塔研究 SO₂、H₂S 和 CO₂ 等酸性气体的传质过程，随后膜吸收技术才得以迅速发展，至今已陆续大规模应用于 SO₂ 和 H₂S 等酸气脱除、CO₂ 的捕集与资源化、合成氨工业的氨气回收和挥发性有机废气净化等领域。膜吸收结合了膜结构紧凑和化学吸收的高效选择等特点，是一种极具发展前景的新型膜技术[30]。目前用于 SO₂ 分离的膜材料主要分为有机膜和无机膜。有机膜中聚丙烯（polypropylene，PP）[31]、聚偏氟乙烯（polyvinylidene fluoride，PVDF）[32]、聚四氟乙烯（polytetrafluoroethylene，PTFE）[33]、聚醚醚酮（polyetheretherketone，PEEK）[34] 等是研究比较多的膜材料。无机膜主要以氧化铝、氧化锆等管式陶瓷膜为主，与传统的填料塔相比，陶瓷膜具有更小的传质单元高度[35]。图 1-5 是用于气相污染物总硫化物吸收治理的分离膜产品，材质为

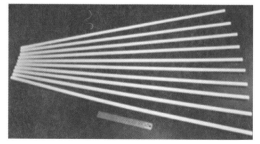

图 1-5　管式氧化铝微滤膜

管式氧化铝微滤膜。

1.2.2.2 VOCs 分离膜

VOCs 指挥发性有机物，主要来源于燃料燃烧和交通运输产生的工业废气、汽车尾气等。VOCs 来源复杂、种类繁多，是形成细颗粒物（$PM_{2.5}$）、臭氧（O_3）等二次污染物的重要前体物，会引发灰霾、光化学烟雾等大气环境问题。因此，近年来对 VOCs 的治理受到越来越广泛的关注。目前，常见的 VOCs 治理技术有催化燃烧、生物降解、光催化分解、等离子体破坏和膜分离技术等[36]。其中膜分离技术由于具有高的分离选择性、易集成、绿色环保、低能耗等优点，被认为是最具发展潜力的分离技术之一，已广泛应用于化工、医药、能源、印刷等领域的 VOCs 治理[37]。根据分离机理的不同，可以将膜大致分为遵循分子筛分机理的微孔膜和遵循溶解-扩散机理的致密膜。常见的 VOCs 分离膜主要有三种，分别是有机聚合膜、无机复合膜和混合基质膜。有机聚合膜主要是 PDMS（聚二甲基硅氧烷），具有—$Si(CH_3)_2O$—结构通式，也是 VOCs 分离膜中使用最为广泛的膜材料之一[38]。无机膜主要有分子筛膜和 MOFs（金属有机骨架材料）膜[39,40]。混合基质膜是指将前两种膜材料优势相结合的一种新的 VOCs 分离膜，如有学者通过 5,6-二甲基苯并咪唑（DMBIM）对 ZIF-8 颗粒进行疏水改性，并将其引入 PDMS 膜之中，制备了有较高分离性能的混合基质膜。PDMS 混合基质膜在分离丙烷/氮气时，与纯 PDMS 相比选择性提高 116%，渗透性提高 91%[41]。图 1-6 是用于 VOCs 分离回收治理的卷式 PDMS 膜及组件。

图 1-6　VOCs 分离回收用卷式 PDMS 膜及组件

1.2.3　气固相污染物协同净化膜

根据膜材料分离机理和应用功能，气固相污染物协同净化膜主要分为催化膜和吸附膜两类。

1.2.3.1　催化膜

催化膜是指能够同时脱除烟气中粉尘，催化降解 NO_x、SO_x、VOCs 等空气污染物的一种特种多功能分离膜材料[42,43]。催化膜主要是将活性催化剂前驱体通过负载的方式嵌入到高孔隙的膜层或支撑载体的三维孔道中，再通过热处理得到具有活性成分的纳米颗粒，最终制备出具有催化能力的分离膜材料。从材质上催化膜主要分为两类，一类是以无机膜作为载体，也被称为陶瓷催化膜（适用于高温烟气），除具有高机械强度和良好的微孔性能外，更具有良好的高温热稳定性能、高温耐介质腐蚀性能以及较低的透气阻力等。研究人员以多孔陶瓷为载体，进行了 VOCs 净化膜[44]、NO_x-粉尘协同净化膜[45] 等一系列研究，取得了突破性进展。目前该技术已经在国内开始小规模中试化应用，脱硝催化剂均匀分布在膜层和支撑体孔道内，具有粉尘和 NO_x 协同脱除能力，该类型的陶瓷催化膜过滤精度高，灰层附着力低，清灰性能好，脱硝效率高，过滤后气体含尘量小于 $2mg/m^3$，氮氧化物小于 $50mg/m^3$。但是目前该技术在催化剂长期稳定性方面仍然存在问题，需要进一步提高抗硫化物中毒性能。另一类催化膜以有机复合膜为载体，原理和陶瓷催化膜类似，将催化剂负载在纤维上起催化作用[46,47]。后来发展成将催化剂与膜分开，将催化剂置于膜袋内侧。总而言之，该技术和选择性催化还原（SCR）相比，脱硝效率仍然需要提高，而且该类型的催化膜只适合中低温的催化过程，温度一般低于 260℃。图 1-7 是用于粉尘和氮氧化物协同脱除的陶瓷催化膜产品，该产品在国外玻璃窑炉上已经有成熟应用案例，国内仍然处于应用市场早期阶段，离大规模应用还需要一段时间。

图 1-7　除尘脱硝一体陶瓷纤维催化膜管[48]

1.2.3.2　吸附膜

吸附膜是利用多孔材料作为载体，在三维孔道中负载高比表面积的吸附剂材料，当气体通过微观孔道时，将气态污染物分子吸附脱除的一种特殊分离膜材料。作为吸附膜的载体，不仅要具有较高的孔隙率，还需具备连贯的三维孔道。目前常见的多孔载体主要分为无机和有机两类材质，无机材料为碳化硅、氧化铝和活性炭等[49,50]；有机材料一般采用中低温除尘膜材料，如 PTFE、PEI 和 PAN 等[51,52]。吸附膜在制备过程中对吸附剂的选择极为重要。通常对吸附剂进行化学接枝，使其带有功能性官能团，能提高对不同目标污染物的吸附能力，如氨基链 MIL-53(Al)-NH$_2$ 或 UiO-66-NH$_2$，此类官能团不仅对甲醛有吸附能力，还对

SO_2 和 O_3 等气体有较强的吸附能力。待一定时间吸附饱和后，再通过加热脱附或变压脱附处理解析出的有害气体。Feng 等[53]将过滤涂覆技术和水热法相结合，制备了 UiO-66-NH_2@CNT/PTFE 复合膜，在 2.0m/min 的过滤速度下，复合膜表现出优异的 SO_2 吸附性能，过滤压降维持在 160Pa；另外，构筑多级孔道可有效提高吸附剂负载量，增加污染物在膜孔道的停留时间，进一步提高对污染物的吸附容量。Hu 等[54]将层状 MnO_2 晶体填充到具有多层次孔结构的 PS 纳米纤维膜的孔中，MnO_2/PS 膜的介孔促进了甲醛气体与 MnO_2 之间的接触，使得甲醛去除效率达到 88.2%，气流阻力只有 82Pa，图 1-8 给出的是气体过滤及吸附原理示意图。

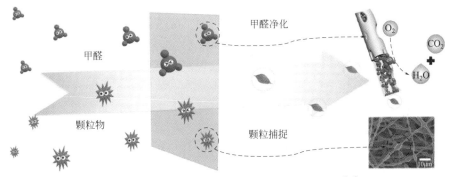

图 1-8 MnO_2/PS 膜气体过滤及吸附原理示意图[54]

目前这种膜材料并没有实现完全大规模市场化应用，很多研究仍然处于实验室阶段，主要原因是制备成本过高。另外在民用过程中，长期吸附效果不稳定和有害物二次脱附等问题也是亟待解决的。

未来，吸附膜将主要应用在室内甲醛污染物脱除方面。传统方法通常是使用活性炭层＋HEPA，但是这种方式也会出现活性炭中甲醛二次释放污染，因此寻找更加高效的吸附材料具有重要意义。吸附膜拥有多层次的亚微米级的通道，可快速过滤气体，不但能够高效截留 $PM_{2.5}$，而且对甲醛也有高效吸附作用。因此，这种具有多功能的吸附膜材料在气体净化过滤材料和家用纱窗等方面展现出良好的应用前景。

1.3 气固分离原理

在气固分离过程中，含尘气体的过滤形式主要分为内部过滤和表面过滤。内部过滤又称深层过滤，是含尘气体通过洁净滤料，此时起过滤作用的主要是滤料本身的结构；当滤料达到一定的容尘量后，在滤料表面形成的粉尘层对含尘气体将起主要过滤作用。对于厚而蓬松、孔隙率较大的过滤层，深层过滤比较明显；对于薄而紧、孔隙率较小的过滤层，主要表现为表面过滤。膜法气固分离的原理主要是表面过滤，由结构可控的分离层起主导作用。

1.3.1 气体过滤原理

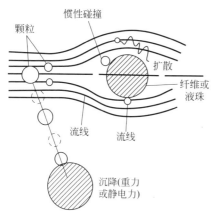

图 1-9　粉尘捕集机理

无机膜（陶瓷、金属）对高温燃气中的粉尘进行过滤与有机膜（纤维）对气体进行净化都属于同一过滤理论。在分析过滤机理时，对于单个捕集体，通常假定粉尘与捕尘体的每一次碰撞都导致粉尘从气流中分离出来。驱使粉尘碰撞到捕尘体的作用（或机理）有很多，常见的分离机理有直接拦截、惯性碰撞、扩散效应、重力效应、静电效应等。当气流夹带粒子流过单独的捕集体时，有可能产生的捕集机理如图 1-9 所示。由图 1-9 可见：当气流绕过捕集体时，流线产生偏折，此时，较大粒子由于惯性作用继续向前作直线运动。于是就会偏离流线而撞到捕集体上，称为"惯性碰撞"效应；同时，有些粒子惯性较小，仍然跟随流线而运动，若此时粒子半径小于流线到捕集体表面的距离，就会被捕集下来，称为"直接拦截"效应；更细微的粒子在气流中受到气体分子撞击后，并不均衡地跟随流线，而是在气流中做布朗运动，由于这种无规则的热运动，粒子可能与捕尘体相碰撞而被捕集，称为"扩散效应"。此外，若有外力作用，如重力、静电力等，则颗粒产生沉降作用，也可能会撞到捕集体上，分别称为"重力效应"和"静电效应"等。

以上讨论的是孤立捕尘体的捕集机理，对于过滤器来说，粒子捕集的另一重要机理是筛滤（图 1-10），即因尘粒太大，不能通过特定的孔和通道面被捕集。

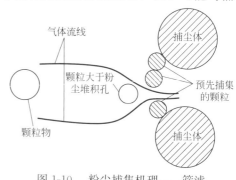

图 1-10　粉尘捕集机理——筛滤

1.3.1.1 惯性碰撞

惯性碰撞是各种捕集机理中最重要的，尤其是对于 $d_\mathrm{p} > 1\mu\mathrm{m}$ 的粒子。在各种效应中，起主导作用的是颗粒的惯性，取决于颗粒质量及速度，所以在不计重力与静电力作用的情况下，在此极限轨迹以内的所有颗粒都可以通过惯性碰撞而被捕集。对圆柱体：

$$\eta_1 = D_1/d_f \tag{1-1}$$

式中，η_1 为惯性碰撞的捕集效率；D_1 为远离捕集体处的极限轨迹的范围尺寸；d_f 为捕集体的直径。

假设粒子粒径 d_p 远远小于 d_f，就可以把粒子看成是无尺寸而只有质量，从而得到了计算 η_1 的各种公式，见表1-2。

表1-2　计算惯性碰撞捕集效率 η_1 的各种公式[55]

捕集体	流动状态	公式	公式编号
圆柱体	层流($Re \leqslant 1$)	$\eta_1 = 1 - \dfrac{1.2}{Re^{0.2}Stk^{0.54}} + \dfrac{0.36}{Re^{0.4}Stk^{1.08}}$	(1-2)
	势流($Re \rightarrow \infty$)	$\eta_1 = \dfrac{Stk}{Stk+1.5}$	(1-3)
	过渡区($Re = 10$)	$\eta_1 = \dfrac{Stk^3}{Stk^3 + 0.77Stk^2 + 0.22}$	(1-4)

注：Re—雷诺数；Stk—斯托克斯数。

1.3.1.2　直接拦截

直接拦截机理认为：粒子有大小而无质量。因此，不同大小的粒子都跟着气流的流线而运动。当气流遇到捕集体时，流线产生偏折，若此时粒子粒径 d_p 小于流线到捕集体表面的距离，粒子也会被捕集下来。当粒子粒径 d_p 与捕集体尺寸的比值 R 比较大时，直接拦截效应就比较突出。在单独计算拦截效率时，拦截效率 η_R 与斯托克斯数 Stk 无关，而只是气流流线及 R 的函数，各位学者提出的 η_R 计算公式见表1-3。

表1-3　计算直接拦截效率 η_R 的公式[56]

捕集体	流动状态	公式	公式编号
圆柱体	层流	$\eta_R = \dfrac{1}{(2.002-\ln Re)}\left[(1+R)\ln(1+R) - \dfrac{R(2+R)}{2(1+R)}\right]$ 当 $R < 0.07$，Re 远小于 0.5 时， $\eta_R = \dfrac{R^2}{2.002-\ln Re}$	(1-5)
	势流	$\eta_R = (1+R)^2 - \dfrac{1}{(1+R)}$（若 $R < 0.1$，$\eta_R = 2R$）	(1-6)

1.3.1.3 扩散效应

随着粒子粒径减小，流速减慢，温度的增加，粒子的热运动加速，与捕尘体的碰撞概率也增加，扩散效应也越显著。研究表明，对于 $d_p \leqslant 1\mu m$ 的粒子，扩散机理起主导作用。在扩散效应下，粒子在接近捕集体时就会被捕集体收集，所以扩散效应捕集效率 η_D 一般主要与 Pe 及 Re 两个无量纲参数有关。不同流动状态下捕集效率的计算公式见表1-4。

表1-4 计算扩散作用下捕集效率 η_D 的公式[57]

捕集体	流动状态	公式	公式编号
圆柱体	层流($Re<1$,$Pe\ll1$)	$\eta_D = \dfrac{2\pi}{Pe(1.502-\ln Pe)}$	(1-7)
	层流($Re<1$,$Pe\geqslant1$)	$\eta_D = 2.9 L_a^{-\frac{1}{3}} Pe^{-\frac{2}{3}} + 0.624 Pe^{-1}$	(1-8)
		$\eta_D = 2L_a^{-1}\left[2(1+x)\ln(1+x)+\dfrac{1}{(1+x)}\right]$ $x=1.308\left(\dfrac{L_a}{Pe}\right)^{\frac{1}{8}}, L_a=2.002-\ln Re$	(1-9)
	层流($Re<1$,Pe 很大)	$\eta_D = K L_a^{-\frac{1}{3}} Pe^{-\frac{2}{3}}, K=1.71\sim2.92$	(1-10)
	势流($Re\gg1$,$Pe\gg1$)	$\eta_D = 2.05 L_a^{-0.4} Pe^{-0.6}$	(1-11)
		$\eta_D = K Pe^{-\frac{1}{2}}, K=1.57\sim3.19$	(1-12)
	$0.1<Re<10^4$ $10<Pe<10^5$	$\eta_D = \dfrac{\pi}{Pe}\left(\dfrac{1}{\pi}+0.55 Re^{\frac{1}{6}} Pe^{\frac{1}{3}}\right)$ 或 $\eta_D = \dfrac{1}{Pe}+1.727 Re^{\frac{1}{6}} Pe^{-\frac{2}{3}}$	(1-13)

1.3.1.4 重力沉降

重力分离是最基本的一种分离方式，当粒子具有一定的大小和密度，且流速较低时，粒子会因重力作用而沉降到捕尘体上，即重力效应。对于水平圆柱捕集体，Rauz 及 Wang 提出服从 Stokes 定律的颗粒重力沉降捕集效率 η_D 应为

$$\eta_G = G = \frac{u_s}{v_0} = \frac{C_u \rho_p d_p^2 g}{18\mu v_0} \tag{1-14}$$

式中，u_s 为 Stk 沉降速度，m/s；v_0 为气流平均速度，m/s；μ 为气体黏度系数，Pa·s；ρ_p 为颗粒密度，kg/m³；d_p 为颗粒直径，m；g 为重力加速度，m/s²；C_u 为 Cummingham 修正系数。

可见，只有颗粒较大、气速较小时，重力沉降的作用才比较明显。式（1-14）是气流与重力方向相同时的情况。对任意横向放置的圆柱体，则上式数值还要乘以圆柱体在垂直于气流方向上的投影面积与顺着气流方向上的投影面积的比值。

1.3.1.5 静电效应

一般粉尘和滤料均可能带有电荷，当两者带有异性电荷时，则静电吸引作用显现出来，使滤尘效率提高，但却使清灰变得困难。在外界不施加静电场时，由于捕集体的导电、离子化气体分子的经过、放射性的辐照、带电粒子的沉降等因素，这种电荷会慢慢减少。对于服从 Stokes 定律的粒子，静电力可写成无量纲参数 K_E，而静电捕集效率 η_E 就是 K_E 的函数。它们的计算公式列于表 1-5 中。

表 1-5 静电吸引效应的计算公式[56]

荷电情况	参数	圆柱体	公式编号
颗粒荷电，捕集体中性	F_{EM}	$\eta_E = \dfrac{\left(\dfrac{\varepsilon_c - 1}{\varepsilon_c + 1}\right) q^2}{4\varepsilon_0 \left(r - \dfrac{d_f}{2}\right)^2}$	(1-15)
	K_{EM}	$\eta_E = \left(\dfrac{\varepsilon_c - 1}{\varepsilon_c + 1}\right) \dfrac{C_u^2 q}{3\pi u d_p d_f^2 \varepsilon_0 v_0}$	(1-16)
	η_{EM}	层流：$\eta_E = 2\sqrt{\dfrac{K_{EM}}{L_a}}$	(1-17)
		势流：$\eta_E = (6\pi K_{EM})^{1/3}$	(1-18)
颗粒中性，捕集体荷电	F_{EI}	$\eta_E = \dfrac{4Q^2}{\varepsilon_0}\left(\dfrac{\varepsilon_p - 1}{\varepsilon_p + 2}\right)\dfrac{\left(\dfrac{d_p}{2}\right)^3}{r^3}$	(1-19)
	K_{EI}	$\eta_E = \dfrac{4}{3\pi}\left(\dfrac{\varepsilon_p - 1}{\varepsilon_p + 2}\right)\dfrac{C_u d_p^2 Q_a^2}{d_f^3 \mu v_0 \varepsilon_0}$	(1-20)
	η_{EI}	$\eta_E = \left(\dfrac{3\pi K_{EI}}{2}\right)^{\frac{1}{3}}, \dfrac{2r}{d_f} \gg 1$	(1-21)
两者荷电性电	F_{EL}	$\eta_E = \dfrac{2Q_b}{\varepsilon_0 r}$	(1-22)
	K_{EC}	$\eta_E = \dfrac{4Q_b q C_u}{3\pi \mu d_p d_f v_0 \varepsilon_0}$	(1-23)
	η_{EL}	$\eta_E = -\pi K_{EC}$	(1-24)

注：Q 为捕集体上电荷量，C；Q_a 为单位长度捕集体上电荷量，C；Q_b 为单位面积捕集体上电荷量，C；q 为粒子上电荷量，C；ε_0 为自由空间的介电常数，$\varepsilon_0 = 8.85 \times 10^{-12}$ C/(V·m)；ε_p 为粒子的介电常数，C/(V·m)；ε_c 为捕集体的介电常数，C/(V·m)；d_f 为捕集体直径，m；d_p 为粒子直径，m；r 为粒子与捕集体间的距离，m；C_u 为 Cummingham 修正系数。

1.3.1.6 各种捕集机理的协同效应

在实际过滤中，有许多参数会影响粒子的分离特性，如上述不同分离机理所涉及的分离力、气固混合物的物理性质、流体动力学特性、粒子粒径和分布以及粒子的密度等。各种捕集机理常常是同时存在的，协同效应的捕集效率可近似写成：

$$\eta_0 = 1 - (1 - \eta_I)(1 - \eta_D)(1 - \eta_R)(1 - \eta_G)(1 - \eta_E) \tag{1-25}$$

对于各种具体情况，不同学者还给出了一些不同的计算方法。

① 惯性碰撞及直接拦截的联合总是同时存在的。对于层流情况（$Re = 0.2$）下的圆柱体：

$$\eta_{IR} = 0.16[R + (0.5 + 0.8R)Stk - 0.1052(Stk)^2] \tag{1-26}$$

式中，η_{IR} 为直接拦截与惯性碰撞的联合效率。此式的计算结果可见图 1-11。

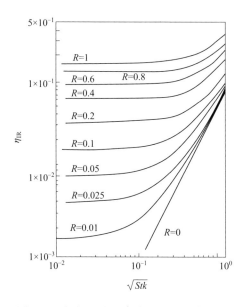

图 1-11 惯性碰撞与直接拦截的联合效率

② 对于圆柱体的扩散与直接拦截的联合效应，Langmuir 给出：

$$\eta_{DR} = \cfrac{1}{L_a\left[(1 + 2x)\ln(1 + 2x) - \cfrac{x(2 + 2x)}{1 + 2x}\right]} \tag{1-27}$$

式中，x 可由下式求得：

$$x\left(x - \frac{R}{2}\right)^2 = 0.28 L_a Pe^{-1} \tag{1-28}$$

Friedlander 及 Pasceri 提出了层流时的半经验公式：

$$\eta_{\mathrm{DR}} = 6Re^{\frac{1}{6}} Pe^{-\frac{2}{3}} + 3R^2 Pe^{\frac{1}{2}} \tag{1-29}$$

后来 Billings 又指出，在某些实验中，固体粒子的除尘效率要比上述计算所得更高，而捕集液滴时则与上式结果较符合，这可能是存在静电作用的原因。

③ 对于圆柱体的惯性、拦截与扩散的联合效应，Davies 建议只需在式 (1-26) 的 Stk 项中加上一个 $1/Pe$ 项即可，即：

$$\eta_{\mathrm{IRD}} = 0.16 \left[R + (0.5 + 0.8R)\left(Stk + \frac{1}{Pe}\right) \right] - 0.16 \left[0.1052R\left(Stk + \frac{1}{Pe}\right)^2 \right] \tag{1-30}$$

1.3.2 影响气体过滤的因素

1.3.2.1 颗粒物的影响

颗粒物对气体过滤的影响主要表现在粉尘颗粒的形状、大小和浓度等方面。颗粒物形状分为规则形和不规则形。规则形状的粉尘颗粒表面光滑，比表面积小，在经过滤料时不易被拦截；形状不规则的颗粒不仅表面粗糙，而且比表面积大，在经过滤料时容易被拦截，但是会对滤袋或膜管产生磨损。

粉尘粒径对气体过滤的影响主要是粉尘截留过程和除尘器的影响。一般粉尘粒径越大，压降升高的速率越慢，截留率越高；粉尘粒径越小，压降升高越快，截留率也越低。这是由于孔堵塞发生在过滤初始阶段，然后颗粒物才在滤材表面沉积，粒径大的颗粒，在表面不易聚集，容易被清除，压降短时间内会缓慢上升然后趋于稳定；随着粉尘粒径的减小，颗粒更容易进入到滤材通道中发生堵塞使压降增大，同时，粉尘粒径越小，滤饼压降越大，因为颗粒粒径越小，滤饼的空隙越小[58]。

粉尘浓度对气体过滤的影响主要表现在过滤压降、过滤效率、除尘器的磨损和清灰周期等方面。粉尘浓度对过滤压降的影响比较单一，在单个反吹周期内，过滤压降随时间基本呈线性增长。过滤压降随着进气浓度的增大而增大，粉尘浓度越大，单位时间内沉积在膜表面的滤饼越厚，压降升高速率越快。

一般在过滤开始阶段，进气浓度越大，粒径较小的颗粒穿透过滤材料的可能性就越大，过滤效率较低。但是，随着时间的延长，滤材表面形成滤饼，这层滤饼起到实际的过滤作用，此时截留效率慢慢上升并保持稳定。

1.3.2.2 气体性质影响

一般工业气体中常含有一定的水汽，其中燃煤电厂等典型的应用场景中，高湿粉尘会通过影响颗粒间作用力进而影响滤饼结构，影响除尘过程的稳定运行并限制过滤器的使用寿命[59]。因此，研究湿度对颗粒间作用力及除尘性能的影响将对降低除尘器能耗有着重要意义。通常可通过改变环境湿度进而影响颗粒间作用力的大小，达到改变滤饼堆积结构，降低滤饼阻力的目的。颗粒亲水性越强，滤饼阻力增长速率随环境湿度变化得越快；颗粒疏水性越强，滤饼阻力增长速率随环境湿度变化得越慢[60,61]。

工业尾气中含有的腐蚀性气体，如 SO_2 和碱金属蒸气等，会对滤材表面的膜层和支撑体造成腐蚀，造成过滤效率下降，过滤精度降低，缩短材料的使用寿命。图 1-12 是氧化铝陶瓷膜过滤工业窑炉烟气时膜层颗粒表面腐蚀情况。从中看到，经过长时间气体腐蚀后，氧化铝表面出现许多细小的颗粒，颈部结合程度明显降低，造成陶瓷膜材料机械强度下降[62]。

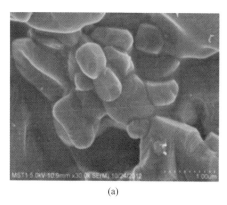
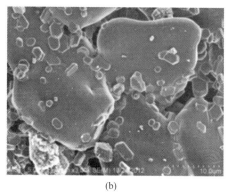

(a)   (b)

图 1-12　工业窑炉烟气腐蚀前（a）和腐蚀后（b）陶瓷材料微观形貌[62]

1.3.2.3　操作条件影响

气体温度的升高将促使颗粒的扩散系数提高，黏性变大，从而使依靠惯性和重力效应的大颗粒的沉降效率降低，而小颗粒由于布朗运动的加剧，也会降低气体的体积流量并增加过滤阻力[62,63]。根据达西定律，压力降的增加导致氮气渗透的动力增加，所以气体流量将增加；而温度升高导致氮气黏度增大，故而氮气的渗透阻力增大，气体流量将减小。

如图 1-13 是温度对气体渗透速率的影响，随着温度的增大，渗透速率呈减小趋势。由于温度升高，气体黏度增大，故氮气渗透速率减小。一般情况下，气固分离膜孔径越大，温度对渗透速率的影响越大。这是因为温度越高，分子自由程增大，分子与膜孔壁碰撞概率增大，导致高温下气体通过膜孔的速率小于低温下气体通过速率。

含有粉尘的气体在过滤过程中会在滤料表面形成一层滤饼，当滤饼超过限量时将导致滤料发生变形、损坏、风量下降、效率降低等不良后果。所以，需要对滤饼进行清灰处理，恢复过滤性能[64,65]。这时就需要在除尘器上加上反吹系统用来清灰，利用切换装置停止过滤气流，并借用外加动力形成足够动量的逆向气流，使过滤材料的表面粉尘震动或涨缩变形剥落[66]。反吹清灰的过程如图 1-14 所示，高压气体从渗透侧通过孔道进入到组件内，当它所形成的冲击力大于滤饼在膜管表面的附着力或滤饼颗粒之间的附着力时，滤饼就会从膜表面脱落，从而完成清洗过程[67,68]。

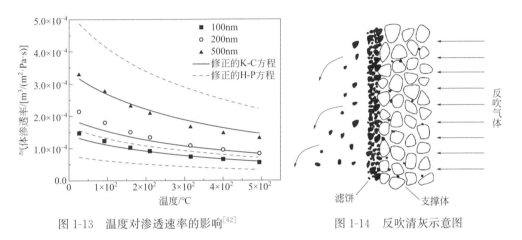

图 1-13 温度对渗透速率的影响[62]   图 1-14 反吹清灰示意图

参 考 文 献

[1] 邢卫红，顾学红. 高性能膜材料与膜技术[M]. 北京：化学工业出版社，2017.

[2] 郝新敏. 聚四氟乙烯微孔膜及纤维[M]. 北京：化学工业出版社，2000.

[3] 汤丽萍，王建忠. 金属纤维多孔材料：孔结构及性能[M]. 北京：冶金工业出版社，2016.

[4] Han F，Zhong Z X，Yang Y，et al. High gas permeability of SiC porous ceramics reinforced by mullite fibers[J]. Journal of the European Ceramic Society，2016，36：3909-3917.

[5] 都丽红. $PM_{2.5}$ 和气体净化技术[M]. 北京：化学工业出版社，2019.

[6] 国家安全生产监督管理局. 呼吸防护用品——自吸过滤式防颗粒物呼吸器：GB 2626—2006[S]. 北京：中国标准出版社，2006.

[7] 国家市场监督管理总局. 挥发性有机物无组织排放控制标准：GB/T 37822—2019[S]. 北京：中国环境出版社，2019.

[8] 中国国家标准化管理委员会. 碳化硅质高温陶瓷过滤元件：GB/T 32978—2016[S]. 北京：中国标准出版社，2017.

[9] 中国国家标准化管理委员会. 金属间化合物膜过滤器：GB/T 35250—2017[S]. 北京：中国标准出版社，2018.

[10] 袋式除尘工程通用技术规范：HJ 2020[S]. 2012.

[11] 时钧，袁权. 膜技术手册[M]. 北京：化学工业出版社，2001.

[12] 中国国家标准化管理委员会. 空气净化器：GB/T 18801-2015[S]. 北京：中国标准出版社，2016.

[13] Li P，Wang C Y，Zhang Y Y，et al. Air Filtration in the free molecular flow regime：A review of high-efficiency particulate air filters based on carbon nanotubes[J]. Small，2014，10(22)：4543-4561.

[14] 徐南平. 面向应用过程的陶瓷膜材料设计、制备与应用[M]. 北京：科学出版社，2017.

[15] 胡敏，仲兆祥，邢卫红. 纳米纤维膜在空气净化中的应用研究进展[J]//化工进展，2018，37(4)：1305-1313.

[16] Astakhov E Y，Shutov A A. Porous polytetrafluoroethylene film[J]. Physical Letter，2007，33：228-230.

[17] Feng S S，Zhong Z X，Drioli E，et al. Progress and perspectives in PTFE membrane：Preparation，modification，and applications[J]. Journal of Membrane Science，2018，549(1)：332-349.

[18] Han F，Zhong Z X，Xing W H，et al. Preparation and characterization of SiC whisker-reinforced SiC porous ceramics for hot gas filtration[J]. Industrial & Engineering Chemistry Research，2015，54，226-232.

[19] 张峰，韩峰，仲兆祥，等. 陶瓷膜用于高温尾气净化的研究进展[C]//第四届全国膜分离技术在冶金工业中应用研讨会论文集，2014.

[20] Heidenreich S. Hot gas filtration：A review[J]. Fuel，2013，104：83-94.

[21] Heidenreich S，Wolters C. Hot gas filter contributes to IGCC power plant's reliable operation[J]. Filtration & Separation，2004，41(5)：22-24.

[22] 傅晓娜，姚刚，刘敏，等. 多孔陶瓷材料在高温气体干法除尘中的应用[J]. 环境工程，2012，30(3)：49-54.

[23] Wei W，Zhang W Q，Jiang Q，et al. Preparation of non-oxide SiC membrane for gas purification by spray coating[J]. Journal of Membrane Science，2017，540：381-390.

[24] Yang Y，Han F，Xu W Q，et al. Low-temperature sintering of porous silicon carbide ceramic support with SDBS as sintering aid[J]. Ceramics International，2017，43(3)：3377-3383.

[25] Yang Y，Xu W Q，Zhang F，et al. Preparation of highly stable porous SiC membrane supports with enhanced air purification performance by recycling NaA zeolite residue[J]. Journal of Membrane Science，2017，541：500-509.

[26] Han F，Xu C N，Wei W，et al. Corrosion behaviors of porous reaction-bonded silicon carbide ceramics incorporated with CaO[J]. Ceramics International，2018，44(11)：12225-12232.

[27] Xu C N，Xu C，Han F，et al. Fabrication of high performance macroporous tubular silicon carbide gas filters by extrusion method[J]. Ceramics International，2018，44(15)：17792-17799.

[28] Dennis R，McMahon T，Dorchak T，et al. Department of energy's high temperature and

high-pressure particulate clean up program for advanced coal-based power systems[J]. High Temperature Gas Cleaning, 1999, 2(4): 303-306.

[29] Alvin M A. Hotgas filter development and performance[J]. High Temperature Gas Cleaning, 1992, 21(4): 455-457.

[30] Zhao S F, Feron P M, Deng L Y, et al. Status and progress of membrane contactors in post-combustion carbon capture: A state-of-the-art review of new developments[J]. Journal of Membrane Science, 2016, 511: 180-206.

[31] Demontigny D, Tontiwachwuthikul P, Chakma A. Using polypropylene and polytetrafluoro-ethylene membranes in a membrane contactor for CO_2 absorption[J]. Journal of Membrane Science, 2006, 277(1-2): 99-107.

[32] Atchariyawut S, Feng C, Wang R, et al. Effect of membrane structure on mass-transfer in the membrane gas-liquid contacting process using microporous PVDF hollow fibers[J]. Journal of Membrane Science, 2006, 285(1-2): 272-281.

[33] Chen S, Li S, Chien R, et al. Effects of shape, porosity, and operating parameters on carbon dioxide recovery in polytetrafluoroethylene membranes[J]. Journal of Hazardous Materials, 2010, 179(1-3): 692-700.

[34] Li S, Pyrzynski T J, Klingh offer N B, et al. Scale-up of PEEK hollow fiber membrane contactor for post-combustion CO_2 capture[J]. Journal of Membrane Science, 2017, 527: 92-101.

[35] 韩士贤, 高兴银, 符开云, 等. 疏水性单管陶瓷膜接触器在 SO_2 吸收中的应用[J]. 化工学报, 2017, 68: 2415-2422.

[36] Drioli E, Stankiewicz A I, Macedonio F. Membrane engineering in process intensification: An overview[J]. Journal of Membrane Science, 2011, 380(1): 1-8.

[37] Ambrosi A, Cardozo N S M, Tessaro I C. Membrane separation processes for the beer industry: A review and state of the art[J]. Food & Bioprocess Technology, 2014, 7(4): 921-936.

[38] Barrer R M, Chio H T. Solution and diffusion of gases and vapors in silicone rubber membranes[J]. Journal of Polymer Science Polymer Symposia, 2007, 10(1): 111-138.

[39] Barrer R M. Zeolites and Their Synthesis[J]. Zeolites, 1981, 1(3): 130-140.

[40] Li J, Sculley J, Zhou H. Metal-organic frameworks for separations[J]. Chemical Reviews, 2011, 112(2): 869-932.

[41] Yuan J W, Li Q Q, Shen J, et al. Hydrophobic-functionalized ZIF-8 nanoparticles incorporated PDMS membranes for high-selective separation of propane/nitrogen[J]. Asia Pacific Journal of Chemical Engineering, 2017, 12(1): 110-120.

[42] Sandra F, Ballestero A, Nguyen V L, et al. Silicon carbide-based membranes with high soot particle filtration efficiency, durability and catalytic activity for CO/HC oxidation and soot combustion[J]. Journal of Membrane Science, 2016, 501: 79-92.

[43] Mirvakili A, Bahrani S, Jahanmiri A. An environmentally friendly configuration for ammo-

nium nitrate decomposition[J]. Industial & Engineering Chemistry Research，2013，52：13276-13287.

[44] Li C，Zhang F，Feng S F，et al. SiC@TiO$_2$/Pt catalytic membrane for collaborative removal of VOCs and nanoparticles[J]. Industrial & Engineering Chemistry Research，2018，57(31)：10564-10571.

[45] Chen J H，Pan B，Wang B，et al. Hydrothermal synthesis of a Pt/SAPO-34@SiC catalytic membrane for the simultaneous removal of NO and particulate matter[J]. Industrial & Engineering Chemistry Research，2020，59：4302-4312.

[46] Zhao Y，Low Z X，Feng S S，et al. Multifunctional hybrid porous filters with hierarchical structures for simultaneous removal of indoor VOCs，dusts and microorganisms[J]. Nanoscale，2017，9：5433-5444.

[47] Li D Y，Gu C，Han F，et al. Catalytic performance of hybrid Pt@ZnO NRs on carbon fibers for methanol electro-oxidation[J]. Chinese Journal of Chemical Engineering，2017，25(12)：1871-1876.

[48] 富利康科技股份有限公司. 除尘脱硝一体陶瓷纤维催化膜管[EB/OL]. [2021-07-01]. http：//www. cat-filter. com/產品/.

[49] Li L L，Zhang F，Zhong Z X，et al. Novel synthesis of a high performance Pt/ZnO/SiC filter for the oxidation of toluene[J]. Industrial & Engineering Chemistry Research，2017，56(46)：13857-13865.

[50] Yang S，Zhu Z，Wei F，et al. Enhancement of formaldehyde removal by activated carbon fiber via in situ growth of carbon nanotubes[J]. Building and Environment，2017，126：27-33.

[51] Feng S，Li X，Zhao S，et al. Multifunctional metal organic framework and carbon nanotube-modified filter for combined ultrafine dust capture and SO$_2$ dynamic adsorption[J]. Environmental Science：Nano，2018，5(12)：3023-3031.

[52] Park K T，Hwang J. Filtration and inactivation of aerosolized bacteriophage MS$_2$ by a CNT air filter fabricated using electro-aerodynamic deposition[J]. Carbon，2014，75：401-410.

[53] Feng S S，Li X Y，Zhao S F，et al. Multifunctional metal organic framework and carbon nanotube-modified filter for combined ultrafine dust capture and SO$_2$ dynamic adsorption [J]. Environmental Science-Nano，2018，5(12)：3023-3031.

[54] Hu M，Kang W M，Zhong Z X，et al. Porphyrin-functionalized hierarchical porous silica nanofiber membrane for rapid HCl gas detection[J]. Industrial & Engineering Chemistry Research，2018，57(34)：11668-11674.

[55] 周志强. 煤粉颗粒在气流中燃烧的试验研究：工程热物理论文集[M]. 北京：清华大学出版社，1985.

[56] 谭天佑. 工业通风除尘技术[M]. 北京：中国建筑工业出版社，1984.

[57] 化学工程手册编委会. 化学工程手册：第5卷[M]. 北京：化学工业出版社，1989.

[58] 刘伟. 碳化硅多孔陶瓷的制备与气固分离性能研究[D]. 南京：南京工业大学，2014.

［59］李宁，杨福绅，张卫东. 环境湿度对 PTFE 覆膜滤料除尘性能的影响研究［J］. 北京：环境友好的化学工程技术论坛，2015.

［60］李宁. 环境湿度对不同性质粉尘除尘性能影响的研究［D］. 北京：北京化工大学，2013.

［61］袁学玲. 环境湿度对 PTFE 覆膜滤料过滤性能影响研究［D］. 北京：北京化工大学，2015.

［62］朱建军. 陶瓷膜材料的高温稳定性研究［D］. 南京：南京工业大学，2013.

［63］Luax S，et al. Hot gas filtration with ceramic filter elements［C］//Process of the 12th International Conference on FBC，ASME，1993：1241-1250.

［64］Heidenreich S，Haag，W，Salinger M. Next generation of ceramic hot gas filter with safety fuses integrated in venturi ejectors［J］. Fuel，2013，108：19-23.

［65］仲兆祥，李鑫，邢卫红，等. 多孔陶瓷膜气体除尘性能研究［J］. 环境科学与技术，2013，36(6)：155-158.

［66］姬忠礼，丁富新，孟祥波. 陶瓷过滤管外瞬态流［J］. 化工学报，2000，51(2)：165-168.

［67］郭建光，姬忠礼. 陶瓷过滤器脉冲反吹系统的性能研究［J］. 动力工程，1999，19(5)：394-398.

［68］姬忠礼，孟祥波，时铭显. 陶瓷过滤器滤管脉冲反吹过程的流动特性［J］. 过滤与分离，2001，11(2)：1-4.

第 2 章

国内空气污染状况及相关标准

2.1 大气污染现状及成因

2.1.1 大气污染的现状

按照国际标准化组织（ISO）的定义，空气污染通常是指由于人类活动或自然过程导致某些物质进入大气中，达到足够的浓度，维持足够的时间，并因此危害了人类的舒适、健康和福利或环境的现象[1]。

我国于二十世纪八九十年代开始大力发展煤炭经济，由此也带来了空气污染问题。为了保持经济社会的持续健康发展，政府采取了一系列坚决果断的防治措施。从 2013 年国务院发布《大气污染防治行动计划》（简称"大气十条"），提出了明确的空气质量目标开始，各部门陆续出台相关法规政策，全面支持大气污染防治工作[2]。其中，新版《环境空气质量标准》和分别针对火电、钢铁、水泥、化工行业和非电燃煤锅炉等行业的排放标准是促使各企业实施烟气处理工程的最有力政策。根据 2020 年生态环境部发布的《全国生态环境质量报告》[3]，全国 337 个地级及以上城市平均优良天数比例为 87.0%，同比上升 5.0 个百分点。202 个城市环境空气质量达标，占全部地级及以上城市数的 59.9%，同比增加 45 个。$PM_{2.5}$ 年均浓度为 $33\mu g/m^3$，同比下降 8.3%；PM_{10} 年均浓度为 $56\mu g/m^3$，同比下降 11.1%。随着我国对生态环境改善目标的持续推进，大气污染防治仍然任重道远。

大气污染对人体健康的危害分两种：急性危害和慢性危害[4]。急性危害是由大气（特指室外环境空气）污染物的浓度在短期内急剧增高（如重度雾霾），人体大量吸入污染物造成的；主要表现为呼吸道和眼部刺激症状、咳嗽、胸痛、呼吸困难、咽喉痛、头疼、呕吐、心功能障碍、肺功能衰竭、慢性心脑血管疾病的急性发作等。慢性危害主要包括：

① 长期刺激作用导致眼和呼吸系统慢性炎症，如结膜炎、咽喉炎、气管炎等，严重的引起慢性阻塞性肺病（COPD），甚至可导致肺心病。

② 机体免疫功能下降。在大气污染严重的地区，居民唾液溶菌酶和分泌型免疫球蛋白 A（IgA）的含量均明显下降，其他免疫指标也有所下降。

③ 加重慢性心脑血管疾病。

④ 加重变态反应或过敏性疾病。大气中某些污染物如具有致敏作用，可加重哮喘、过敏性鼻炎等疾病。

⑤ 增加发生肺癌的风险。国际癌症研究所（IARC）已经将空气污染物包括其中的颗粒物列为 A 类致癌物，国际上发表的综述性文章认为，虽然总地来说空气污染对癌症的发生风险是比较低的，但针对肺癌而言，大气污染物尤其是颗粒物中常常含有苯并芘（BaP）、砷等致癌物，具有较高的风险。

根据全国呼吸系统疾病统计数据可以发现，最近十年人们在呼吸系统方面的疾病发病率快速增长[5]。此外，国际上的研究还发现，长期的空气污染与早产、低体重以及其他出生缺陷等有关。由此可见，被破坏的大气环境正在慢慢地吞噬着人们的身体健康[6]。

2.1.2 大气污染物的来源

造成大气污染的原因可归结为自然原因与人为原因。自然界的一些变化也会引起大气成分的改变。例如，火山喷发会将大量的粉尘和二氧化碳等气体喷射到大气中，使周边地区烟雾弥漫、毒气熏人等。不过，一般来说，这种自然变化带来的影响是局部的、短时间的。

人类的生产、生活活动是造成大气污染的主要原因，主要有以下几个方面[7]：

① 工业生产性污染　工业生产性污染是大气污染的主要来源，包括燃料的燃烧，主要是煤、石油、生物质燃料燃烧过程中排放的大量有害物质，燃烧烟气中含有大量的烟尘、二氧化硫、氮氧化物、有机化合物等；生产过程排出的烟尘和废气，以火力发电厂、钢铁厂、石油化工厂、水泥厂等对大气污染最为严重。

② 居民生活性污染　大量民用生活炉灶和采暖锅炉需要消耗大量煤炭，煤炭在燃烧过程中会将大量的灰尘、二氧化硫、一氧化碳等有害物质释放到大气

中，造成污染。此外，房屋装修过程中，木板、涂料、地板等装修材料会散发出甲醛、甲苯等 VOCs 气体，这些气体进入大气环境，也会在一定程度上造成大气污染。

③ 交通运输性污染　交通运输工具如汽车、火车、飞机、轮船等的使用都需要以煤炭或石油为动力原料，必然要排放大量的污染物，如一氧化碳、二氧化硫、氮氧化物和碳氢化合物等。

④ 建筑扬尘污染　随着我国城市化建设进度不断加快，建筑工程的施工规模越来越大，以致建筑工程施工中造成的环境污染问题日益严重。建筑施工过程中对大气的污染主要为建筑扬尘污染。

⑤ 农业过程污染　田间施用农药时，一部分农药会以气溶胶的形式逸散到大气中，残留在作物体上或黏附在作物表面的部分可挥发到大气中。进入大气的农药成分可以被悬浮的颗粒物吸收，并随气流向各地输送，造成大气农药污染。农业过程污染还包括秸秆焚烧等对大气造成的污染。

我国大气污染物来源及所占比例如图 2-1 所示。

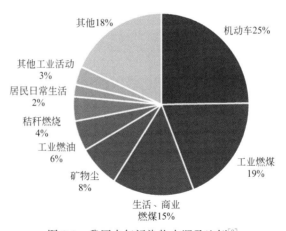

图 2-1　我国大气污染物来源及比例[8]

2.2　大气污染物主要类型

根据生成方式，大气污染物可分为一次污染物及二次污染物。一次污染物是指直接从污染源排放的污染物质，如二氧化硫、二氧化氮、一氧化碳、颗粒物等，它们又可分为反应物和非反应物。前者不稳定，在大气环境中常与其他物质发生化学反应，或者作为催化剂促进其他污染物之间的反应；后者则不发生反应或反应速度缓慢。二次污染物是指由一次污染物在大气中互相作用，经化学反应或光化学反应形成的与一次污染物的物理、化学性质完全不同的新的大气污染物，其毒性比一次污染物还强。最常见的二次污染物有硫酸及硫酸盐气溶胶、硝酸及硝酸盐气溶胶、臭氧、光化学氧化剂以及许多不同寿命的活性中间物（又称自由基），如 $HO_2 \cdot$、$HO \cdot$ [9]。

根据来源，大气污染物可分为天然污染物和人为污染物。其中引起公害的往往是人为污染物，它们主要来源于燃料燃烧和大规模工矿企业的生产过程。人为污染物包括颗粒物、硫氧化物、氮氧化物、一氧化碳、碳氢化合物和其他有害物质。其中，颗粒物指大气中液体与固体状物质；硫氧化物是含硫氧化物的总称，包括二氧化硫、三氧化硫、三氧化二硫和一氧化硫等；氮氧化物是含氮氧化物的总称，细分为氧化亚氮、一氧化氮、二氧化氮与三氧化二氮等；碳氢化合物是以碳元素和氢元素形成的化合物，如甲烷与乙烷等烃类气体；其他有害物质是指重金属类、含氟气体、含氯气体等污染物[10]。

大气污染物按其存在状态可概括为两大类：气溶胶状态污染物和气相状态污染物。气溶胶状态污染物主要包括粉尘、烟尘、飞灰和雾，气相污染物主要包括氮氧化物、硫氧化物、碳氢化合物与卤素化合物等[11,12]。

2.2.1 气溶胶状态污染物

气溶胶状态污染物是指悬浮在大气中的固体或液体微粒组成的悬浮体（直径 $0.01 \sim 10 \mu m$ 的粒子）。细小固体颗粒物是气溶胶状态污染物的主要成分。颗粒物可分为一次颗粒物和二次颗粒物。一次颗粒物是由污染源直接释放到大气中造成污染的颗粒物，包括自然污染源和人为污染源。自然污染源包含地面扬尘、地震灰、沙尘暴等以及生物颗粒物，如花粉、孢子等；人为污染源主要是生产、燃料燃烧过程以及建筑和运输过程中产生的固体微粒，如粉尘、煤烟、飞灰等。二次颗粒物是由大气中某些污染气体组分（如二氧化硫、氮氧化物、碳氢化合物等）之间，或这些组分与大气中的正常组分（如氧气）之间通过光化学氧化反应、催化氧化反应或其他化学反应转化生成的颗粒物，例如二氧化硫转化生成硫酸盐[13]。

2.2.2 气相污染物

气相污染物是在常温、常压下以分子状态存在的气体污染物。包括无机气相污染物和挥发性有机物污染物。常见的无机气相污染物主要有：CO、SO_2、NO_2、NH_3 和 H_2S 等[14]，其来源主要为电厂、钢铁、水泥、化工等行业的工业排放。挥发性有机物污染物主要为甲醛、苯、甲苯等有机气体，其来源主要为室内装修材料，如木板、胶黏剂等[15]。在大气污染控制中受到普遍重视的一次污染物有硫氧化物、氮氧化物、碳氧化物以及有机化合物等；二次污染物有硫酸烟雾和光化学烟雾[16]。

2.3 工业大气污染物排放标准

我国《大气污染物综合排放标准》（GB 16297—1996）于 1997 年 1 月 1 日起正式施行，规定了 33 种大气污染物的排放限值以及标准执行中的各种要求。在我国现有的国家大气污染物排放标准体系中，按照综合性排放标准与行业性排放标准不交叉执行的原则，火电、钢铁、水泥、石油炼制等已有大气污染物特别排放限值国家标准的，执行大气污染物特别排放限值国家标准。表 2-1 给出了《大气污染物综合排放标准》中主要大气污染物排放限值。

表 2-1　GB 16297—1996 中规定的主要大气污染物排放限值

序号	污染物名称	最高允许排放浓度/(mg/m³)	无组织排放监控浓度限值/(mg/m³)
1	二氧化硫	1200(硫、二氧化硫、硫酸和其他含硫化合物生产) 700(硫、二氧化硫、硫酸和其他含硫化合物生产)	0.50(监控点与参照点浓度差值)
2	氮氧化物	1700(硝酸、氮肥和火、炸药生产) 420(硝酸使用和其他)	0.15(监控点与参照点浓度差值)
3	颗粒物	22(炭黑尘、染料尘) 80(玻璃棉尘、石英粉尘、矿渣棉尘) 150(其他)	肉眼不可见 2.0(监控点与参照点浓度差值) 5.0(监控点与参照点浓度差值)
4	氟化氢	150	0.25
5	铬酸雾	0.080	0.0075
6	硫酸雾	1000(火、炸药厂) 70(其他)	1.5
7	氟化物	100(普钙工业) 11(其他)	20μg/m³(监控点与参照点浓度差值)
8	氯气	85	0.50
9	铅及其化合物	0.90	0.075
10	汞及其化合物	0.015	0.0015

2013 年国务院发布的《大气污染防治行动计划》要求，"十二五"期间要针对火电、钢铁、石化、水泥、有色、化工等企业以及燃煤锅炉项目等"6+1"类重点行业（领域）制定大气污染物特别排放限值标准，见表 2-2，涉及多项国家污染物排放（控制）标准的修订项目。截至 2019 年底，已经发布 28 项大气污染

物特别排放限值的国家排放标准，新制定的标准对排放指标的要求远高于旧版标准。"十二五"期间，位于重点控制区 47 个城市主城区的火电、钢铁、石化行业现有企业以及燃煤锅炉项目执行大气污染物特别排放标准限值；"十三五"期间将特别排放限值的要求扩展到重点控制区的市域范围。2018 年 6 月 27 日，国务院印发《打赢蓝天保卫战三年行动计划》，明确要求重点区域二氧化硫、氮氧化物、颗粒物、挥发性有机物（VOCs）全面执行大气污染物特别排放限值标准，同时，各地方政府也制定了更为严格的地方标准。我国上下齐心、合力治理大气污染的攻坚战已经打响。

表 2-2　28 项大气污染物特别排放标准及主要污染物排放限值

序号	标准名称	标准编号	污染物种类	最高允许排放限值 /(mg/m³)
1	火电厂大气污染物排放标准	GB 13223—2011	烟尘 二氧化硫 氮氧化物	20 50 100
2	铁矿采选工业污染物排放标准	GB 28661—2012	颗粒物	20（重点地区 10）
3	钢铁烧结、球团工业大气污染物排放标准	GB 28662—2012	颗粒物 二氧化硫 氮氧化物	50 200 300
4	炼铁工业大气污染物排放标准	GB 28663—2012	颗粒物 二氧化硫 氮氧化物	20 100 300
5	炼钢工业大气污染物排放标准	GB 28664—2012	颗粒物	50（转炉）
6	轧钢工业大气污染物排放标准	GB 28665—2012	颗粒物 二氧化硫 氮氧化物	20 150 300
7	铁合金工业污染物排放标准	GB 28666—2012	颗粒物	50（重点地区 30）
8	炼焦化学工业污染物排放标准	GB 16171—2012	颗粒物	破碎、筛分 30 装煤 50 推焦 50
9	石油炼制工业污染物排放标准	GB 31570—2015	颗粒物 二氧化硫 氮氧化物	20 100 150
10	石油化学工业污染物排放标准	GB 31571—2015	颗粒物 二氧化硫 氮氧化物	20 100 150
11	合成树脂工业污染物排放标准	GB 31572—2015	非甲烷总烃 颗粒物	100 30

序号	标准名称	标准编号	污染物种类	最高允许排放限值 /(mg/m³)
12	烧碱、聚氯乙烯工业污染物排放标准	GB 15581—2016	颗粒物 二氧化硫 氮氧化物 非甲烷总烃	60(电石破碎) 100(焚烧炉) 200(焚烧炉) 50
13	硝酸工业污染物排放标准	GB 26131—2010	氮氧化物	300
14	硫酸工业污染物排放标准	GB 26132—2010	颗粒物 二氧化硫	50 860
15	无机化学工业污染物排放标准	GB 31573—2015	颗粒物 氮氧化物 二氧化硫	30 200 400
16	铝工业污染物排放标准	GB 25465—2010	颗粒物 二氧化硫	50(破碎、筛分、转运) 400(熟料烧成窑)
17	铅、锌工业污染物排放标准	GB 25466—2010	颗粒物 二氧化硫	80 400
18	铜、镍、钴工业污染物排放标准	GB 25467—2010	颗粒物 二氧化硫	80(冶炼) 400(冶炼)
19	镁、钛工业污染物排放标准	GB 25468—2010	颗粒物 二氧化硫	50(原料制备) 400(精炼)
20	稀土工业污染物排放标准	GB 26451—2011	颗粒物 二氧化硫	40(分解提取) 300(分解提取)
21	钒工业污染物排放标准	GB 26452—2011	颗粒物 二氧化硫	50 400
22	锡、锑、汞工业污染物排放标准	GB 30770—2014	颗粒物 二氧化硫	30(冶炼) 400
23	再生铜、铝、铅、锌工业污染物排放标准	GB 31574—2015	颗粒物 氮氧化铝 二氧化硫	10 100 100
24	水泥工业大气污染物排放标准	GB 4915—2013	颗粒物 氮氧化铝 二氧化硫	30(水泥窑) 200(水泥窑) 400(水泥窑)
25	锅炉大气污染物排放标准	GB 13271—2014	颗粒物 氮氧化铝 二氧化硫	30(燃煤锅炉) 200(燃煤锅炉) 200(燃煤锅炉)
26	挥发性有机物无组织排放控制标准	GB 37822—2019	VOCs	10(监控点 1h 平均浓度)

序号	标准名称	标准编号	污染物种类	最高允许排放限值 /（mg/m³）
27	制药工业大气污染物排放标准	GB 37823—2019	颗粒物 VOCs 氨	30 150 30
28	涂料、油墨及胶黏剂工业大气污染物排放标准	GB 37824—2019	颗粒物 VOCs	20 80

2.3.1　水泥工业排放标准

水泥是国民经济的基础原材料，被称为当代建筑"粮食"。随着我国经济的高速发展，水泥工业已经成为国民经济社会发展水平和综合实力的重要标志。但其造成的环境污染十分严重。据不完全统计，我国水泥工业每年向大气排放的粉尘、烟尘在 1300 万吨以上，有害气体如二氧化碳、二氧化硫、氮氧化物、氟化物的污染也占有相当大的比重。

从 2013 年起，国家陆续出台相关政策，提出水泥工业的减排目标，制定新的排放标准《水泥工业大气污染物排放标准》（GB 4915—2013）。该标准规定了水泥制造企业（含独立粉磨站）、水泥原料矿山、散装水泥中转站、水泥制品企业及其生产设施的大气污染排放限值、检测和监督管理要求。标准规定，水泥行业氮氧化物排放标准（水泥窑等热力设备）收紧至 400mg/m³（重点地区 320mg/m³），二氧化硫排放标准（水泥窑等热力设备）收紧至 200mg/m³（重点地区 100mg/m³），粉尘排放标准（水泥窑等热力设备）收紧至 30mg/m³（重点地区 20mg/m³），见表 2-3。部分地区制定、执行地方标准，地方标准一般会比国家标准更高，如河南省生态环境厅发布的《水泥工业大气污染物排放标准》（DB 41/1953—2020）中规定，氮氧化物、二氧化硫和粉尘排放限值分别为 100mg/m³、35mg/m³ 和 10mg/m³。

表 2-3　GB 4915—2013 中规定的现有与新建企业大气污染物排放限值

单位：mg/m³

生产过程	生产设备	颗粒物	二氧化硫	氮氧化物（以 NO_2 计）	氟化物（以总 F 计）	汞及其化合物	氨
矿山开采	破碎机及其他通风生产设备	20（重点地区 10）	—	—	—	—	—

生产过程	生产设备	颗粒物	二氧化硫	氮氧化物(以 NO$_2$ 计)	氟化物(以总 F 计)	汞及其化合物	氨
水泥制造	水泥窑及窑尾余热利用系统	30(重点地区 20)	200(重点地区 100)	400(重点地区 320)	5(重点地区 3)	0.05	10(重点地区 8)
	烘干机、烘干磨、煤磨及冷却机	30(重点地区 20)	600(重点地区 400)	400(重点地区 300)	—	—	—
	破碎机、磨机、包装机及其他通风生产设备	20(重点地区 10)	—	—	—	—	—
散装水泥中转站及水泥制品生产	水泥仓及其他通风生产设备	20(重点地区 10)	—	—	—	—	—

2.3.2 垃圾焚烧行业排放标准

垃圾焚烧是垃圾处理的主要方式之一，垃圾焚烧后产生的热能可用于发电供热，实现资源的综合利用。据不完全统计，2018 年初，全国垃圾焚烧发电装机容量超过 680 万千瓦，年发电量超过 350 亿千瓦时，年垃圾处理量超过 1.05 亿吨，占全国城镇垃圾清运量比重的 35%以上[17]。根据《生物质能发展"十三五"规划》，2020 年我国城镇生活垃圾焚烧发电装机容量已达 750 万千瓦；《可再生能源发展"十三五"规划实施的指导意见》也明确了垃圾焚烧发电"十三五"规划布局，明确在 30 个省（直辖市、自治区）及新疆生产建设兵团布局 529 个垃圾焚烧发电项目，装机容量 1022 万千瓦。

随着我国垃圾焚烧发电厂的大量建设以及国家环境管理的日趋严格，垃圾焚烧行业大气污染物排放问题逐渐受到全社会的关注。生活垃圾焚烧发电厂的烟气排放一般有 3 个标准：国家标准《生活垃圾焚烧污染控制标准》（GB 18485—2014）、欧盟标准《欧盟工业排放指令》（2010/75/EU）和地方标准。其中国家标准是必须要满足的，部分地区选取国家标准和欧盟标准中较严格的一个执行，部分地区按照高于国家标准的地方标准进行执行。表 2-4 为国家标准、欧盟标准和上海地方标准的对比。

表 2-4　国家标准、欧盟标准和上海地方标准的对比

序号	污染物名称	单位	GB 18485—2014		2010/75/EU		DB31/768—2013	
1	颗粒物	mg/m³	30	1h 均值	30	0.5h 100%	10	测定均值
					10	0.5h 97%		
			20	24h 均值	10	24h 均值		
2	氮氧化物	mg/m³	300	1h 均值	400	0.5h 100%	250	1h 均值
					200	0.5h 97%		
			250	24h 均值	200	24h 均值	200	24h 均值
3	二氧化硫	mg/m³	100	1h 均值	200	0.5h 100%	100	1h 均值
					50	0.5h 97%		
			80	24h 均值	50	24h 均值	50	24h 均值
4	氯化氢	mg/m³	60	1h 均值	60	0.5h 100%	50	1h 均值
					10	0.5h 97%		
			50	24h 均值	10	24h 均值	10	24h 均值
5	氟化氢	mg/m³	—	—	4	0.5h 100%	—	—
					2	0.5h 97%		
			—	—	1	24h 均值	—	—
6	汞及其化合物	mg/m³	0.05	测定均值	0.05	取样周期 30min，最大 8h	0.05	测定均值
7	镉、铊及其化合物	mg/m³	0.1	测定均值	0.05	取样周期 30min，最大 8h	0.05	测定均值
8	锑、砷、铅、铬、钴、铜、锰、镍及其化合物	mg/m³	1.0	测定均值	0.5	取样周期 30min，最大 8h	0.5	测定均值
9	二噁英类	ng-TEQ/m³	0.1	测定均值	0.1	取样周期 30min，最大 8h	0.1	测定均值
10	一氧化碳	mg/m³	100	1h 均值	100	0.5h 100%（日）	100	1h 均值
					150	10min 95%（日）		
			80	24h 均值	50	24h 均值	50	24h 均值

2.3.3　超低排放标准

2014 年国家发改委、国际环保部等部门率先在燃煤锅炉行业提出"超低排放"标准，即火电厂燃煤锅炉在发电运行、末端治理等过程中，采用多种污染物高效协同脱除集成系统技术，使大气污染物排放浓度基本符合燃气机组排放限值。烟尘、二氧化硫及氮氧化物排放浓度（基准含氧量 6%）分别不超过 5mg/m³、35mg/m³ 与 50mg/m³，比《火电厂大气污染物排放标准》（GB 13223—2011）中规定的燃煤锅炉重点地区特别排放限值分别下降 75%、30% 和 50%，已经全面超越欧盟的水平[18]。

2015 年《政府工作报告》指出，2015 年二氧化碳排放量要降低 3.1% 以上，化学需氧量、氨氮排放都要减少 2% 左右，二氧化硫、氮氧化物排放要分别减少 3% 和 5% 左右。深入实施大气污染防治行动计划，实行区域联防联控，推动燃煤电厂超低排放改造，促进重点区域煤炭消费零增长[19]。

2015 年 12 月 2 日，国务院常务会议决定，在 2020 年前，对燃煤机组全面实施超低排放和节能改造，大幅降低发电煤耗和污染排放[20]。

2.3.4　其他行业排放标准

为贯彻《中华人民共和国环境保护法》和《中华人民共和国大气污染防治法》，防治大气污染，改善环境空气质量，其他行业如石油化工、有色金属、制药、涂料、油墨及胶黏剂等工业，都相继发布了相关污染物排放控制标准。以下对钢铁行业和无机化学工业作简单介绍。

2.3.4.1　钢铁行业

钢铁行业是继火电行业之后第二大高污染行业。钢铁的生产过程目前很少使用燃煤锅炉，但钢铁行业的烧结与球团工序会产生大量的二氧化硫、氮氧化物和颗粒物。2012 年 6 月环境保护部发布了《钢铁烧结、球团工业大气污染物排放标准》（GB 28662—2012），标准中明确提出产生大气污染物的生产工艺装置必须设立局部气体收集系统和集中净化处理装置，气体达标后再排放。该标准中要求现有企业的烧结机、团球焙烧设备的排放限值为颗粒物 80mg/m³、二氧化硫 600mg/m³、氮氧化物 500mg/m³、氯化物 6.0mg/m³、二噁英类 1.0ng-TEQ/m³。烧结机机尾等生产设备则要求颗粒物排放限值 50mg/m³。新建烧结机、团球焙烧设备排放限值为颗粒物 50mg/m³、二氧化硫 200mg/m³、氮氧化物 300mg/m³、氯化物 4.0mg/m³、二噁英类 0.5ng-TEQ/m³；烧结机机尾等生产设备则要求颗粒物排放限值 30mg/m³（见表 2-5）。

表 2-5　GB 28662—2012 中规定的大气污染物排放限值　单位：mg/m³

生产工序或设施	污染物项目	现有企业排放限值	新建企业排放限值	重点地区排放限值
烧结机球团焙烧设备	颗粒物	80	50	40
	二氧化硫	600	200	180
	氮氧化物(以 NO₂ 计)	500	300	300
	氟化物(以 F 计)	6.0	4.0	4.0
	二噁英类(ng-TEQ/m³)	1.0	0.5	0.5
烧结机机尾、带式焙烧机机尾等其他生产设备	颗粒物	50	30	20

2.3.4.2　无机化学工业

无机化学工业是重要的基础原料与材料工业，我国是无机化学工业生产、消费和进出口大国，产能、产量居世界首位。该行业在支撑国民经济快速发展的同时，也带来了严重的环境污染。为进一步加强无机化学工业污染物排放控制管理，2015 年 4 月，环境保护部发布了《无机化学工业污染物排放标准》（GB 31573—2015）（见表 2-6），并于 2015 年 7 月 1 日起实施。该标准对水污染、大气污染都作出了明确的控制要求。根据无机化学工业大气污染物的排放特性，共设置了 25 项污染物的排放限值，包括颗粒物、氮氧化物、二氧化硫、硫化氢、氯气、氯化氢、氰化物、氨、硫酸雾、氟化物（铬酸雾、砷及其化合物）等 10 项污染物，以及铅、汞、镉、锡、镍、锌、锰、锑、铜、钴、钼、锆、铊、铬酸雾等 14 项重金属及其化合物和砷化物。按照生产工艺、产品类别对污染物设置了不同的排放限值，如无机氯化物、氯酸盐工业中氯化氢和氯气污染物限值分别为 8mg/m³ 和 20mg/m³，而其他无机化学工业（硫化物及硫酸盐工业、无机氰化物工业除外）中氯化氢和氯气污染物的排放限值则收紧，分别为 5mg/m³ 和 10mg/m³。另外，规定部分地区执行该标准中大气污染物特别排放限值，特别限制了颗粒物、氮氧化物、二氧化硫、硫化氢等污染物的排放。

表 2-6　GB 31573—2015 中规定的大气污染物排放限值　单位：mg/m³

序号	污染物项目	控制污染源	限值	重点地区限值
1	颗粒物	所有	30	10
2	氮氧化物	所有	200	100

序号	污染物项目	控制污染源	限值	重点地区限值
3	二氧化硫	硫化合物及其硫酸盐工业、重金属无机化合物工业	400	100
		其他	100	
4	硫化氢	除无机氰化合物工业、卤素及其化合物工业外	10	5
5	氯气	无机氯化合物及氯酸盐工业	8	8
		其他	5	5
6	氯化氢	无机氯化合物及氯酸盐工业	20	20
		其他	10	10
7	氰化氢	除硫化物及硫酸盐工业、卤素及其化合物工业外	0.3	0.3
8	氨	除重金属无机化合物工业、卤素及其化合物工业外	20	10
9	硫酸雾	硫化合物及其硫酸盐工业,涉钡、锶重金属无机化合物工业	20	10
10	氟化物(以 F 计)	涉钴、锆重金属无机化合物工业	3	3
		无机氟化合物工业	6	
11	铬酸雾	铬及其化合物工业	0.07	0.07
12	砷及其化合物	所有	0.5	0.5
13	铅及其化合物	涉铅重金属无机化合物工业	2	0.1
		其他	0.1	
14	汞及其化合物	所有	0.01	
15	镉及其化合物	所有	0.5	
16	锡及其化合物	涉锡重金属无机化合物工业	4	
17	镍及其化合物	涉镍重金属无机化合物工业	4	
18	锌及其化合物	涉锌重金属无机化合物工业	5	
19	锰及其化合物	涉锰重金属无机化合物工业	5	
20	锑及其化合物	涉锑重金属无机化合物工业	4	
21	铜及其化合物	涉铜重金属无机化合物工业	5	
22	钴及其化合物	涉钴重金属无机化合物工业	5	
23	钼及其化合物	涉钼重金属无机化合物工业	5	

序号	污染物项目	控制污染源	限值	重点地区限值
24	锆及其化合物	涉锆重金属无机化合物工业	5	
25	铊及其化合物	涉铊、锌、铜、铅重金属无机化合物工业	0.05	

2.4 民用气体净化产品标准

2.4.1 空气净化器标准

随着人们生活水平的不断提高，空气净化器已经成为人们常用的家用电器。目前，我国的空气净化器标准体系可分为两个部分，一是安全标准，二是性能标准。安全标准包括 GB 4706.1—2005《家用和类似用途电器的安全第1部分：通用要求》以及 GB 4706.45—2008《家用和类似用途电器的安全空气净化器的特殊要求》。性能标准包括 GB /T18801—2015《空气净化器》、GB 21551.1—2008《家用和类似用途电器的抗菌、除菌、净化功能通则》、GB 21551.3—2010《家用和类似用途电器的抗菌、除菌、净化功能空气净化器的特殊要求》。

安全标准方面，GB 4706.1—2005 规定了家用和类似用途电器安全的通用条款，而 GB 4706.45—2008 则对空气净化器这个分类产品的安全方面作了要求。整个安全标准体系是针对空气净化器产品安全设置的。标准主要针对空气净化器的防触电、功耗、过载温升、电流泄露和电气强度、潮湿环境下的工作、非正常工作、稳定性和机械危险、机械强度、结构、元器件、电源连接、接地措施、爬电距离和电气间隙、非金属材料、辐射毒性和类似危险等方面的内容进行了规定。

性能标准 GB/T 18801—2015《空气净化器》明确了空气净化器的基本技术指标是洁净空气（CADR）和累计净化量（CCM），即空气净化器产品的净化能力和净化能力的持续性；将空气净化器的噪声限值由低到高划分为 4 档；提升了空气净化器针对不同污染物净化能力的能效水平值，分为合格和高效两个等级，并且规定了检测空气净化器产品去除各类目标污染物的净化能力的实验方法，包括针对颗粒物、甲醛累计净化量的测试方法，即空气净化器净化寿命实验；针对甲醛制定了其净化能力测试和重复性评价。GB/T 18801—2015 中所规定的性能指标如表 2-7 所示。

表 2-7　GB/T 18801—2015 中规定的空气净化器主要性能指标

颗粒物净化能效划分	
净化能效等级	净化能效 $\eta_{颗粒物}/[m^3/(W \cdot h)]$
高效级	$\eta_{颗粒物} \geqslant 5.00$
合格级	$2.00 \leqslant \eta_{颗粒物} < 5.00$
气态污染物净化能效划分	
净化能效等级	净化能效 $\eta_{气态污染物}/[m^3/(W \cdot h)]$
高效级	$H_{气态污染物} \geqslant 1.00$
合格级	$0.50 \leqslant \eta_{气态污染物} < 1.00$
噪声标准	
洁净空气量/(m³/h)	声功率级/dB(A)
$Q \leqslant 150$	$\leqslant 55$
$150 < Q \leqslant 300$	$\leqslant 61$
$300 < Q \leqslant 450$	$\leqslant 66$
$Q > 450$	$\leqslant 70$

2.4.2 洁净空间等级标准

　　洁净空间又称为无尘室或无尘车间。洁净空间的发展与现代工业、尖端技术紧密地联系在一起，目前在生物制药、医疗卫生、食品日化、电子光学、能源及精密器械等行业中的运用已经相当普遍且成熟。洁净空间分为几个等级，分别为 1 级 $\geqslant$ 百级 $\geqslant$ 千级 $\geqslant$ 万级 $\geqslant$ 十万级 $\geqslant$ 百万级，1 级是级别最高的。最常见的是百级到十万级，不同等级有着不同的等级标准。

　　洁净空间以空气中大于或等于被考虑粒径的粒子的最大浓度限值划分等级标准。国内按空态、静态、动态对无尘车间进行测试、验收，要求符合 GB 50073—2013《洁净厂房设计规范》（表 2-8）、GB 50591—2010《洁净室施工及验收规范》。洁净度和控制污染的持续稳定性，是检验无尘车间质量的核心标准，该标准根据区域环境、洁净程度等因素，分为若干等级。

表 2-8　GB 50073—2013 中规定的空气洁净度等级

空气洁净度等级(N)	大于或等于要求粒径的最大浓度限值/(pc/m³)					
	$0.1\mu m$	$0.2\mu m$	$0.3\mu m$	$0.5\mu m$	$1\mu m$	$5\mu m$
1	10	2	—	—	—	—
2	100	24	10	4	—	—
3	1000	237	102	35	8	—
4(十级)	10000	2370	1020	352	83	—

空气洁净度 等级（N）	大于或等于要求粒径的最大浓度限值/(pc/m³)					
	$0.1\mu m$	$0.2\mu m$	$0.3\mu m$	$0.5\mu m$	$1\mu m$	$5\mu m$
5（百级）	100000	23700	10200	3520	832	29
6（千级）	1000000	237000	102000	35200	8320	293
7（万级）	—	—	—	352000	83200	2930
8（十万级）	—	—	—	3520000	832000	29300
9（百万级）	—	—	—	35200000	8320000	293000

2.4.3 中国口罩防护等级标准

口罩的佩戴已趋于常态化，佩戴对象从医疗、煤矿、冶金等领域的工作者扩展到日常生活，口罩已经成为人们居家、旅行不可缺少的物品之一。我国口罩标准目前主要分为医用防护口罩（GB 19083—2010、YY 0469—2011）、劳动保护类口罩（GB 2626—2019）及日常防护类口罩（GB/T 32610—2016）三种。口罩标准及主要技术指标对比如表 2-9 所示。

表 2-9　口罩标准及主要技术指标对比

项目	医用防护口罩		劳动保护类口罩	日常防护类口罩
标准名称	医用防护口罩	医用外科口罩	呼吸防护用品——自吸过滤式防颗粒物呼吸器	日常防护型口罩技术规范
标准编号	GB 19083—2010	YY 0469—2011	GB 2626—2019	GB/T 32610—2016
气流阻力	85L/min 流量下吸气阻力小于 343.2Pa	$\leqslant$49Pa	吸气阻力$\leqslant$350Pa	吸气阻力$\leqslant$175Pa
			呼气阻力$\leqslant$250Pa	呼气阻力$\leqslant$145Pa
过滤效率	1 级$\geqslant$95%	BFE$\geqslant$95%	KN90$\geqslant$90%	1 级$\geqslant$99%
	2 级$\geqslant$99%	PFE$\geqslant$30%	KN95$\geqslant$95%	2 级$\geqslant$95%
	3 级$\geqslant$99.7%		KN100$\geqslant$99.97%	3 级$\geqslant$90%
合成血液穿透	将 2mL 合成血液以 10.7kPa（80mmHg）压力喷向口罩，口罩内侧不应出现渗透	2mL 合成血液以 16.0kPa（120mmHg）压力喷向口罩外侧面后，口罩内侧面不应出现渗透	—	—

（1）医用防护口罩标准

我国的医用防护口罩国家标准有两个：中华人民共和国医药行业标准《医用外科口罩》YY0469—2011 及《医用防护口罩技术要求》GB 19083—2010（表 2-

10)。YY 0469—2011 由国家食品药品监督管理局于 2011 年 12 月 31 日发布并于 2013 年 6 月 1 日实施,该标准规定了医用外科口罩的技术要求、试验方法、标志与使用说明以及包装、运输和贮存要求,适用于临床医务人员在有创手术等过程中所佩戴的一次性口罩。

表 2-10　GB 19083—2010 医用防护口罩技术要求

过滤效率等级(气体流量 85L/min 情况下,非油性颗粒过滤效率)	
1 级	≥95%
2 级	≥99%
3 级	≥99.97%
气流阻力:气体流量 85L/min 情况下,吸气阻力不得超过 343.2Pa	
环氧乙烷残留量:不超过 10μg/g	

口罩微生物指标					
细菌菌落总数 /(CFU/g)	大肠菌群	绿脓杆菌	金黄色葡萄球菌	溶血性链球菌	真菌菌落总数 /(CFU/g)
≤200	不得检出	不得检出	不得检出	不得检出	≤100

(2)劳动保护类口罩标准

我国的劳保口罩标准采用 GB 2626—2019《呼吸防护　自吸过滤式防颗粒物呼吸器》。该标准于 2019 年 12 月 31 日由国家安全生产监督管理局发布,2020 年 7 月 1 日开始正式实施,主要针对工业防尘口罩,规定了自吸过滤式防颗粒物呼吸器的技术要求、检测方法和标识。该标准根据口罩的过滤效率将口罩分为 90 (KN90、KP90)、95 (KN95、KP95)、100 (KN100、KP100) 三个等级。KN 类口罩只适用于过滤非油性颗粒物,KP 类适用于过滤油性和非油性颗粒物,劳动保护类口罩主要技术指标如表 2-11 所示。

表 2-11　GB 2626—2019 中规定的劳动保护类口罩主要技术指标

过滤元件的类别和级别	过滤效率	
	用氯化钠颗粒物检测	用油类颗粒物检测
KN90	≥90.0%	不适用
KN95	≥95.0%	
KN100	≥99.97%	
KP90	不适用	≥90.0%
KP95		≥95.0%
KP100		≥99.97%

面罩类别	呼吸阻力要求			
	吸气阻力/Pa			呼气阻力
	KN90 和 KP90	KN95 和 KP95	KN100 和 KP100	
随弃式面罩,无呼气阀	≤170	≤210	≤250	同吸气阻力
随弃式面罩,无呼气阀	≤210	≤250	≤300	≤150
可更换式半面罩和全面罩	≤250	≤300	≤350	

（3）日常防护型口罩标准

由于使用环境不同、防护的主要对象不同，前两类口罩中的任何一个标准都不能完全适用于民用防雾霾（$PM_{2.5}$）。为了保障人们日常生活的健康，中华人民共和国国家质量监督检验检疫总局、中国国家标准化管理委员会专门针对防雾霾等日常防护型口罩发布了 GB/T 32610—2016《日常防护型口罩技术规范》。该标准在口罩的分级上创新性地实现了与空气污染程度相匹配的方式，使人们可以在不同等级的污染程度下，根据口罩级别选择性佩戴，以达到防止细小颗粒物被吸入的目的。日常防护型口罩主要技术指标如表 2-12 所示。

表 2-12 GB/T 32610—2016 中规定的日常防护型口罩主要技术指标

检测项目		质量指标		
甲醛含量/(mg/kg)		≤20		
pH 值		4.0～8.5		
环氧乙烷残留量/(μg/g)		≤10		
吸气阻力/Pa		≤175		
呼气阻力/Pa		≤145		
微生物	大肠杆菌	不得检出		
	致病性化脓菌	不得检出		
	真菌菌落总数/(CFU/g)	≤100		
	细菌菌落总数/(CFU/g)	≤200		
过滤效率级别要求				
过滤效率分级		一级	二级	三级
过滤效率/%	盐性介质	≥99	≥95	≥90
	油性介质	≥99	≥95	≥90

2.4.4 美国口罩标准

根据美国卫生及公共服务部（Department of Health and Human Services，HHS）法规"42 CFR Part 84"（呼吸防护装置），美国国家职业安全卫生研究所（NIOSH）将其认证的口罩分为9类，见表2-13。

表 2-13 NIOSH 对口罩的分类及主要技术指标

序号	系列	等级	效率/%	可防护颗粒物种类
1	N 系列	N100	≥99.97	非油性颗粒物
2		N99	≥99	
3		N95	≥95	
4	R 系列	R100	≥99.97	非油性悬浮颗粒物、油性悬浮颗粒物
5		R99	≥99	
6		R95	≥95	
7	P 系列	P100	≥99.97	非油性悬浮颗粒物、油性悬浮颗粒物
8		P99	≥99	
9		P95	≥95	

根据口罩中间滤网的过滤特性分为下列 3 种：100 等级，表示最低过滤效率为 99.97%；99 等级，表示最低过滤效率为 99%；95 等级，表示最低过滤效率为 95%。按滤网材质的最低过滤效率，又可将口罩分为下列 3 种等级：N 系列，N 代表 not resistant to oil，可用来防护非油性悬浮微粒；P 系列，P 代表 oil proof，可用来防护非油性及含油性悬浮微粒；R 系列，R 代表 resistant to oil，可用来防护非油性及含油性悬浮微粒。

以 N95 型口罩为例，它是 NIOSH 认证的 9 种防颗粒物口罩中的一种。"N"的意思是不适合油性的颗粒（炒菜产生的油烟就是油性颗粒物，而人说话或咳嗽产生的飞沫不是油性的）；"95"是指在 NIOSH 标准规定的检测条件下，过滤效率达到 95%。N95 并不是特定的产品名称，只要符合 N95 标准，并且通过 NIOSH 审查的产品都可以称为"N95 型口罩"。

2.4.5 欧洲口罩标准

欧洲个人防护口罩标准是 EN149：2001＋A1：2009《呼吸保护装置颗粒防护用过滤半遮罩要求、测试和标记》（respiratory protective devices-filtering half masks to protect against particles-requirements，testing，marking），由欧洲标准化委员会（Comité Européen de Normalisation，CEN）制定，见表2-14。该标准按过滤效率将口罩分为三个级别：FFP1，最低过滤效果＞80％；FFP2，最低过滤效果＞94％；FFP3，最低过滤效果＞97％。

EN149标准将粒状物防护滤材分为固态粒子防护与液态粒子防护两种，分别用NaCl与DOP（石蜡油）气溶胶测试并分级。根据测试的粒子穿透率，合格的固态粒子防护滤材分为P1（FFP1）、P2（FFP2）与P3（FFP3）三级，其中以P3防护性能最佳，而P1防护性能最低。而液态粒子防护滤材分为P2与P3两级，P3的防护性能高于P2。它的检测流量采用95L/min，用DOP发尘。

表2-14 EN149：2001＋A1：2009 口罩主要技术指标

序号	检测项目		质量指标		
1	过滤材料穿透率/%	盐性（95L/min）	FFP1：≤20		
			FFP2：≤6		
			FFP3：≤1		
		油性（95L/min）	FFP1：≤20		
			FFP2：≤6		
			FFP3：≤1		
2	呼吸阻力/mbar	级别	吸气		呼气
			30L/min	95L/min	160L/min
		FFP1	≤0.6	≤2.1	≤3.0
		FFP2	≤0.7	≤2.4	≤3.0
		FFP3	≤1.0	≤3.0	≤3.0

参 考 文 献

［1］倪雯倩，赵彤，杨成程，等. 大气环境空气质量形势分析研究［J］. 科技与创新，2020，31：66-67，69.

［2］中华人民共和国国务院新闻办公室. 国务院关于印发大气污染防治行动计划的通知［R］. 国务院国发〔2013〕37号文.（2013-9-10）.

［3］中华人民共和国生态环境部. 生态环境部发布2020年全国生态环境质量简况［EB/OL］.［2021-07-01］. http://www. mee. gov. cn/xxgk2018/xxgk/xxgk15/202103/t20210302＿823100. html.

［4］Domingo J L，Rovira J. Effects of air pollutants on the transmission and severity of respiratory viral infections［J］. Environmental Research，2020，187：109650.

[5] 许丽萍. 温度、气态污染物在颗粒物与儿科急性呼吸系统疾病门诊就诊人次中的修饰效应 [D]. 太原：山西医科大学，2020.

[6] Kelly F，Fussell J. Global nature of airborne particle toxicity and health effects：A focus on megacities，wildfires，dust storms and residential biomass burning [J]. Toxicology Research，2020，9(4)：331-345.

[7] 张古臣. 环境工程中大气污染问题分析与处理办法探讨[J]. 环境与发展，2019，31(9)：31-33.

[8] 王秀丽，邹滨，李沈鑫，等. 大气污染暴露风险防控预警服务平台设计与实现[J]. 环境监测管理与技术，2020，32：1-7.

[9] 杨鹏，刘杰. 大气污染物时空变化规律及其智能优化算法研究[M]. 北京：科学出版社，2017.

[10] 张小广，姚伟卿，彭艳春. 大气污染治理技术[M]. 北京：化学工业出版社，2020.

[11] Feng L，Liao W. Legislation，plans，and policies for prevention and control of air pollution in China：Achievements，challenges，and improvements[J]. Journal of Cleaner Production，2017，112：1549-1558.

[12] Maji K J，Li V O K，Lam J C K. Effects of China's current air pollution prevention and control action plan on air pollution patterns，health risks and mortalities in Beijing 2014-2018[J]. Chemosphere，2020，260：127572.

[13] Guo S E，Chi M C，Hwang S L. Effects of particulate matter education on self-care knowledge regarding air pollution，symptom changes，and indoor air quality among patients with chronic obstructive pulmonary disease[J]. International Journal of Environmental Research and Public Health，2020，17(11)：4103.

[14] 杨丽芳. 大气污染治理技术[M]. 北京：中国环境出版社，2011.

[15] Salonen H，Salthammer T，Morawska L，et al. Human exposure to indoor air contaminants in indoor sports environments[J]. Indoor Air，2020，30(6)：1109-1129.

[16] 黄晓虎，韩秀秀，李帅东，等. 城市主要大气污染物时空分布特征及其相关性[J]. 环境科学研究，2017，30：1001-1011.

[17] 杨威，郑仁栋，张海丹，等. 中国垃圾焚烧发电工程的发展历程与趋势[J]. 环境工程，2020，38(12)：124-129.

[18] 王润芳. 超低排放与电能替代对大气颗粒物的影响研究[D]. 合肥：中国科学技术大学，2020.

[19] 人民网. 今年二氧化碳排放强度至少降低 3.1%[EB/OL]. [2021-07-01]. http://www.gov.cn/guowuyuan/2015-03/16/content_2835101.htm.

[20] 环境保护部，国家发展和改革委员会，国家能源局. 全面实施燃煤电厂超低排放和节能改造[R]. 2015.

第 3 章

气体净化膜结构表征与性能评价

从孔结构类型角度，气体净化膜可分为颗粒堆积型和纤维搭建型，其中颗粒堆积型主要包括陶瓷膜和金属膜，纤维搭建型主要有双向拉伸纳米纤维膜、静电纺丝纳米纤维膜等。从膜结构角度，又可分为对称型与非对称型膜。膜材料的结构特征包括膜的微结构、孔隙率、孔径分布与膜厚度等方面；而膜性能除了表面亲疏液特性、热稳定性与力学性能等基本性能指标之外，还包括膜材料的气体渗透性、过滤性能、耐腐蚀性、抗热震性与使用寿命等应用性能。

3.1 微观结构及表征方法

3.1.1 微观结构

气体净化膜的微观结构主要包括表面形貌、断面形貌、三维结构等。通过对气体净化膜微观结构进行表征，可以掌握膜材料孔结构特点、孔分布情况以及孔隙率、膜厚与膜完整性等参数的基本情况。常规膜材料的微观结构表征手段包括扫描电子显微镜、原子力显微镜和透射电子显微镜等[1-3]。

3.1.1.1 扫描电子显微镜（SEM）

扫描电子显微镜用电子束代替可见光，以电子枪发射高能量电子束轰击样品表面，通过收集二次电子信息，可以呈现出细节生动、立体感强的二次电子形貌图像。对于导电性能差的膜材料，通常需要对膜进行喷金处理，防止导电不良引起的样品表面电荷累积进而影响图像质量。

（1）样品的选取与制备

常见的气体净化膜在孔结构特点上主要分为颗粒堆积型（如陶瓷膜、金属膜）和纤维搭建型（如双向拉伸有机膜、静电纺丝纳米纤维膜、陶瓷纤维膜等）。对膜材料表面和断面进行扫描电镜表征，能反映膜材料的基本结构特点。对于颗粒堆积型膜材料，断面样品的制备需要尽量保证断面整齐，可通过制样钳、水射流切割等方式实现；对于纳米纤维膜材料，可通过冷冻脆断的方式获得相应的断面，基于该类型的膜材料厚度较小，通常在 $5\sim200\mu m$ 之间，因此可通过斜面台制样，提高断面图像的扫描质量。

（2）SEM 成像分析

图 3-1（a）和（c）分别是台式扫描电镜 Hitachi TM-3000 分析的碳化硅表面、断面形貌图。由图可见，碳化硅颗粒连续、颗粒间颈部连接明显，膜表面无明显缺陷；断面图显示，膜层厚度约 $200\mu m$，膜厚度较为均一。颗粒几乎没有内渗情况。图 3-1（b）和（d）为冷场发射扫描电镜 Hitachi S-4800 扫描的聚四氟乙烯膜表面、断面形貌图。由图 3-1 可见，PTFE 膜为纤维与结点连接的连续网状结构，纤维直径均一。断面图显示，膜层与支撑层贴合良好，膜层厚度小于 $10\mu m$。通过对膜材料表面图像的解读，可以获得膜材料表面连续性、孔结构特点等基本信息；对断面图像进行分析可获得膜层、过渡层、支撑层厚度数据，并从层间连续性粗略判断膜层与支撑层结合情况、颗粒内渗情况等。利用软件分

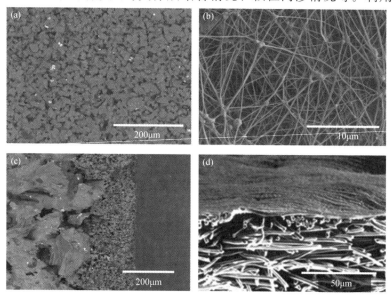

图 3-1 碳化硅膜表面、断面 SEM 照片（a，c）；聚四氟乙烯多孔膜表面、断面 SEM 照片（b，d）

析，可进一步获得膜材料表面空隙率、颗粒或纤维尺寸和孔尺寸信息。另外，借助扫描电镜的能量色散X射线光谱（EDX）仪分析，可获得膜材料表面及断面元素分布情况[4,5]，进而判断膜材料的制备情况、颗粒结合情况、污染或腐蚀情况等。

3.1.1.2　原子力显微镜（AFM）

原子力显微镜通过检测待测样品表面和一个微型力敏感元件之间极微弱的原子间相互作用力来研究物质的表面结构及性质，可获得材料表面的三维结构，其对样品的表面粗糙度要求较高，通常适用于孔径在纳米级的膜材料的表面结构表征。

（1）样品的选取与制备

粉末样品的制备：粉末样品的制备常用胶纸法。先把两面胶纸粘贴在样品座上，然后把粉末撒到胶纸上，吹去未粘贴在胶纸上的多余粉末即可。

块状样品的制备：玻璃、陶瓷及晶体等固体样品需要抛光，注意固体样品表面的粗糙度。

液体样品的制备：液体样品的浓度不能太高，否则粒子团聚会损伤针尖。（纳米颗粒：将纳米粉末分散到溶剂中，越稀越好，然后涂于云母片或硅片上，手动滴涂或用旋涂机旋涂均可，并自然晾干。）

（2）AFM成像分析

电子显微镜和光学显微镜成像容易受电磁衍射的影响，给辨别三维结构带来困难。原子力显微镜则能弥补这些不足，在AFM图像中峰和谷明晰可见[6,7]。同时，光或电对它成像基本没影响，能测得样品表面的真实形貌，可直接观察各种试样凹凸不平表面的细微结构。图3-2为Nanoman AFM system，Veeco型号AFM对气体分离膜的表面表征结果[8]，从中可以看出不同1,3-环己烷双甲胺与均苯三甲酰氯比值对制备的膜表面粗糙度的影响。其中白色区域为最高位置，黑色区域为最低位置。

3.1.1.3　透射电子显微镜（TEM）

透射电子显微镜虽然具有0.2nm的分辨率，但其电子束需要穿透样品，对测试样品的厚度有严格限制，样品观察区域的厚度需控制在100nm以下，样品制备技术在一定程度上决定了透射电子显微镜应用的深度和广度。因此，透射电镜常用来分析具有多级孔结构的纳米纤维膜材料及具有催化或吸附等功能的纳米纤维膜材料[9]，常用的样品制备方法为物理剥离，分散于溶液后进行透射电镜的表征。对于厚度较大的材料，可通过化学减薄、超薄切片、离子减薄等方式制样。图3-3为3种碳纳米管膜基本结构的TEM表征结果[10]，其中S-CNTs为螺旋状，I-CNTs为交织状，V-CNTs为竖直状。由图可知碳纳米管的基本结构、壁厚、管径等基本信息。

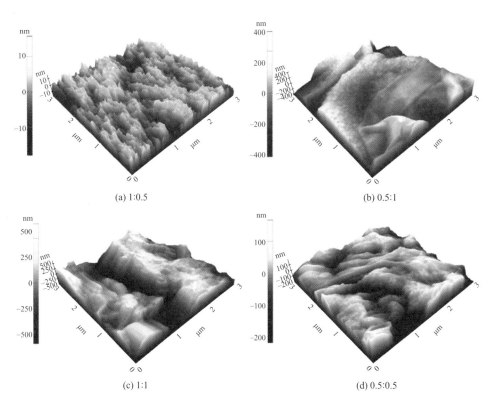

(a) 1:0.5

(b) 0.5:1

(c) 1:1

(d) 0.5:0.5

图 3-2　不同 1,3-环己烷双甲胺与均苯三甲酰氯比值获得的
CO_2/CH_4 气体分离膜的原子力显微镜图[8]

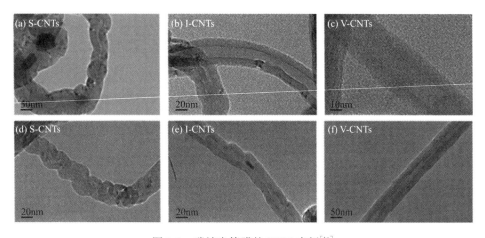

图 3-3　碳纳米管膜的 TEM 表征[10]

3.1.2 膜孔径及分布

膜孔径的测定有几何法和物理法。几何法指用透射或扫描电镜直接观察膜孔的几何结构，通过软件分析确定表面孔径和孔分布。扫描电镜能直观地给出膜表面形态图像，但无法了解膜内部的孔结构；透射电镜在样品实现超薄切片后则能对膜的孔结构进行观察。几何法适用于膜厚较小、孔结构在断面方向一致的对称型膜材料，比如静电纺丝制备的纳米纤维膜等，而对于非对称型膜材料，则不适用。

物理法是通过测定与膜孔有关的物理效应来计算膜孔径，这种孔径通常定义为物理孔径。常用测定方法有泡压法、压汞法、气体吸附-脱附法等[11-13]。颗粒堆积膜存在开孔与闭孔，由于所依据的物理效应不同，因此对同一样品膜，采用的测定方法不同，得到的平均孔径存在一定的偏差。

3.1.2.1 泡压法

当多孔膜的孔被已知表面张力的液体充满时，根据毛细管原理，当半径为 r 的毛细管被表面张力为 σ 的液体浸润时，毛细管液相压力 P_1 与气相压力 P_2 达到静态平衡时，P_1 和 P_2 的关系可用 Washburn 方程表示。气体通过膜孔所需的压力与膜孔半径存在如下关系：

力平衡时，毛细管力等于液柱重力，可得到

$$\Delta P = P_1 - P_2 = \frac{2\sigma\cos\theta}{r} \tag{3-1}$$

式中，θ 为液相与毛细管的接触角，°；ΔP 为毛细管附加压力差，MPa；σ 为液体表面张力，N/m；r 为毛细管半径，m。当膜两侧的压差大于 $\frac{2\sigma\cos\theta}{r}$ 时，毛细管内的液体就会被排出，泡压法就是依据这一原理测定孔径的。

若已知气体和液体的表面张力与接触角，可以利用气体通过膜孔并在膜面上产生气泡时所对应的压力 P，以式（3-1）求孔半径。实验时，用膜面上出现第一个气泡所对应的压力计算出的孔半径作为膜的最大半径，用气泡数最多时所对应的压力计算出的孔半径作为膜的最小孔径。由最大与最小孔径即可算出膜的平均孔径。

泡压法的实验装置如图 3-4 所示。实验时，膜应被液体完全润湿，否则将带来误差。亲水性膜采用水

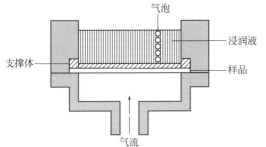

图 3-4 泡压法实验装置示意图[5]

为润湿液体，疏水性膜常采用挥发较慢的醇为润湿液体。泡压法适用于膜孔径为 $0.1\sim10\mu m$ 孔尺寸的测定。

3.1.2.2 压汞法

压汞法的基本原理与泡压法相似，它适用于较大的膜孔径测定。通常汞不能使许多固体物质润湿，在不润湿的情况下，接触角大于 $90°$，表面张力会阻止液体进入空中，需要施加外压使汞进入膜孔中。外压越大，汞能进入的孔半径越小。当力平衡时，利用 Laplace 或 Washburn 方程：

$$-2\pi r\sigma\cos\theta = 2\pi rp \tag{3-2}$$

则：

$$r = \frac{2\sigma\cos\theta}{p} \tag{3-3}$$

通常汞对聚合物的接触角为 $141.3°$，汞/空气的界面张力为 $0.48N/m$，上式可简化为：

$$r = \frac{7492}{p} \tag{3-4}$$

式中，p 为外加压力，bar；r 为在给定压力 p 下汞能进入的最小孔径，nm。随着压力的增加，小孔逐渐被充满，直到所有孔均被充满，此时压入的汞体积达最大值。由各压力下汞进入膜样品的累积体积，通过体积随压力的变化曲线可以得到孔径分布，由孔径分布曲线可求得膜孔径大小。

压汞法的缺点如下：

① 压汞仪设备造价较高，测定压力较高；

② 计算中假设汞与膜的接触角为 $140.3°$，但实际上汞与试样的接触角将随试样的品种而异，而且在测试过程中，汞难免被污染，造成表面张力和接触角发生变化，从而带来误差；

③ 孔径越小，将汞压入孔中所需的压力也就越高，这将不可避免地使试样产生压缩变形；

④ 不能区别开孔和闭孔。

3.1.2.3 气体吸附-脱附法

气体吸附-脱附法测定孔径及其分布基于毛细管凝聚现象及 Kelvin 方程，可以较好地反映孔径在 $3\sim60nm$ 范围的孔的状况。通常使用惰性气体（如 N_2）作为吸附质，恒定温度，改变相对蒸气压，分别测定吸附和脱附过程的吸附量，得到吸附-脱附等温线。由实验数据计算孔径分布，依据的基本关系是 Kelvin 方程。吸附-脱附方法在测定支撑膜的孔结构时将受到支撑体的影响，常用于无支撑膜的测定。

$$\ln \frac{p}{p_0} = -\frac{2\sigma V_m}{\gamma_k RT}\cos\varphi \qquad (3-5)$$

式中，p/p_0 为弯曲液面上气体的相对压力；σ 为吸附质液体的表面张力，$10^{-5}\mathrm{N/cm}$；V_m 为吸附质液体的摩尔体积，mL/mol；φ 为弯月面与固体壁的接触角，在液体可润湿表面时取 0；R 为气体常数；T 为吸附温度，K；γ_k 为 Kelvin 半径，m。

3.1.3 膜孔隙率

孔隙率一般被定义为多孔膜中孔隙的体积占膜的表观体积的百分数，即

$$\varepsilon = \frac{V_{孔}}{V_{膜表观}}$$

在气体净化膜材料的应用与研究中，孔隙率是一项常用的重要指标，可以通过孔隙率来评价膜材料的过滤性能、分离能力等。目前，无机气体净化膜材料的孔隙率一般在 40% 以上，有机膜材料孔隙率一般大于 70%，最高超过 90%。下面具体列举膜孔隙率的几个常用测试方法[14-16]。

3.1.3.1 称重法

称重法是根据膜浸湿某种合适液体（如水等）的前后重量变化，来确定膜的孔隙体积 $V_{孔}$，膜的骨架体积 $V_{膜骨架}$ 可以通过膜原材料密度和干膜重量获得，则膜的孔隙率为：

$$\varepsilon = \frac{V_{孔}}{V_{膜表观}} = \frac{V_{孔}}{V_{孔}+V_{膜骨架}} = \frac{m_{湿重}-m_{干重}}{m_{湿重}-m_{浮重}} \times 100\% \qquad (3-6)$$

式中，$m_{湿重}$ 为膜在完全浸润后的质量；$m_{干重}$ 为干膜在空气中的质量；$m_{浮重}$ 为完全浸润后膜在浸润液中的质量。

3.1.3.2 密度法

密度法一般只需要膜原材料的密度 $\rho_{膜材料}$ 和膜的表观密度 $\rho_{膜表观}$，就可计算得到孔隙率 ε。其中表观密度 $\rho_{膜表观}$ 可由外观体积和质量获得。

$$\varepsilon = \frac{V_{孔}}{V_{膜表观}} = \frac{V_{膜表观}-V_{膜骨架}}{V_{膜表观}} = \frac{\rho_{膜表观}-\rho_{膜骨架}}{\rho_{膜表观}} \qquad (3-7)$$

3.1.3.3 压汞法

压汞法是利用压力将汞压入膜的各种结构的"孔隙"中，根据注入汞的压力、体积来获得膜的孔隙体积及尺寸数据。该方法的缺点是将汞压入微孔需要的

压力较大，更适合分析刚性材料，大多数膜材料为弹性材料，在注入汞的过程中容易发生变形或"塌陷"，从而产生较大误差。

3.1.4 膜厚

气体净化膜的厚度对气体渗透性、气体净化效果影响显著。开发厚度小、截留性能好的膜是气体净化膜的发展方向之一。对膜厚度的测量是膜制备过程中的一个重要环节，可通过膜厚度反馈膜材料的制备方式、制膜次数、陶瓷膜烧结温度与程序、有机膜的拉伸倍率、静电纺丝时间等。

机械测量法和电镜测量法是最常用的膜层厚度测量方法[17]。机械测量法利用厚度测试仪来测试膜厚，按照 GB/T 6672—2001[18] 的规定进行，测量面对试样施加的负荷应在 0.5~1.0N 之间，测量面直径应在 2.5~10mm 之间，测量结果精确到 0.1μm。试样和测量仪的各测量面应无油污、灰尘等污染。机械测量法或电镜法观测的气体净化膜厚度计算公式如下：

$$T = \frac{\sum T_i}{i} \tag{3-8}$$

式中，T 为平均厚度，μm 或 nm；T_i 为局部的实际厚度，μm 或 nm；i 为所测局部实际厚度的次数。另外还可以利用扫描电镜来观测膜层的厚度[19]，每个样品至少在不同位置扫描获得两张电镜图像，需要重点考察膜层的均匀性时，应在不同位置获取两张及以上图像，每张图像至少测量两个局部膜层厚度。但在实际测量过程中，由于膜层和支撑层之间没有截然

图 3-5 以扫描电镜测量碳化硅膜层厚度[4]

分开的界线，用电镜观察得到的膜层厚度误差比较大，往往随着放大倍数改变而不同。图 3-5 展示的是通过电镜测量的碳化硅膜层厚度，大约在 125μm 左右[4]。

3.2 膜材料稳定性

3.2.1 力学性能

拉伸强度与断裂伸长率一般是评价中低温气体净化膜力学性能的主要指

标[20]。拉伸强度是指拉伸试件至断裂时记录的最大抗拉应力。断裂伸长率是指试样拉伸至断裂时，标记距离的增量与未拉伸试样的标记距离比值的百分比。对于高温气体净化膜，通常以拉伸强度、抗折强度测试进行评价。

3.2.1.1　拉伸强度

拉伸强度是指膜材料发生断裂时的拉力与断裂面的原始横截面积的比值[21-23]，即断裂应力。其计算式为：

$$\sigma = \frac{F}{A} \tag{3-9}$$

式中，σ 为应力，MPa；F 为所测的对应负荷，N；A 为试样原始横截面积，mm^2。

3.2.1.2　断裂伸长率

断裂伸长率是表征膜材料柔软性能和弹性性能的指标[24-26]，断裂伸长率越大表示其柔软性能和弹性越好。断裂伸长率可表示膜材料承受最大负荷时的伸长变形能力，用 ε 表示。样品可采用在预张力下夹持，或者采用松式夹持，即无张力夹持。当采用预张力夹持试样时，产生的伸长率应不大于 2%。计算如下：

预张力夹持试样：

$$\varepsilon = \frac{\Delta L}{L_0} \times 100\% \tag{3-10}$$

式中，ε 为断裂伸长率，%；ΔL 为预张力夹持试样时的断裂伸长量，mm；L_0 为隔距长度，mm。

松式夹持试样：

$$\varepsilon = \frac{\Delta L' - L_0'}{L_0 + L_0'} \times 100\% \tag{3-11}$$

式中，ε 为断裂伸长率，%；$\Delta L'$ 为松式夹持试样时的断裂伸长量，mm；L_0' 为松式夹持试样达到规定预张力时的伸长量，mm；L_0 为隔距长度，mm。

3.2.1.3　抗折强度

膜材料的抗折强度主要取决于本身固有的抵抗断裂的能力[27]。抗折强度通常采用三点抗折测试或四点抗折测试评测。三点弯曲法结构简单，容易操作，但只能测得样品的一小部分局部应力，测得的强度经常比四点抗折强度大得多，因此在气体净化膜材料性能表征工作中提倡用四点弯曲法。GB/T 6569—2006 推荐使用四点 1/4 弯曲结构进行性能测试。抗折强度测试前应尽可能在接近中点的地方测量膜材料的宽度（b）和厚度（d），设置跨距为 30mm，横梁速率为

0.5mm/min。测试样品不应少于 10 个。三点弯曲和四点弯曲的抗折强度计算公式如下：

三点弯曲法：

$$\sigma_f = \frac{3FL}{2bd^2} \tag{3-12}$$

式中，σ_f 为抗折强度，MPa；F 为最大载荷，N；L 为夹具的下跨距，mm；b 为试样的宽度，mm；d 为平行于加载方向的试样高度（厚度），mm。

四点弯曲法：

$$\sigma_f = \frac{3Fa}{bd^2} \tag{3-13}$$

式中，σ_f 为抗折强度，MPa；F 为最大载荷，N；a 为试样所受弯曲力臂的长度，mm；b 为试样的宽度，mm；d 为平行于加载方向的试样高度（厚度），mm。

三点抗折强度是评价无机膜材料强度的主要技术指标之一，对用于气体净化的陶瓷膜而言，三点抗折强度需要达到 15MPa 以上。

3.2.2 亲疏液性能

气体净化体系复杂，膜材料常常要适用于高湿体系、含液相气溶胶污染物体系，膜材料的亲疏液性能对滤饼层形成、反吹周期设定、反吹效率评价、膜可再生性能及使用寿命等方面影响显著。

液体在膜表面的接触角测试是评价膜材料亲疏液性能的主要方法之一[28-31]，被检测的膜材料样品需放置平整，不产生褶皱和扭曲，针头末端悬挂 $1\sim2\mu L$ 液滴，使试样表面接触悬挂的液滴，液滴转移后（60 ± 10）s 内进行接触角测量，计算如下：

$$\theta = 2 \times \arctan(H/R) \tag{3-14}$$

式中，θ 为液滴与试样表面的接触角；H 为液滴图像的高度，mm；R 为水滴图像的半高度，mm。

移动试样，使下一滴液滴滴在试样的新测试部位，在统一试样上测量 10 次，取接触角平均值：

$$\theta = \frac{\theta_{sta,1} + \theta_{sta,2} + \cdots + \theta_{sta,10}}{10} \tag{3-15}$$

式中，$\theta_{sta,1}$、$\theta_{sta,2}$ 和 $\theta_{sta,10}$ 为材料测试 10 次接触角；θ 为膜材料平均接触角。

3.2.3 耐温特性

煤化工、矿热炉、铁合金、磷化工等工业领域排放的烟气中不仅含有许多微细杂质粒子及有害化学物质，还常伴有余热，烟气温度一般均在 300℃以上，最高可达 800~1000℃[32]。因此，应用于高温烟气净化的膜材料需要具备良好的耐热性能[33,34]。

耐温特性主要是指膜材料长期在热环境下工作时抵抗热破坏的能力，通常用耐热温度来表示。聚合物膜的使用温度极限是膜材料的玻璃化转变温度，但在实际应用中受使用环境因素的影响，膜实际使用温度远远低于材料玻璃化转变温度。目前，常通过差示扫描量热仪（DSC）测试膜的耐热性能[35-37]，通过程序升温、降温或者恒温过程，记录样品 DSC 曲线。中低温气体净化膜材料耐热性能的 DSC 检测方法[38]：在 N_2 的氛围下，气流速率为 15mL/min，从室温升温至 300℃，升温速率控制在 10℃/min。高温气体净化膜材料耐热性能的 DSC 检测方法[39]：在 N_2 的氛围下，气流速率为 15mL/min，从室温升温至 1600℃，升温速率控制在 10℃/min。

3.2.4 高温热膨胀性能

在高温气体净化方面，膜材料在实际应用过程中常伴有剧烈高温（烟气环境）和冷却（反吹气体）的热震环境，需要膜材料具有良好的耐热膨胀性能。通常情况下，提高膜材料耐热膨胀性最有效的办法就是选择热膨胀系数低的材料制膜。另外，添加剂或烧结新相需有与膜材料骨料相似的热膨胀系数[40,41]。

高温热膨胀通常是指外压强不变的情况下，在温度升高时体积增大、温度降低时体积缩小[42]。热膨胀与膜材料的温度、热容、结合能以及熔点等物理性能有关。材料成分与组织、相变以及各相异性特点等是影响材料膨胀性能的主要因素。热膨胀的测量方法主要包括光学法、电测法和机械法。目前，通常用热膨胀系数来表征膜材料由于温度变化而产生膨胀或收缩的性能[43]，具体如下：

$$\frac{\Delta L}{L_0} = \left(\frac{\Delta L}{L_0}\right)_a + A \qquad (3-16)$$

式中，$\frac{\Delta L}{L_0}$ 为指定温度范围内试验的热膨胀；$\left(\frac{\Delta L}{L_0}\right)_a$ 为指定温度范围内膨胀仪的热膨胀测量值；A 为校正常数。

图 3-6 为氧化铝、碳化硅陶瓷膜的热膨胀曲线，氧化铝和碳化硅都处于受热膨胀状态，温度高于 100℃，氧化铝材料受热膨胀程度比碳化硅大，温度越高，材料的膨胀程度越大。图 3-7 为氧化铝、碳化硅陶瓷膜的热膨胀系数与温度的关系图，两种材料的平均热膨胀系数分别为 8.49×10^{-6}/K 和 6.75×10^{-6}/K。就热膨胀性能而言，碳化硅优于氧化铝[44]。

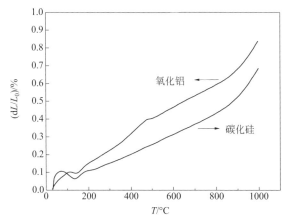

图 3-6　热膨胀仪测定的氧化铝、碳化硅陶瓷膜的热膨胀曲线[44]

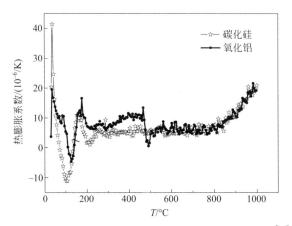

图 3-7　氧化铝、碳化硅多孔陶瓷膜热膨胀系数变化图[44]

3.2.5　抗热震性能

　　膜材料在高温条件下进行气体净化时，一方面必须能承受喷入极细尘粒时气流脉冲喷射引起的震动影响，另一方面还必须能承受因温度急剧增加或冷却所引起的热应力变化。抗热震性能主要指气体净化膜材料承受一定程度的温度急剧变化而结构不被破坏的性能，又称抗热冲击性或热稳定性。抗热震能力是决定陶瓷膜使用寿命的关键因素之一。

　　目前通过试样经受的热循环和采用评价其热震损伤程度所用的方法表征抗热震性。试样经受的每一个热循环包括两个阶段。在第 1 个阶段，整个试样或只其一部分（例如一个面）加热到初始温度 T_i。在此加热期间，加热速率不会导致过大的应力。热震是在由初始温度 T_i 迅速变为最终温度 T_f 的第 2 个阶段完成的。如 $T_i > T_f$，热震由冷却完成；如 $T_i < T_f$，热震由加热完成。在热震由冷却完成的情况下，试样首先在预热炉中被加热到初始温度 T_i，并保持 $10 \sim 30min$。最终温度 T_f，通过迅速将试样移至低温炉中达到，或者通过在室温环境中自然冷却达到，也可通过鼓风冷却达到，或者通过在 T_f 温度下的水浴（或其他浴）中淬冷达到。在热震由加热完成的情况下，试样温度由 T_i 迅速变为 T_f，可通过将试样移至高温炉中实现。

评价热震损伤程度所用的方法，通常是测量热震后试样的保持强度[45]。但是强度这一参数的统计偏差较大。其他评价方法有外观检查、质量损失、弹性模量变化等[46]。

GB/T 30873—2014[47] 或 YB 4018—1991[48] 规定了试样在加热炉里自室温以规定的速率加热至 1000℃ 或 1100℃（也可是其他的试验温度），保持 30min，然后置于 $5 \sim 35℃$ 流动的水或空气中淬冷。反复进行急冷急热的过程，以热震前、后抗折强度变化百分率评价其损伤程度。抗折强度变化计算公式如下：

$$R_r = \frac{R_a}{R_b} \times 100\%$$ (3-17)

式中，R_r 为抗折强度保持率，%；R_a 为热震后试样的抗折强度，MPa；R_b 为热震前试样的抗折强度，MPa。

ΔT 介于 $0 \sim 1000℃$ 的范围内时，R_r 值变化很小，表明在该温差区间内，材料的热震损伤较小，抗热震性能较好。图 3-8 为碳化硅支撑体在抗热震试验中的抗折强度变化情况。从图中可以看到，碳化硅支撑体经过空冷法测试的抗折强度要好于水冷法。水冷法热量释放剧烈，材料在热胀冷缩过程中更容易出现微裂纹，经过 20 次水冷和空冷循环后，支撑体强度基本保持稳定。采用该法制备的大孔径碳化硅支撑体经过 60 次空冷循环后，抗折强度仍然保持在 15MPa 以上，说明碳化硅材料有非常好的抗热震性能[49]。

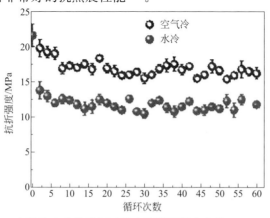

图 3-8　支撑体在冷热循环过程中的断裂强度变化（30~800℃）

3.2.6 耐腐蚀性能

工业尾气中常见的污染因子主要为烟尘、颗粒物、二氧化硫、氮氧化物、氟化物、硫化物、甲苯等，含尘气体中夹带的硫、碱、氯等腐蚀性成分会影响膜材料的稳定性，因此膜材料需具有很好的耐腐蚀性能，才能确保工业气体净化过程正常连续运行。目前，膜材料的耐腐蚀性能通过使其承受一定浓度的盐酸、氢氧化钠等溶液[50,51]腐蚀后的质量、厚度等的变化率来表示。均匀腐蚀的程度可采用质量指标、深度指标等表示，具体叙述如下。

3.2.6.1 腐蚀速度的质量指标

腐蚀速度的质量指标包括单位时间和单位面积的失重与增重。失重是指样品腐蚀前的质量与清除腐蚀产物后的质量之差；增重是指样品腐蚀后带有腐蚀产物时的质量与腐蚀前的质量之差。

$$失重：v^- = \frac{w_0 - w_1}{St} \tag{3-18}$$

$$增重：v^+ = \frac{w_2 - w_0}{St} \tag{3-19}$$

式中，w_0 为腐蚀前质量，g；w_1 为清除腐蚀产物后的质量，g；w_2 为腐蚀后带有腐蚀产物时的质量，g；S 为样品的面积，m^2；t 为腐蚀时间，h。

3.2.6.2 腐蚀速度的深度指标

腐蚀速度的深度指标 v_h 是指单位时间内样品腐蚀前的厚度 H_0 与腐蚀后的厚度 H_1 之差，即：

$$v_h = \frac{H_0 - H_1}{t} \tag{3-20}$$

在比较密度不同的材料腐蚀程度时，可以转化为：

$$v_h = v^- \times \frac{8.76}{\rho} \tag{3-21}$$

式中，ρ 为材料的密度。

JC/T 2138—2012[52]中通过测定腐蚀前后试样的抗折强度或质量变化来判断膜材料的耐腐蚀性能，规定了所用硫酸溶液浓度为 3.0mol/L，氢氧化钠浓度为 6.0mol/L，腐蚀实验使用硫酸或氢氧化钠体积为 0.5L。

$$C = \frac{|m_f - m_i|}{A} \tag{3-22}$$

式中，C 为单位面积质量变化，g/m^2；A 为试样的起始外表面积，m^2；m_i 为试样腐蚀前的质量，g；m_f 为试样腐蚀后的质量，g。

图 3-9 展示了碳化硅陶瓷支撑体的腐蚀前后各指标变化情况[52]。首先，考察采用 1% 的 NaOH 溶液，按照 GB/T 1970—1996 测试标准。经过长时间腐蚀后，如图 3-9（a）所示，可以看到颈部连接相变得疏松，表面微观结构变化较大。SiC 支撑体的抗酸性能好于抗碱性能，在 20% H_2SO_4 中连续腐蚀近 100h，在这过程中支撑体抗折强度从初始值 22.5MPa 降到 17.5MPa 左右，40h 后强度基本保持稳定，见图 3-9（b）。而在 1%NaOH 溶液中经过同样长时间腐蚀，抗折强度保持在 15MPa 上下。从力学性能表征结果得出，SiC 支撑体有良好的抗酸碱腐蚀性能。图 3-9（c）中可以看到，SiC 支撑体在硫酸中基本没有质量损失，在碱中的质量损失也低于 1%，进一步说明制备的碳化硅多孔支撑体显示出非常好的抗酸碱腐蚀能力。

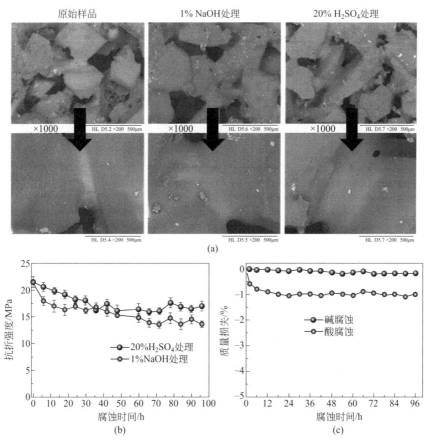

图 3-9　（a）碳化硅支撑体腐蚀前后微观结构的变化；（b）碳化硅支撑体在酸碱溶液中抗折强度的变化；（c）碳化硅支撑体在酸碱溶液中质量损失率的变化

3.3 性能参数及评价方法

3.3.1 气体渗透性能

气体渗透性是在恒定温度和单位压力差下气体稳定透过时，单位时间内透过试样单位厚度、单位面积的气体的体积[53]，具体计算如下：

$$Q_g = \frac{\Delta P}{\Delta t} \times \frac{V}{S} \times \frac{T_0}{p_0 T} \times \frac{24}{(p_1 - p_2)} \tag{3-23}$$

式中，Q_g 为膜材料的气体透过量，$cm^3/(m^2 \cdot d \cdot Pa)$；$\frac{\Delta P}{\Delta t}$ 为在稳定透过时，单位时间内低压室气体压力变化的算术平均值，Pa/h；V 为低压室体积，cm^3；S 为试样的试验面积，m^2；T 为试验温度，K；$p_1 - p_2$ 为试样两侧的压差，Pa；T_0，p_0 为标准状态下的温度（273.15K）和压力（$1.0133 \times 10^5 Pa$）。

气体透过系数能够反映气体渗透性能的强弱，具体计算如下：

$$P_g = \frac{\Delta P}{\Delta t} \times \frac{V}{S} \times \frac{T_0}{p_0 T} \times \frac{D}{(p_1 - p_2)} = 1.1574 \times 10^{-9} Q_g D \tag{3-24}$$

式中，P_g 为膜材料的气体透过率，$cm^3 \cdot cm/(cm^2 \cdot s \cdot Pa)$；$\frac{\Delta P}{\Delta t}$ 为在稳定透过时，单位时间内低压室气体压力变化的算术平均值，Pa/s；T 为试验温度，K；D 为试样厚度，cm。

3.3.2 过滤效率

过滤效率是根据可穿透粒子大小及过滤微尘数量来计算的。大多数情况下，过滤效率的高低直接取决于过滤阻力、风速、过滤面积等因素。过滤效率一般定义为过滤前后细颗粒物浓度的差值与过滤前细颗粒物浓度之比[54]。过滤效率的测试既要满足非油性颗粒物，也要满足油性颗粒物。GB/T 38413—2019[55]规定了非油性颗粒物为氯化钠（NaCl）颗粒物，油性颗粒物为癸二酸二异辛酯（DE-HS）、邻苯二甲酸二辛酯（DOP）或其他适用油类（如石蜡油）颗粒物。颗粒物效率[56]计算如下：

$$E = \frac{C_0 - C}{C_0} \times 100\% \tag{3-25}$$

式中，E 为全粒径粉尘过滤效率，%；C_0 为含尘气体粉尘浓度，mg/m^3；C 为试样渗透侧粉尘浓度，mg/m^3。

3.3.3 净化系数

净化系数，又称去污因子，通常是衡量气体净化过程中对某种固体颗粒物杂质去除程度的一种指标，具体表达如下：

$$DF = \frac{Q_0}{Q_i} \qquad (3-26)$$

$$DE = \frac{Q_0 - Q_i}{Q_0} \times 100\% \qquad (3-27)$$

式中，DF 为去污系数；DE 为去污率；Q_0 为净化前空气中某固体颗粒物的含量；Q_i 为净化后空气中某固体颗粒物的含量。

膜材料的综合过滤性能可以通过品质因子[57,58]来评价，具体计算如下：

$$QF = -\frac{\ln(1-R)}{\Delta P} \qquad (3-28)$$

式中，QF 为质量因子，R 为颗粒去除效率，ΔP 为压降。

3.3.4 过滤阻力

过滤阻力是评价气体净化膜材料使用效率的关键因素[59,60]。过滤阻力指在一定风速或风量下膜材料过滤前后的静压差[61]，单位为 Pa。

具体计算公式如下[62]：

$$P = P_2 - P_1 \qquad (3-29)$$

式中，P 为过滤阻力，P_1 为过滤前系统阻力，P_2 为过滤后膜材料和系统的总阻力，单位均为 Pa。

3.3.5 使用寿命

膜的使用寿命与膜材料、膜结构、操作条件等密切相关，比如含尘气体的浓度、流速、温度等都会影响膜材料的内部结构。同时，随着过滤的进行，反吹频率越来越高，残余压降越来越大。因此，膜的使用寿命通常定义为膜渗透速率下降到允许值时所使用的时间。膜的使用寿命可根据经验确定，通常测定一定时期内透气速率的变化，再外推到所允许的透气速率值，所得的时间即为膜使用寿命。另外，膜的使用寿命也可以用升温实验快速得到，即在一定压力下，测量气体渗透流量和膜组评价池的温度随时间的变化，通过计算得出膜在不同使用温度下的寿命。

参 考 文 献

[1] Pan B, Chen J H, Zhang F, et al. Porous TiO_2 aerogel-modified SiC ceramic membrane supported MnO_x catalyst for simultaneous removal of NO and dust[J]. Journal of Membrane Science, 2020, 611: 118366.

[2] Hu M, Yin L H, Zhou H X, et al. Manganese dioxide-filled hierarchical porous nanofiber membrane for indoor air cleaning at room temperature[J]. Journal of Membrane Science, 2020, 605: 118094.

[3] Zhong Z X, Li D Y, Zhang B B, et al. Membrane surface roughness characterization and its influence on ultrafine particle adhesion[J]. Separation and Purification Technology, 2012, 90: 140-146.

[4] Wei W, Zhang W, Jiang Q, et al. Preparation of non-oxide SiC membrane for gas purification by spray coating[J]. Journal of Membrane Science, 2017, 540: 381-390.

[5] Wikol M, Hartmann B, Brendle J, et al. Expanded polytetrafluoroethylene membranes and their applications[M]. New York: Informa Healthcare USA, Inc, 2008: 619-640.

[6] Makhetha T A, Moutloali R M. Incorporation of a novel Ag-Cu@ZIF-8@GO nanocomposite into polyethersulfone membrane for fouling and bacterial resistance[J]. Journal of Membrane Science, 2021, 618: 118733.

[7] Huang Y, Huang Q-L, Liu H, et al. Preparation, characterization, and applications of electrospun ultrafine fibrous PTFE porous membranes[J]. Journal of Membrane Science, 2017, 523: 317-326.

[8] Jo E-S, An X, Ingole P G, et al. CO_2/CH_4 separation using inside coated thin film composite hollow fiber membranes prepared by interfacial polymerization[J]. Chinese Journal of Chemical Engineering, 2017, 25(3): 278-287.

[9] Koti Reddy C, Shailaja D. Improving hydrophobicity of polyurethane by PTFE incorporation [J]. Journal of Applied Polymer Science, 2015, 132(47): 1-5.

[10] Yuan K, Feng S, Zhang F, et al. Steric Configuration-Controllable Carbon Nanotubes-Integrated SiC Membrane for Ultrafine Particles Filtration[J]. Industrial & Engineering Chemistry Research, 2020, 59(44): 19680-19688.

[11] Zhu X, Feng S, Zhao S, et al. Perfluorinated superhydrophobic and oleophobic SiO_2 @ PTFE nanofiber membrane with hierarchical nanostructures for oily fume purification[J]. Journal of Membrane Science, 2020, 594: 117473.

[12] Qiao H, Feng S, Low Z-X, et al. Al-DTPA microfiber assisted formwork construction technology for high-performance SiC membrane preparation[J]. Journal of Membrane Science, 2020, 594: 117464.

[13] Xu C N, Xu C, Han F, et al. Fabrication of high performance macroporous tubular silicon

carbide gas filters by extrusion method[J]. Ceramics International, 2018, 44(15): 17792-17799.

[14] 王旭亮, 李宗雨, 董泽亮, 等. 水处理用有机平板膜孔隙率三种测试方法比较[J]. 工业用水与废水, 2019, 50(5): 57-62.

[15] 蔡景成, 孙瑞松, 张智昊, 等. 静电纺丝纤维膜水力渗透性研究[J]. 膜科学与技术, 2018, 38(3): 41-46.

[16] 张翠翠, 黄满红, 李贝贝, 等. 静电纺丝聚砜支撑层制备正渗透复合膜[J]. 水处理技术, 2017, 43(8): 44-49.

[17] 时钧, 袁权, 高从堦. 膜技术手册[M]. 北京: 化学工业出版社, 2001.

[18] 中华人民共和国国家质量监督检验检疫总局. 塑料薄膜和薄片厚度测定 机械测量法: GB/T 6672—2001[S]. 北京: 中国标准出版社, 2001.

[19] 国家标准化管理委员会. 贵金属复合材料覆层厚度的扫描电镜测定方法: GB/T 38783—2020[S]. 北京: 中国标准出版社, 2020.

[20] 易洪雷, 丁辛, 陈守辉. PES/PVC膜材料拉伸性能的各向异性及破坏准则[J]. 复合材料学报, 2005, 22(6): 98-102.

[21] 李卫国, 邵家兴, 寇海波, 等. 材料高温力学性能理论表征方法研究进展[J]. 固体力学学报, 2017, 2: 93-123.

[22] 李小红. 静电纺纤维膜的疏水性能和拉伸性能的研究[D]. 上海: 东华大学, 2010.

[23] 中国国家标准化管理委员会. 塑料 拉伸性能的测定 第1部分: 总则: GB/T 1040.1—2018[S]. 北京: 中国标准出版社, 2018.

[24] 张立彬, 王金清, 杨生荣, 等. 石墨烯-聚酰亚胺复合薄膜的制备及性能表征[J]. 高分子学报, 2014, 11: 1472-1478.

[25] 张利, 李普旺, 杨子明, 等. 高性能改性聚乙烯醇薄膜的制备及性能表征[J]. 功能材料, 2020, 51: 4153-4159.

[26] 中国国家标准化管理委员会. 纺织品 织物拉伸性能 第1部分: 断裂强力和断裂伸长率的测定(条样法): GB/T 3923.1—2013[S]. 北京: 中国标准出版社, 2013.

[27] 中国国家标准化管理委员会. 精细陶瓷弯曲强度试验方法: GB/T 6569—2006[S]. 北京: 中国标准出版社, 2006.

[28] Feng S S, Zhong Z X, Zhang F, et al. Amphiphobic polytetrafluoroethylene membranes for efficient organic aerosol removal[J]. ACS Applied Materials & Interfaces, 2016, 8(13): 8773-8781.

[29] 中国国家标准化管理委员会. 塑料薄膜与水接触角的测量: GB/T 30693—2014[S]. 北京: 中国标准出版社, 2014.

[30] 中国国家标准化管理委员会. 纳米薄膜接触角测量方法: GB/T 30447—2013[S]. 北京: 中国标准出版社, 2013.

[31] 中国国家标准化管理委员会. 纳米材料超双疏性能检测方法: GB/T 26490—2011[S]. 北京: 中国标准出版社, 2011.

[32] 罗志勇, 韩伟, 刘开琪, 等. 原位莫来石结合碳化硅支撑体的高温力学性能研究[J]. 耐火

材料，2020，54：201-204.

[33] Xiong R，Sun G C，Si K K，et al. Pressure drop prediction of ceramic membrane filters at high temperature[J]. Powder Technology，2020，364：647-653.

[34] 王耀明. 高温烟气净化用孔梯度陶瓷纤维膜的设计制备及特性[D]. 武汉：武汉理工大学，2007.

[35] Rudnik E R，I；Wojciechowski，C；Weniarska，A. Preliminary studies on polymer membrane structure by the DSC method[J]. Polymer Science，1999，4(44)：292-293.

[36] 吴家祥，方向，李裕春，等. PTFE/Al/Al$_2$O$_3$ 反应材料的力学性能与反应特性[J]. 工程塑料应用，2018，12：105-109.

[37] Ipiña A A，Urrutia M L，Urrutia D L，et al. Thermal oxidative decomposition estimation combining TGA and DSC as optimization targets for PMMA[J]. Journal of Physics：Conference Series，2018，1107(3)：032011.

[38] 王艳丽. 芳纶 1313/PANOF 针刺过滤毡的制备及性能研究[D]. 杭州：浙江理工大学，2019.

[39] Ebrahimpour O，Chaouki J，Dubois C. Diffusional effects for the oxidation of SiC powders in thermogravimetric analysis experiments[J]. Journal of Materials Science，2013，48：4396-4407.

[40] Makarian K，Santhanam S，Wing Z N. Coefficient of thermal expansion of particulate composites with ceramic inclusions[J]. Ceramics International，2016，42(15)：17659-17665.

[41] Hirata Y. Theoretical analyses of thermal shock and thermal expansion coefficients of metals and ceramics[J]. Ceramics International，2015，41(1)：1145-1153.

[42] Zhang F，Lei Y，Zhang Z，et al. Negative thermal expansion coefficient of Sc-doped indium tungstate ceramics synthesized by co-precipitation[J]. Ceramics International，2020，46(6)：7259-7267.

[43] 中国国家标准化管理委员会. 金属材料热膨胀特征参数的测定：GB/T 4339—2008[S]. 北京：中国标准出版社，2008.

[44] 张桂花，仲兆祥，邢卫红. 多孔陶瓷材料的抗热震性能[J]. 材料热处理学报，2011，32：6-9.

[45] 国家技术监督局. 工程陶瓷试验方法：GB/T 16534—1996 [S]. 北京：中国标准出版社，1996.

[46] 中国国家标准化管理委员会. 陶瓷砖试验方法 第 9 部分：抗热震性的测定：GB/T 3810.9—2016[S]. 北京：中国标准出版社，2016.

[47] 中国国家标准化管理委员会. 耐火材料抗热震性试验方法：GB/T 30873—2014 [S]. 北京：中国标准出版社，2014.

[48] 中华人民共和国冶金工业部. 耐火制品抗热震性试验方法：YB 4018—1991[S]. 北京：中国标准出版社，1991.

[49] 韩峰. 高性能碳化硅陶瓷膜支撑体的制备研究[D]. 南京：南京工业大学，2017.

[50] 中国国家标准化管理委员会. 陶瓷砖试验方法 第 13 部分：耐化学腐蚀性的测定：GB/T

3810. 13—2016[S]. 北京：中国标准出版社，2016.

[51] 中国国家标准化管理委员会. 金属和合金的腐蚀固溶热处理铝合金的耐晶间腐蚀性的测定：GB/T 36174—2018 [S]. 北京：中国标准出版社，2018.

[52] 中华人民共和国工业和信息化部. 精细陶瓷耐酸碱腐蚀性能试验方法：JC/T 2138—2012 [S]. 北京：中国建材工业出版社，2012.

[53] 国家质量技术监督局. 塑料薄膜和薄片气体透过性试验方法压差法：GB/T 1038—2000 [S]. 北京：中国标准出版社，2000.

[54] Feng S, Li D, Low Z-X, et al. ALD-seeded hydrothermally-grown Ag/ZnO nanorod PTFE membrane as efficient indoor air filter[J]. Journal of Membrane Science, 2017, 531：86-93.

[55] 国家标准化管理委员会. 纺织品细颗粒物过滤性能试验方法：GB/T 38413—2019[S]. 北京：中国标准出版社，2019.

[56] 中国国家标准化管理委员会. 工业用过滤布粉尘过滤性能测试方法：GB/T 38019—2019 [S]. 北京：中国标准出版社，2019.

[57] Zhao Y, Low Z-X, Feng S, et al. Multifunctional hybrid porous filters with hierarchical structures for simultaneous removal of indoor VOCs, dusts and microorganisms [J]. Nanoscale, 2017, 9(17)：5433-5444.

[58] Zhong Z, Xu Z, Sheng T, et al. Unusual air filters with ultrahigh efficiency and antibacterial functionality enabled by ZnO nanorods[J]. ACS Applied Materials & Interfaces, 2015, 7：21538—21544.

[59] Liu J, Zhang H, Gong H, et al. Polyethylene/polypropylene bicomponent spunbond air filtration materials containing magnesium stearate for efficient fine particle capture[J]. ACS Applied Materials & Interfaces, 2019, 11：40592-40601.

[60] Zhang W, Deng S, Wang Y, et al. Modeling the surface filtration pressure drop of PTFE HEPA filter media for low load applications [J]. Building and Environment, 2020, 177：106905.

[61] 中国国家标准化管理委员会. 高效空气过滤器性能试验方法效率和阻力：GB/T6165—2008[S]. 北京：中国标准出版社，2008.

[62] 国家标准局. 过滤式防微粒口罩对空气流呼吸阻力的试验方法：GB/T 6224.4—1986[S]. 北京：中国标准出版社，1986.

第4章

中低温气体净化膜

4.1 双向拉伸纳米纤维膜

4.1.1 概述

　　双向拉伸工艺是制备多孔膜的主要方法之一。将高分子铸片在一定的温度和设定速度下，同时或先后在纵向、横向进行拉伸，热定型后便得到具有多孔结构的薄膜材料。目前，双向拉伸工艺被广泛应用于制备多孔聚合物薄膜，所用的聚合物包括聚乙烯（PE）、聚丙烯（PP）、聚酰胺（PA）、聚偏氟乙烯（PVDF）及聚四氟乙烯（PTFE）等[1-4]。其中 PTFE 膜是最早通过双向拉伸工艺制备的多孔膜材料。PTFE 分子链高度规整且无支链，每个碳原子连接的两个氟原子完全对称，是一种结晶性聚合物。PTFE 分子结构如图 4-1 所示。PTFE 具有良好的耐溶剂性和化学稳定性[5,6]。双向拉伸制备的 PTFE 膜具有孔隙率高、孔径可调、气通量大、耐温、耐磨、耐腐蚀等优点，是理想的中低温气体净化膜。

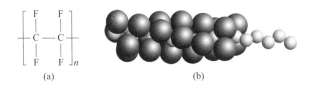

图 4-1　PTFE 化学分子结构式（a）和 PTFE 螺旋结构示意图（b）

4.1.2 双向拉伸工艺技术

4.1.2.1 双向拉伸工艺简介

Stein[7]于1958年最先通过拉伸法制备出PTFE多孔膜，美国Gore公司于1976年率先申请专利[8]，并投入大规模生产。经过近半个世纪以来的不断发展，PTFE多孔膜的制备方法与工艺已经日益成熟，其应用领域也逐渐扩大。

图4-2（a）为拉伸法制备PTFE膜的工艺流程简图[9]。将PTFE树脂与液体润滑剂混合后，压制成毛坯，经过挤出、压延等工序制成PTFE薄片，再经过热处理去除添加剂，同时进行拉伸获得PTFE膜材料。拉伸工艺主要分为两种。一是单独地进行纵向拉伸，获得狭长纤维孔结构，见图4-2（b）（ⅱ，ⅲ）；二是同时进行双向拉伸，获得由纤维和结点构建的网状多孔膜材料，见图4-2（b）（ⅳ）。经过拉伸后的薄膜密度显著下降，拉伸强度提高，形成大量的空隙，同时其尺寸稳定性也显著提高。

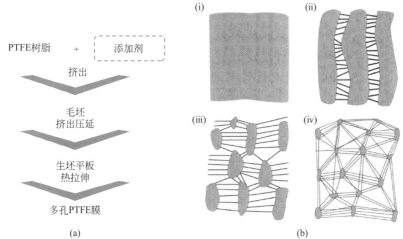

图4-2　PTFE膜的制备工艺流程简图（a）和不同拉伸阶段PTFE形貌示意图（b）
（ⅰ为拉伸前PTFE片材，ⅱ为拉伸初期阶段带状裂纹，ⅲ为结点形成阶段或单向拉伸过程，
ⅳ为网状结点形成阶段或双向拉伸过程）

4.1.2.2 拉伸工艺对膜基础性能的影响

双向拉伸是制备膜的核心工艺过程。通过调整横向和纵向拉伸比、拉伸速率、热定型温度等条件，可实现对膜材料厚度、孔大小、孔隙率、均匀性等参数的控制。根据原料分子量、结晶度参数和膜的应用需求进行调整，通常其拉伸倍率在6～10倍、拉伸速率在2～5m/min，拉伸温度在180～320℃条件下，可获

得孔分布较好、孔隙率较高的膜材料[10,11]。拉伸倍率过低使膜开孔较少，孔隙率低；拉伸倍率过高则容易导致孔大小、纤维粗细、厚度等分布不均。提高拉伸速率可以减少应力集中，形变速率变大，结点就会越小，制得的膜纤维更短，结构更均匀，孔径更小，孔隙率更高。拉伸温度低，膜的均匀性会相对较好，但延展性变差，不能进行高倍拉伸。拉伸温度过低情况下，分子链的活动能力低，膜易被拉断；拉伸温度高，则膜的延展性提高，拉伸过程容易出现边缘薄中间厚的情况，而拉伸温度太高则会破坏纤维束的折叠状态，微孔易闭合，难被拉开。

4.1.3　聚四氟乙烯膜的结构与性能

4.1.3.1　聚四氟乙烯膜的结构

双向拉伸制备的 PTFE 多孔膜是由众多的结点和纤维连接而成的网状结构（图 4-3），根据需求不同，可通过调整拉伸条件制备不同孔结构的 PTFE 多孔膜。拉伸方向决定纤维的排列方向，单向拉伸膜的纤维之间基本保持平行，双向拉伸膜的纤维成网状发散性分布。纤维之间形成的孔隙占比、结点的多少与大小对膜孔隙率的大小起决定作用。因此拉伸条件决定了多孔膜的孔隙率和孔径分布等参数。通过机械拉伸法制备的 PTFE 多孔膜孔径分布在 $0.1\sim10\mu m$，孔隙率大于 50%，最高可超过 90%，厚度可调控在 $5\sim50\mu m$，孔径分布较窄。同时，PTFE 微孔膜仍保持 PTFE 材料本身所具有的优良的化学稳定性、热稳定性、耐酸碱腐蚀性、润滑性、疏水性以及电中性等性质。

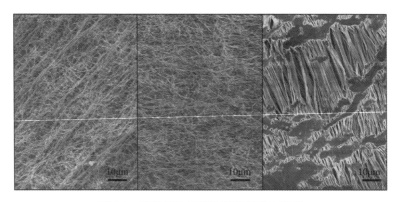

图 4-3　聚四氟乙烯多孔膜的扫描电镜图

4.1.3.2　聚四氟乙烯膜的性能

双向拉伸 PTFE 膜具有孔分布窄、厚度小、气体阻力小、表面润滑性好及疏水性好等特点，属于表面过滤，可将绝大部分粉尘阻截在膜表面，防止粉尘内渗造成阻力升高；表面润滑性好使粉尘更容易通过反吹或者抖动从膜面脱落，提高了滤膜的连续运行时间和反吹效率；传统滤料的孔径较大，对小粒径的颗粒物的截留率较低，见图4-4（a），而 PTFE 膜材料由于膜层较薄，纤维较细，因此阻力较低，可通过降低孔径来实现对小颗粒物的高效截留。在连续运行性上，传统滤料阻力上升快，需要进行频繁地反吹，高阻力和频繁地反吹增加了除尘器运行能耗；而对于 PTFE 膜，其整体运行压降较低，反吹频率低，运行能耗和使用寿命都优于传统滤料，见图4-4（b）。

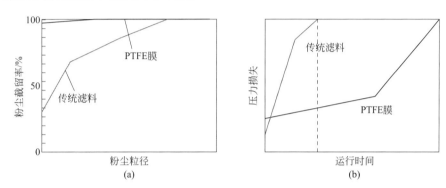

图 4-4　粉尘颗粒粒径大小对传统滤料与 PTFE 膜截留性能的影响（a）和
传统滤料与 PTFE 膜材料运行时间变化对压力损失的影响（b）

4.1.4　聚四氟乙烯膜的应用

4.1.4.1　聚四氟乙烯膜在工业上的应用

随着我国大气污染物排放指标的提高，PTFE 膜在工业粉尘治理的应用愈发广泛。石化、冶金、电厂等工业过程的尾气排放受到严格限制，传统的除尘工艺与技术难以满足日益严格的排放标准。PTFE 膜材料对含尘气体的净化效率高，出口粉尘浓度可控制在 $5mg/m^3$ 以下，达到超低排放指标。同时其耐温较高，能够在 250℃ 长期稳定运行，最高运行温度可达 280℃，可以满足各重点行业的排放要求。另外 PTFE 本身具有摩擦系数低、疏水性好、化学稳定性好等特点，因此，其在高附加值粉体回收（如中成药粉体回收、粉体类食用品回收、金属粉体回收等）领域的应用同样广泛。

王国华等[12]将南京工业大学膜科学技术研究所开发的除尘膜技术用于中盐金坛盐化有限责任公司锅炉烟气除尘实验，将 ePTFE 膜与原有传统滤袋安装于同一除尘设备内，在相同运行条件下比较 ePTFE 膜与传统滤料除尘器出口粉尘浓度和过滤压降，结果见图 4-5。运行结果显示，烟气经过 ePTFE 膜后出口浓度为 2mg/m³，低于普通滤袋的 25mg/m³；使用 ePTFE 膜除尘的综合能耗显著降低，显示了良好的节能环保优势。

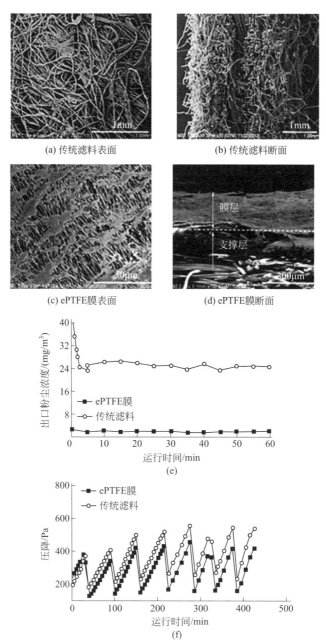

(a) 传统滤料表面 　　　　　(b) 传统滤料断面

(c) ePTFE膜表面 　　　　　(d) ePTFE膜断面

图 4-5　传统滤料与 ePTFE 膜的表面和断面扫描电镜图（a～d），
传统滤料与 ePTFE 膜的出口粉尘浓度、过滤压降随运行时间的变化曲线（e，f）

4.1.4.2　聚四氟乙烯膜在民用领域的应用

（1）空气净化产品

PTFE 优良的化学稳定性、热稳定性、超疏水性以及由于含氟基团的存在产生的抗菌性等，都使其适用于空气净化。相较于 HEPA 滤网对称结构，PTFE 复合膜结构使"深层过滤"转变成"表面过滤"，不仅可以维持高的过滤效率，而且降低了过滤阻力，延长了使用寿命，是目前世界上最先进的空气净化材料之一，是各种吸尘器、空气滤芯、空气净化设备、高效气体过滤器等的最佳选择。其主要技术参数如表 4-1。

表 4-1　PTFE 膜的主要技术参数

孔径 /μm	孔隙率 /%	过滤效率 /%	风阻(5.33cm/s) /Pa	厚度 /μm	最高使用 温度/℃	使用寿命 /年
0.2~5	80~95	>99.9	120	10~100	260	>3

（2）个人防护产品

口罩隔绝是防止呼吸系统病毒传播的最直接且有效的方式。随着科技进步，口罩滤材经历了纱布、非织造布、薄膜等迭代升级。目前常用的是熔喷布以及纳米膜等技术创新产品。熔喷布是通过高温熔喷，同时控制纤维堆积孔隙的大小，快速黏结形成空隙多、结构蓬松、抗褶皱能力好的熔喷布，纤维孔径可达 0.5~10μm。因其细密且带静电可捕捉粉尘，是现在目前市面上最常用的口罩过滤材料。然而熔喷布静电含量会随着生产、包装、出厂、运输和使用而逐渐降低，导致防护效能下降为 0.01μm。PTFE 纳米膜具有原纤维状微孔结构，孔隙率 85% 以上，孔径范围可控制在 0.01~10μm，以其为核心材料的口罩具备阻隔效率高、使用寿命长等优点。经纳米抗菌抗病毒改性后的 PTFE 膜材料对病毒细菌等有机体的杀灭效果好，是未来口罩发展新方向。此外，在人体防护方面，PTFE 膜具有良好的过滤阻隔、防油拒水、防血污渗透、阻燃、耐消毒、透气性好等特点，是理想的防护服用品。PTFE 膜与不同种类织物复合可获得良好的服装面料，其在防水、透气、保暖防寒、隔热、速干、耐洗等方面性能优异，是特种服装包括冲锋衣、作训服、防辐射服、消防服[13]等的良好材料。

4.1.5　其他双向拉伸纳米纤维膜

除 PTFE 外，PE、PP、PA、PET 及 PVDF 等均可以通过双向拉伸获得具有多孔结构的膜材料。通常情况下，受高分子材料本身基础物性限制，这些材料的拉伸倍率往往受到一定的限制，纤维结构也不尽相同。Wan 等[2]采用连续双轴拉伸法制备了 PE 纳米纤维膜，该膜具有纤维细密、孔分布均匀、力学性能好等特点，图 4-6 为双向拉伸 PE 纳米纤维膜的电镜图，该膜孔径分布在 0.01～0.05μm。

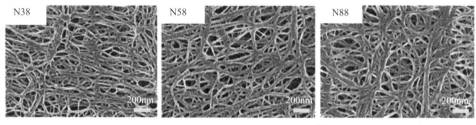

图 4-6　双向拉伸 PE 纳米纤维膜[2]

Ding 等[14]从三维角度分析了 β-iPP 在连续双轴拉伸过程中的结晶和微孔结构演化。计算的结果和扫描电镜图像（图 4-7）表明，在纵向拉伸过程中，面体具有强烈的空化现象，导致其沿三维方向的取向度较低。但在纵向拉伸过程中，由于面体的三维不对称片层堆积方式，形成了丰富的粗纤维。因此，这些粗纤维阻碍了在随后的横向拉伸过程中薄片的滑移和偏转，导致孔径分布不均匀。另一方面，径向生长的球晶在纵向拉伸过程中发生了明显的滑移，由于片晶的均匀分散，球晶沿三维方向的取向度更高，纤维更细。因此，双轴拉伸后的表面可以检测到更均匀的孔径分布和更大的孔径。

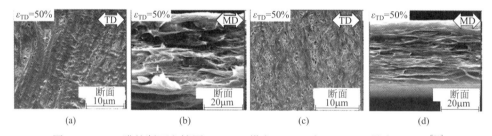

图 4-7　β-iPP 膜的断面电镜图（a，c）横向（TD）与（b，d）纵向（MD）[14]

Feng 等[4]将 PP 与尼龙 6 共混挤出，通过拉伸可以得到具有通孔结构的微孔膜。膜的孔径在 100nm 左右，孔隙率为 52%（图 4-8）。孔结构的形成对共混物的组成和工艺都很敏感，其中尼龙 6 浓度越低或拉伸倍数越低，共混物的孔结构就越不易形成。聚合物双向拉伸成孔需满足以下条件：①基体聚合物在应力作用下可以开裂；②一种可分散的刚性聚合物，分子链不随拉伸定向而随着基体聚合物定向；③需具备合适的分散域尺寸（1mm 左右）；④相容剂（大分子偶联剂）或其他黏合剂提供基体和分散相之间足够的附着力和界面张力。

通常情况下，受延展性限制，部分上述材料在拉伸过程中极易发生结晶现象。这一类的双向拉伸膜孔尺寸较小，膜厚度较大，在气体净化领域的应用还比较少。

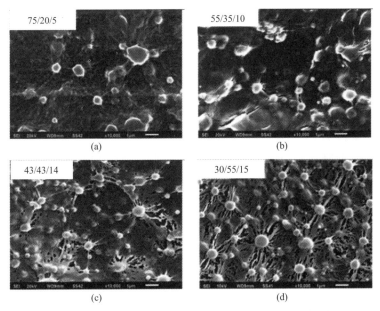

图 4-8　不同 PP/尼龙 6/PP-g-MA 共混比例挤出的双向拉伸膜的
电镜照片（PP-g-MA 为马来酸酐接枝聚丙烯）[4]

4.2　静电纺丝纳米纤维膜

4.2.1　概述

　　膜分离技术是一种新型高效分离技术，可有效去除空气中的 $PM_{2.5}$。在众多气体净化膜材料中，大量研究集中在纳米纤维膜对 $PM_{2.5}$ 的过滤性能研究。一方面是由于纳米纤维膜具有高孔隙率和大的比表面积，能有效增强 $PM_{2.5}$ 颗粒与纳米纤维之间的拦截效应，使 $PM_{2.5}$ 颗粒与纳米纤维之间具有更多有效接触而被纤维黏附，具有更高的过滤效率；另一方面，纳米纤维尺度与气体分子的平均自由程（约 66nm）相当，由于"滑移效应（slip effect）"，过滤阻力降低。

　　纳米纤维膜过滤性能的评估指标通常包括过滤效率和过滤阻力两项。一般情况下，减小纳米纤维的孔径可以获得较高的过滤效率，气体净化效果提高，但会增大过滤阻力。如何在获得高过滤效率的同时降低过滤阻力是纳米纤维膜的研究方向之一。空气中细菌等微生物、有机易挥发性气体（VOCs）、超细粉尘等污染物需要同时去除，要求气体净化材料具有多功能性。如何使纳米纤维膜具有多功能是目前研究的热点之一。

4.2.2　静电纺丝技术

静电纺丝技术是一种高效且通用的制备纳米纤维膜的方法，纤维直径在几纳米至几微米范围灵活可调。1934年，Formhals[15]首次利用静电力制备了聚合物纤维，标志着静电纺丝技术的问世。20世纪90年代，Reneker小组[16,17]系统研究了系列聚合物纳米纤维的静电纺丝制备工艺及其应用领域，这一系列报道引起了全世界学者们对静电纺丝技术的极大关注。同时Reneker等人将理论研究和应用相结合，拓展了纳米纤维向多功能方向发展，推动了静电纺丝技术的商业化。

适用于静电纺丝技术的原料范围较广，包括合成高分子、天然高分子、金属、陶瓷、高分子合金以及负载有发色团、纳米颗粒或活性物质的聚合物溶液。

典型的实验室用静电纺丝装置包括供液装置、高压电源、纺丝模头和接收装置，如图4-9（a）所示[18]。首先，纺丝液通过微量注射泵控制，以一定速率从纺丝针头挤出，纺丝针头连接着高压电源，在纺丝针头和接地的金属接收板之间形成电压为几十千伏的静电场。纺丝液被挤出后，在电场作用下表面逐渐带有电荷，并在电场作用下被逐渐牵伸细化，最后固化沉积在接收装置上，形成具有3D多孔结构的纳米纤维膜。在此过程中，纺丝液首先在纺丝针头处形成带电液滴，当电场力与带电液滴的表面张力达到平衡时，带电液滴就稳定在纺丝针头的末端。进一步增大电场力，带电液滴将变成圆锥形，即目前被普遍定义的泰勒锥（Taylor cone）[19]，其半角为49.3°。继续增加电场强度，带电射流会从泰勒锥尖端喷射出来，由于此时射流在电场中加速时间较短、速率较低且表面受力相对平衡，故成一条波动不大的直线，被称为稳态射流。稳态射流在直线飞行一小段距离后受到弯曲不稳定的影响，开始向一侧偏离，形成环，同时射流也被高度拉伸变细；接着，这些变细的射流进一步发生弯曲不稳定，形成次级环，如图4-9（b）所示，这一过程的射流被称为非稳态射流。这个过程不断重复，直到射流中溶剂完全挥发，或者纤维的直径减小到足够小而不再受到弯曲不稳定的影响为止。在整个静电纺丝过程中，纤维形貌受聚合物分子量、纺丝液黏度、表面张力、电导率、纺丝电压、纺丝速率、接收距离以及环境温度、湿度、气压的影响。通过调控这些影响因素，可制备直径不同或具有异形结构的纳米纤维膜。

4.2.3　静电纺丝纳米纤维膜的分类

静电纺丝技术被认为是制备纳米纤维膜的一种简单有效的方法，所得到的纳米纤维膜具有良好的柔韧性、多样的结构和可控制的润湿性。基于主要的构成材料，可以将静电纺丝纳米纤维膜分为聚合物基膜、陶瓷基膜和碳基膜等三类。

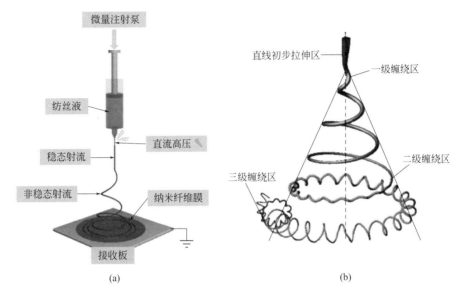

图 4-9　典型的静电纺丝装置示意图（a）和静电纺丝射流瞬时运动路径示意图（b）[18]

4.2.3.1　聚合物基纳米纤维膜

聚合物的高柔韧性、良好的可加工性和低成本等优点使其成为制备静电纺丝纳米纤维膜最主要的材料。迄今为止，研究者们已经制备了多种类型的聚合物基纳米纤维膜，根据层数可以分为单层结构膜和多层结构膜。每种类型都有其优点和缺点，并且对应于不同的制备方法。

单层聚合物纳米纤维膜主要通过直接静电纺丝法和胶体静电纺丝法制备。直接静电纺丝是指通过对可纺高表面能聚合物溶液进行电纺丝来制造单层纳米纤维膜，其中聚丙烯腈（PAN）凭借其良好的电纺性和可及性而成为最常用的聚合物之一。在将 PAN 溶液直接静电纺丝后，可用碱处理所得的 PAN 纳米纤维膜调节其润湿性。碱水解处理使 PAN 大分子的某些腈基水解为羧基，使 PAN 膜具有亲水性和水下疏油性[20,21]。胶体静电纺丝指的是将分散有高表面能纳米粒子（NPs）的聚合物溶液进行静电纺丝，适用于一步制造仿生超亲水膜而无需进一步处理。通过改变纳米颗粒的量，可以精确控制所得纳米纤维的形态和表面能。这种方法适用于各种类型的纳米粒子，可以将零维纳米材料到二维纳米材料的各种纳米粒子成功地引入电纺纳米纤维中。

单层纳米纤维膜难以同时获得机械强度、渗透性和选择性方面的最佳性能。例如，单层膜中纤维沉积量的增加将改善分离效率和机械性能，但膜厚度的增加会降低渗透通量。受自然界用于水过滤的多层结构植被（即植被，砾石，沙土和土壤层）的启发，越来越多的注意力投入到具有特殊润湿性的油/水分离用多层纳米纤维膜的构造上，以克服单层膜的局限性。制备多层膜的最简便有效的尝试之一是直接在静电纺丝纳米纤维膜表面上静电纺丝超薄层的可交联纳米纤维，然后进行交联处理以减小涂层的孔径。具有交联网络的多层纳米纤维膜在油/水分离方面显示出很好的效果。黏结结构不仅可以减小孔径，提高分离效率，而且可以保持结构稳定性，从而确保稳定的过滤性能。但是纳米纤维之间的键合结构可能会降低膜的孔隙率和孔的互连性，这不利于液体渗透。此外，该技术的生产率低，限制了其实际应用。

4.2.3.2　陶瓷基纳米纤维膜

尽管基于聚合物的纳米纤维膜在油/水分离等实际应用中显示出巨大的潜力，但仍然存在一些不可避免的缺点，例如对高温、有机溶剂和氧化剂的耐受性差。具有良好的热稳定性、耐腐蚀性和相对惰性的陶瓷纳米纤维膜被认为是克服这些缺点的良好候选者。

通常，陶瓷纳米纤维可通过两步过程制备：①通过静电纺丝法制备由聚合物模板和溶胶-凝胶无机前体组成的复合纳米纤维；②初纺复合纳米纤维在空气中煅烧以去除聚合物相。值得注意的是，由于聚合物模板的分解和纳米微晶的致密化，煅烧可能导致陶瓷纳米纤维收缩，从而导致陶瓷纳米纤维断裂和陶瓷膜易碎，而较差的机械性能严重影响了陶瓷基纳米纤维膜的实际应用。研究者们发现，通过调整煅烧条件、掺杂金属离子或将各种化合物结合在一起，可以形成各种柔性陶瓷纳米纤维膜，包括 SiO_2、SiO_2/TiO_2 等。近年来，研究者们通过静电纺丝 SiO_2/TiO_2 混合溶胶-凝胶溶液制备了 SiO_2/TiO_2 纳米纤维膜，所得纤维膜中具有蠕虫状的孔。一方面，蠕虫状多孔结构可使陶瓷膜具有出色的柔韧性，从而确保了油/水分离过程易于回收；另一方面，与固体结构的纳米纤维相比，蠕虫状结构可以提供更多的活性位点（例如 Si—OH 和 Ti—OH 基团），使膜能够优先捕获更多的高极性表面能分子。

4.2.3.3　碳基纳米纤维膜

碳基纳米纤维膜是另一类具有抗溶胀和高化学稳定性的纳米纤维材料。与基于陶瓷的纳米纤维不同，基于碳的纳米纤维具有固有的疏水亲油特性，使用后可以很容易地再生。例如，碳膜中的油污可以通过燃烧被轻松去除[22]。然而，由于碳基质的脆性，常规的碳纳米纤维膜通常不能在分离过程中承受物理冲击。近年来，通过精心设计纤维微结构，碳纳米纤维在机械变形下具有了优异的结构稳定性。Liu 等[23]通过升华蚀刻策略制造了柔性的大孔碳纳米纤维膜，他们使用对苯二甲酸（PTA）作为成孔剂，将其直接添加到 PAN 溶液中进行静电纺丝。在随后的碳化过程中，PTA 逐渐升华，在碳纳米纤维中/上留下大孔。由此产生的大孔碳膜可以折叠成几层，并在除去负载后迅速恢复到其原始状态。这是由于在纤维弯曲变形时，大孔有效地消除了应力集中。

4.2.4 功能性静电纺丝纳米纤维膜的结构与性能

目前可用于静电纺丝制备纳米纤维膜的聚合物主要有聚乳酸（PLA）、聚酰胺（PA）、聚丙烯腈（PAN）、聚酯（PET）、聚甲基丙烯酸甲酯（PMMA）、聚醚酰亚胺（PEI）、聚氧乙烯（PEO）、聚乙烯醇（PVA）、聚乙烯吡咯烷酮（PVP）、醋酸纤维素（CA）、聚砜（PSU）等[24]。所制备出的直径分布较窄且表面光滑的纳米纤维倾向于紧密堆叠，如图 4-10（a）所示，产生的纳米纤维膜具有较高的面密度，不利于气流渗透，使得过滤阻力较高[25]。以过滤直径在300nm 以下的气溶胶颗粒［如 NaCl、邻苯二甲酸二辛酯（DOP）等］为例，在气流速度为 5.3cm/s 的测试条件下，这些具有光滑表面结构的普通聚合物纳米纤维膜的过滤效率达到 99% 以上时，过滤阻力一般在 300Pa 以上[26,27]。已有的研究表明，纤维直径、纤维表面结构以及纤维膜中纤维的体积分数对纳米纤维膜的气体净化性能具有显著的影响[28,29]。为了能在获得较高过滤效率的同时减小过滤阻力，研究者们制备出了具有串珠、蛛网、树枝结构和复合结构等不同结构的纳米纤维膜，如图 4-10（b~d）和图 4-11 所示，以此来改善其过滤阻力[30]。

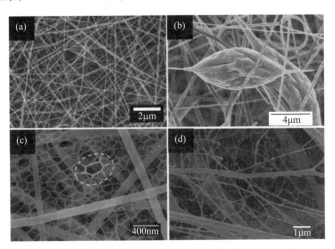

图 4-10　不同结构的静电纺纳米纤维膜 FESEM 图
（a）光滑结构；（b）串珠结构；（c）蛛网结构；（d）树枝结构[30]

4.2.4.1 串珠结构

采用静电纺丝技术可制备多孔串珠（bead-on-string）的 PLA 纳米纤维膜，如图 4-10（b）所示。利用一定数量的大尺寸珠子（bead）来减少纳米纤维膜中纤维的体积分数，增大纳米纤维膜的气体渗透性，从而达到降低过滤阻力的效果。Wang 等[25]的研究表明，在气流速度为 5.8cm/s 时，多孔串珠纳米纤维膜对平均直径为 260nm 的 NaCl 颗粒的过滤效率高达 99.997%，而过滤阻力仅有 165.3Pa。Ogi 等[31]对光滑表面和串珠结构的 PAN 纳米纤维膜进行了气体净化测试，比较了不同结构 PAN 纳米纤维膜对气溶胶的过滤性能，结果表明，串珠结构 PAN 纳米纤维膜的过滤性能最优。Yun 等[28]比较了 PAN 纳米纤维膜和 PMMA 串珠纳米纤维膜的过滤性能。结果表明，当二者对直径在 300nm 以下的 NaCl 颗粒的过滤效率相等时，PMMA 串珠纳米纤维膜的过滤阻力大约是 PAN 纳米纤维膜的三分之一。

4.2.4.2 蛛网与树枝结构

东华大学丁彬团队采用一种直接静电纺丝技术（one-step electrospinning/netting）开发出直径在 100nm 以下的 2D 纳米蛛网结构的纳米纤维膜（nanofiber/nets）并用于气体过滤。如在面密度为 9.8g/m² 的 PP 微米纤维非织造材料上沉积一层 PA-66 纳米蛛网纤维膜[20]，如图 4-10（c）所示。这一 PA-66 纳米蛛网纤维膜的纤维直径范围在 360nm 以内。直径较粗且杂乱分布的常规 PA-66 纳米纤维之间由直径约为 30nm 的蜘蛛网状的薄层相互连接。当 PA-66 纳米蛛网纤维膜的厚度为 3.96μm 时，其对直径为 300nm 以下的 NaCl 颗粒的过滤效率接近 95%，而阻力小于 100Pa。这种纤维直径约为 30nm 的蛛网结构能促进气体分子的滑移效应（slip effect），降低过滤阻力；同时减小孔径，增大过滤效率。Liu 等[32]制备了生物基 PA-56 纳米蛛网纤维膜用于气体过滤，利用直径约为 20nm 的纳米蛛网结构的小尺寸效应和优异的孔隙率，实现了高效低阻气体过滤，对 300nm 以下的 NaCl 颗粒的过滤效率达到 99.995%，同时过滤阻力降低为 111Pa。随后，Li 等[33]开发了一种类似的直径为 5~1000nm 的分支结构的树枝状（tree-like）PVDF 纳米纤维膜，如图 4-10（d）所示，并研究了这一多级结构对树枝状 PVDF 纳米纤维膜气体过滤性能的影响。结果表明，直径在 5~100nm 范围内的分支纤维提高了纳米纤维膜的比表面积，增大了与空气中颗粒物的接触面积，降低了纳米纤维膜的孔径，显著提升了其对粒径为 260nm 的 NaCl 颗粒的过滤效率（99.999%）；这种较细分支与较粗主干纤维之间的相互交叠，减小了纳米纤维膜中纤维堆积的密度，有利于气体渗透，降低了过滤阻力。

4.2.4.3 复合结构

上述串珠结构和蛛网结构纳米纤维膜均是由单一组分聚合物溶液通过静电纺丝制得的。已有研究表明，向单一组分纳米纤维膜中掺杂一些无机纳米颗粒也能提高有机/无机复合纳米纤维膜的内部孔洞，降低纤维堆积密度，从而减小气体过滤阻力。Wang 等[21]采用双针头静电纺丝系统制备了具有双直径分布的 SiO_2/PAN 复合纳米纤维膜。气体过滤测试结果显示，该 SiO_2/PAN 复合纳米纤维膜对直径在 300nm 以下的固体污染物颗粒的过滤效率高达 99.989%，过滤阻力为 117Pa。Li 等[34]向 PEI 溶液中添加 SiO_2 纳米颗粒直接静电纺丝制得 SiO_2/PEI 复合纳米纤维膜。其对直径在 300nm 以下的固体污染物颗粒表现出了优异的过滤性能，过滤效率为 99.992%，过滤阻力仅为 61Pa。Wang 等[35]制备了 TiO_2/PLA 复合纳米纤维膜并用于空气净化中。结果表明，其对直径为 260nm 的 NaCl 颗粒的过滤效率为 99.996%，过滤阻力为 128.7Pa。同时，由于 TiO_2 纳米颗粒优异的光催化活性，可在紫外光下产生羟基自由基（·OH），使细菌细胞膜上的多元不饱和磷脂发生过氧化反应而失活。因此该 TiO_2/PLA 复合纳米纤维膜具有较好的抗菌性，对金黄色葡萄球菌的抑菌率达到 99.5%。

此外，另一种复合结构是指将两层或两层以上纳米纤维膜叠加得到双层或多层结构的复合纳米纤维膜。例如，Wang 等[36]将直径约为 150nm 的 PLA 纳米纤维膜（PLA-N）和直径约为 1.71μm 的多孔 PLA 纳米纤维膜（PLA-P）进行层叠，组成双层复合结构纳米纤维膜，并测试其对 NaCl 气溶胶粒（尺寸为 260nm）的过滤性能。结果表明，PLA-N 与 PLA-P 的质量比为 1/5 的双层结构纳米纤维膜在气流速度为 5.3cm/s 条件下，过滤效率达到 99.999%，过滤阻力为 93.3Pa。Yang 等[37]设计了一种三明治结构复合纳米纤维膜，如图 4-11 所示。上下两层为 PA-6 纳米蛛网，中间一层为 PAN 串珠纳米纤维膜。将此 PA-6/PAN/PA-6 复合纳米纤维膜用于空气过滤。结果表明，这种三层结构的复合纳米纤维膜对直径范围在 300~500nm 的污染物颗粒的过滤效率为 99.9998%，过滤阻力为 117.5Pa。这是由于直径约为 20nm 的相互关联的 PA-6 纳米蛛网结构能促进气体分子的滑移效应，同时 PAN 串珠纳米纤维提供了空穴，减小了纤维堆积密度，因此降低了过滤阻力。

4.2.5 功能性静电纺丝纳米纤维膜的应用

静电纺丝纳米纤维膜在空气净化使用过程中，很容易受到悬浮在空气中的细菌、真菌、霉菌等微生物的侵袭，当微生物依附于灰尘等污染物颗粒沉积到纳米纤维膜上时，即会迅速繁殖，不仅会严重影响空气净化效果，还会降低纳米纤维

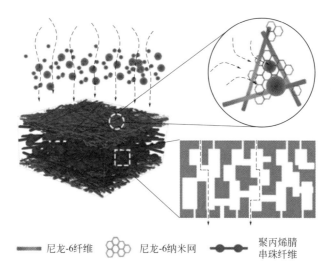

图 4-11　三明治结构 PA-6/PAN/PA-6 复合纳米纤维膜示意图[37]

膜的使用寿命。室内装修所带来的甲醛等 VOCs 气体，可经呼吸道及消化道吸收，对人体的多个器官造成毒害。本小节主要介绍功能性静电纺丝纳米纤维膜在抗菌、除 VOCs 及多功能协同方面的应用。

4.2.5.1　抗菌性纳米纤维膜

纳米银作为一种广谱高效抗菌剂，对人体毒性低，被广泛应用于抗菌纳米纤维气体过滤膜。Jeong 等[38]制备了一种透明的银纳米线渗透网，将其用于空气净化器，研究表明，这一透明银纳米线渗透网空气净化器对 PM$_{2.5}$ 的过滤效率达到 99.99%，同时具有较好的抗菌性能。Ma 等[39]采用静电纺丝法制备聚对苯二甲酸乙二醇酯/壳聚糖（PET/CTS）复合纳米纤维膜，并采用还原法在纤维膜表面吸附一层纳米银。抑菌实验表明，载银 PET/CTS 复合纳米纤维膜对金黄色葡萄球菌和大肠杆菌的杀菌率分别为 99.97% 和 99.99%。Neeta 等[40]分别向醋酸纤维素（CA）、聚丙烯腈（PAN）和聚氯乙烯（PVC）三种聚合物溶液中添加 Ag-NO$_3$，利用溶剂 N,N-二甲基甲酰胺作为还原剂，采用原位还原法，直接制得载银纳米纤维膜。抗菌测试表明，载银纳米纤维膜具有较好的抗菌性。Montazer 等[41]采用原位合成法在尼龙纳米纤维表面均匀地负载了一层 Ag 纳米颗粒，制得了银/尼龙复合纳米纤维膜，对大肠杆菌和金黄色葡萄球菌都具有较好的抗菌性能。

此外，还有一些其他生物质纳米纤维膜被用于抗菌空气净化中。例如，Choi 等[42]将苦参提取液添加到 PVP 溶液中，通过静电纺丝制得一种草本提取物掺杂

（HEI）纳米纤维膜，并用于空气净化。结果显示，HEI 纳米纤维膜对金黄色葡萄球菌的抑菌率达到 99.98%，同时具有较高的过滤效率（99.99%）。Souzandeh 等[43]报道了一种交联的蛋白质纳米纤维气体净化膜，其对希瓦氏菌和金黄色葡萄球菌具有较高的抑制作用。

4.2.5.2　除 VOCs 纳米纤维膜

美国环保署（EPA）数据显示，室内挥发性有机化合物（VOCs）的浓度比室外高达十倍[44]。室内装修材料，如合成建筑材料、家具和家居产品，常常会释放甲醛、甲苯等致癌气体，影响人的呼吸和中枢神经系统，对人们的健康造成不可逆损害。因此，开发能够除 VOCs 的功能性气体净化材料具有重要意义。目前，对 VOCs 的去除多采用催化降解技术，一些半导体金属氧化物（如 TiO_2、V_2O_5、ZrO_2、CeO、MnO_x 等）光催化材料被广泛使用。其中，TiO_2 是最常用的光催化材料之一，能催化降解大部分 VOCs，甚至将其完全分解为 CO_2 和 H_2O[45]。Modesti 等[44]研究了静电纺 TiO_2 纳米纤维膜、TiO_2 纳米颗粒改性的甲基丙烯酸-甲基丙烯酸甲酯共聚物杂化纳米纤维膜（杂化膜）、TiO_2 纳米颗粒静电喷涂 PAN 纳米纤维多层膜（多层膜）[图 4-12（a）]三种形式的 TiO_2 光催化膜对甲醇气体的降解性能。结果表明，TiO_2 多层膜对甲醇的降解率接近100%，这是由于 TiO_2 纳米颗粒被均匀地静电喷涂到了 PAN 纳米纤维膜表面，在紫外光照射下，更多的 TiO_2 纳米颗粒被激发，产生具有氧化性的·OH，与甲醇气体分子发生氧化反应，最终生成 CO_2 和 H_2O。随后的研究发现，将其他半导体氧化物与 TiO_2 复合，能提高复合纳米纤维膜对 VOCs 的光催化降解效率。Zhu 等[46]采用水热合成技术在静电纺 TiO_2 纳米纤维膜上包覆一层 V_2O_5 纳米颗粒，再以 400℃煅烧 3h 后得到 V_2O_5/TiO_2 复合纳米纤维膜 [图 4-12（b）]，研究了 V_2O_5/TiO_2 比例对丙酮气体的催化降解性能的影响。结果表明，V_2O_5 质量分数为 5% 时，V_2O_5/TiO_2 复合纳米纤维膜对丙酮气体的催化降解性能最优，在 320℃条件下转化率达到了 100%，比纯 TiO_2 纳米纤维膜的转化率高了近 10 倍。这是由于 V_2O_5 与 TiO_2 之间的电子相互作用提高了其催化效率。之后，其继续采用水热法在静电纺 TiO_2 纳米纤维膜表面均匀地生长了 MnO_x 纳米针 [图 4-12（c）]，发现这种具有分级结构的 MnO_x/TiO_2 复合纳米纤维膜对较低浓度的丙酮气体具有优异的催化降解效率，在 290℃ 时转化率达到 90%[47]。Chen 等[48]采用静电纺丝技术制备了介孔-大孔 $Ce_{1-x}Zr_xO_2$ 纳米纤维膜，如图 4-12（d）所示。催化降解实验结果表明，这种多级孔结构纳米纤维膜对苯和甲苯都具有较高的转化率。

上述 TiO_2 纳米纤维光催化降解 VOCs 通常需要在较高温度条件下才能去除90% 以上的污染气体。吸附也是一种常用的去除 VOCs 的方式，且通常在室温下

图 4-12 TiO$_2$ 系列纳米纤维膜 FE-SEM 图[48]

(a) TiO$_2$/PAN 多层纳米纤维膜[44]；(b) V$_2$O$_5$/TiO$_2$ 纳米纤维膜[46]；

(c) MnO$_x$/TiO$_2$ 复合纳米纤维膜[47]；(d) 介孔-大孔 Ce$_{1-x}$Zr$_x$O$_2$ 纳米纤维膜 FE-SEM 和 TEM 图[48]

就能达到较高的去除率。活性碳纳米纤维膜（ACNF）是目前应用较广泛的一种吸附式除 VOCs 气体净化材料，由于其具有超高的比表面积（通常在 1000m^2/g 左右），易于吸附更多的污染物。因此，大量研究致力于通过提高 ACNF 比表面积来提升其对 VOCs 的吸附量。Oh 等[49]向 PAN 溶液中添加乙酸锰前驱体，通过静电纺丝法制备 Mn-PAN 前驱体纳米纤维膜，然后经活化处理，得到 Mn-ACNF，其比表面积相比 ACNF 提高了近 1/2，对甲苯的吸附量提升至 68g/100g。Guo 等[50]制备了静电纺丝氧化石墨烯/活性炭纳米纤维膜（GO/ACNF），利用 GO 的高孔隙结构提高 ACNF 的比表面积。结果显示，GO/ACNF 对苯和丁酮气体的吸附量达到 83.2cm^3/g 和 130.5cm^3/g。此外，Tian 等[45]将 TiO$_2$ 纳米纤维膜与活性炭纤维膜复合制备了 TiNF/ACF 多孔复合纤维膜，利用 TiO$_2$ 纳米纤维的光催化性以及 ACF 吸附性的协同作用去除甲苯。当甲苯浓度较高时（4600μL/L），主要是吸附作用，吸附量高达 98.9%，随后当吸附至甲苯浓度较低时（115μL/L），主要是催化作用，降解率达到 100%。Hu 等[51]先后用 ZIF-67、锰氧化物作为填充物制备 ZIF-67/PS 和 MnO$_2$/PS 纳米纤维膜（如图 4-13）。通过控制分层多孔结构，在实现对固体颗粒物高效过滤的同时，能有效去除 SO$_2$ 或甲醛气体。多级结构孔一方面可提供大比表面积，增加纳米纤维与气态污染物的接触机会，另一方面可以保持高气体渗透性，降低气体过滤阻力。

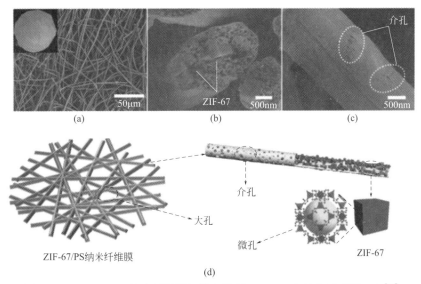

图 4-13　ZIF-67/PS 纳米纤维膜扫描电镜图（a～c）和结构示意图（d）[53]

4.3　特殊浸润性纳米纤维膜材料

4.3.1　概述

　　气体净化目标体系除了常见的固体颗粒物，还可能存在油性污染物[38,52-54]；另外，在高湿体系、含微生物体系、易潮粉体回收等方面，常规的膜材料也面临诸多应用挑战。比如，在含油烟气净化上，油性组分极易黏附在膜表面，导致膜材料过滤性能急剧降低，使用寿命大幅缩短[55-57]；在高湿环境下，由于外部气体的冷却作用产生结露现象，捕集的颗粒物在膜面结垢；在常温净化领域，微生物在膜面的吸附与滋生同样会导致膜过滤性能的降低，且会带来二次污染[58-60]。常规纳米纤维膜的结构和功能较为单一，无法发挥更好的作用。若对纳米纤维膜进行结构设计和表面改性，可实现膜的功能化，这将大幅提高纳米纤维膜的使用效能。

4.3.2　双疏型纳米纤维膜

4.3.2.1　双疏型纳米纤维膜的制备

　　引入低表面能介质是制备双疏型纳米纤维膜的主要方法。结合负载纳米颗粒等方式构建次级微结构，减小固-液接触面，从而实现膜材料表面的疏水、疏油性能[61-63]。双疏膜的制备主要通过表面改性的方法，比如表面接枝法、浸渍法、气相沉积法等。由于膜材料受其微孔结构特点和苛刻气相环境等方面限制，双疏改性要求不能导致膜材料堵孔，不能降低膜材料的力学性能与热化学性能等。因此，在引入低表面能介质时，要综合考虑膜材料的结构稳定性和介质与膜材料的结合方式、结合强度等[64,65]。

（1）表面接枝法

表面接枝法是指引发低表面能单体在膜表面的接枝。通常情况下，对于化学惰性强的膜材料，需要首先在膜表面引入活性组分作为中间体，随后再通过单体与中间体的接枝完成膜表面的双疏改性。表面接枝法的特点是低表面能单体以化学键的形式与微孔膜表面键合，从而提高单体与膜之间的结合性能。

Zhu 等[66]以纳米 SiO₂ 分散液作为壳层纺丝液，PTFE 乳液为纺丝芯液，直接将 SiO₂ 纳米颗粒均匀包裹在 PTFE 纳米纤维上。这样不仅可以提高 PTFE 纳米纤维膜的表面粗糙度，同时 SiO₂ 表面的羟基也为表面接枝全氟大分子链（PFTMS）提供了大量活性位点，使得全氟链段与基体之间形成稳定的 Si—O—Si 共价键，得到具有多层次粗糙结构的双疏型 SiO₂@PTFE 纳米纤维膜，其制备流程示意图及接枝机理如图 4-14 所示。制备的双疏膜材料与水和油（正十六烷）

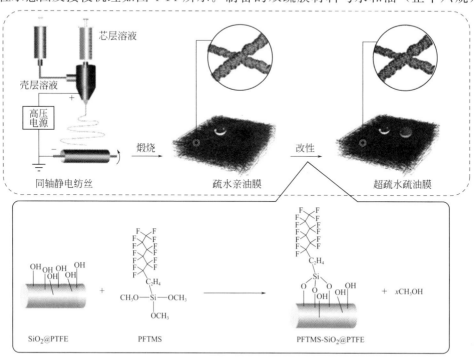

图 4-14　双疏膜制备流程图及表面接枝机理[66]

接触角分别达到 173°和 134°，并且双疏膜在乙醇溶液中进行超声震荡 3h 后，其油、水接触角几乎没有减小，说明该双疏膜具有良好的稳定性。

采用低温等离子体轰击膜材料表面，使其表面分子的化学键被打开；低表面能单体在等离子体的作用下部分化学键会打开，与膜表面的基团接枝从而获得双疏表面[67-69]。低温等离子体能量可控、活化能力强、对基材本体影响小[70,71]。Feng 等[72]首先采用原子层沉积法将纳米尺度的 ZnO 粒子均匀沉积在 PTFE 膜纤维表面，可有效提高纤维膜的表面粗糙度，增强纳米纤维刚性，维持纤维结构稳定。随后经等离子体接枝低表面能全氟单体（全氟癸基丙烯酸酯），降低表面能，使其具有疏水疏油性能。全氟单体在等离子体作用下与 PTFE 膜发生接枝反应的机理如图 4-15 所示。在等离子体活化作用下，C＝C 双键键能（620kJ/mol）相比 C＝O 双键键能（798kJ/mol）更低，更加活泼，C＝C 双键更容易打开进而与 ZnO@PTFE 膜之间的活性单元发生接枝反应。结果表明，该双疏膜的油（正十六烷）和水接触角分别达到 125°和 150°。

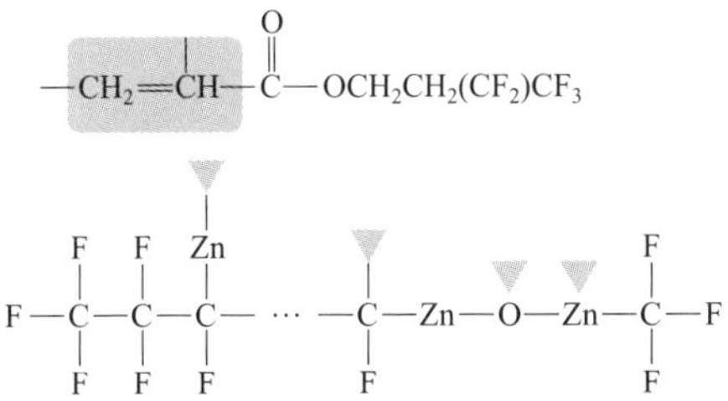

图 4-15　全氟单体在 PTFE 膜表面的接枝机理[72]

表面接枝法可直接在膜材料表面接枝上低表面能单体，也可以先在膜表面引入活性基团作为中间体，然后再以这些活性基团为反应位点进行接枝共聚，使得低表面能单体与膜表面形成稳定的化学键结构。另外，还可以改变单体的引入方式，比如通过气氛、喷雾等方式引入低表面能单体，避免或减小液体表面张力对纤维的聚结作用，将有助于保持膜结构稳定。随着等离子体技术及装备的发展，常压气氛处理或喷雾引入单体的方式将是大规模等离子体改性制备双疏膜的出路。另外，在单体选择方面，选用小链段的单体，将有助于减小长链单体接枝后导致的膜孔堵塞问题。

（2）浸渍法

浸渍法是指直接将膜材料浸没在低表面能溶液或分散液中，低表面能单体或化合物通过物理吸附的方式附着在膜表面。从操作方式上，主要分三种方式：①将纳米粒子预先附着在膜表面，随后通过浸渍附着低表面能单体；②将纳米粒子与低表面能单体结合，随后通过浸渍，将其附着在膜表面；③将制备好的纳米纤维膜直接通过浸渍处理获得双疏表面。

采用方式①的实例。Fan 等[73]首先采用传统的非溶剂诱导相分离工艺制备具有第一重凹角表面结构的聚砜膜，然后通过溶胶-凝胶过程在聚砜膜表面原位生长尺寸不同的二氧化硅纳米颗粒以提供第二重凹角结构。制备好的聚砜膜浸渍在全氟辛基三乙氧基硅烷溶液中进行氟化改性处理后，对水、正十六烷、乙二醇或液体石蜡均表现出良好而稳定的排斥性能。此外，还可以通过对基体材料进行预处理，以产生表面电荷或官能团，促进纳米颗粒与基体的强相互作用。Lin 等[74]首先通过氨基硅烷官能化制备了经碱性处理的 PVDF 膜，通过静电作用将带负电荷的硅纳米颗粒接枝到膜表面上，然后用氟烷基硅烷改性 PVDF 膜来降低表面能。结果表明，改性 PVDF 膜具有超疏水性和疏油性，其水接触角大于 150°，十二烷基硫酸钠（SDS）溶液和矿物油接触角均大于 130°。Khan 等[75]将 PES 膜浸渍在 3-氨基丙基三乙氧基硅烷的乙醇溶液中使膜表面带正电荷，从而增强 SiO_2 纳米颗粒在膜表面的负载量及结合力，然后通过真空过滤的方法将低表面能聚二甲基硅氧烷-氟化烷基硅烷（PDMS-FAS）涂料抽吸在 PES 膜表面，全氟单体与膜基体之间形成稳定的 Si—O—Si 共价键结构。

采用方式②的实例。首先将纳米颗粒进行双疏改性，再将其附着在膜表面，也能有效提高纤维膜的双疏性能。Xu 等[76]采用不同的全氟单体［$1H,1H,2H,2H$-全氟辛基三氯硅烷（FOTS），$1H,1H,2H,2H$-全氟癸基丙烯酸酯（PF-DAE），$1H,1H,2H,2H$-全氟辛基三甲氧基硅烷（PFTMS）］对 SiO_2 纳米颗粒进行氟化浸渍改性，低表面能全氟链段接枝在 SiO_2 纳米颗粒表面，从而制备具有疏水疏油性能的 SiO_2 纳米颗粒。通过对比考察发现，PFTMS 接枝 SiO_2 纳米颗粒达到了超双疏效果，其油（正十六烷）和水接触角分别为 154°和 171°。随后分别采用浸渍法和抽滤法将 PFTMS-SiO_2 双疏纳米颗粒负载到多孔 PTFE 纤维表面，获得具有双疏性的 PTFE 纤维膜。浸渍法很难将纳米颗粒沉积在孔道中，且与膜之间的附着力较差，双疏纳米颗粒很容易从膜上脱落。采用抽滤法制备的双疏型 PTFE 纤维膜表现出了较好的双疏性能，并且涂料在气流的作用下渗入到孔道中。实验结果表明，其油（正十六烷）和水接触角分别为 123°和 146°。

采用方式③的实例。将制备好的纳米纤维膜直接通过浸渍处理降低表面能，获得具有双疏功能的纳米纤维膜。区别于浸渍接枝，该过程的低表面能物质主要依靠物理作用结合。Lin 等[65]采用静电纺丝法制备了聚间苯二甲酰胺（PMIA）纳米纤维膜，然后将其浸渍在全氟硅烷溶液中进行氟化改性，降低其表面能，使得 PMIA 纳米纤维具有双疏功能。研究表明，双疏型 PMIA 纳米纤维具有良好的热稳定性。Mao 等[77]首先采用静电纺丝的方法制备二氧化硅纳米纤维（SNF）膜，然后将新合成的含氟聚氨酯（FPU）浸渍在纤维表面，制备了具有双疏功能的 SNF/FPU 纳米纤维膜［图 4-16（a）］，该膜具有良好的防水透气性能。研究结果表明，当浸渍溶液 FPU 的含量为 1%时，SNF/FPU 纤维膜的双疏性能最好，其油水接触角分别达到 147°和 121°［图 4-16（b）］。

浸渍法工艺条件温和、操作简单，适用于不同类型基材，应用范围较广。在浸渍处理过程中，需考虑浸渍顺序对膜材料微结构的影响，可通过匹配纳米粒子

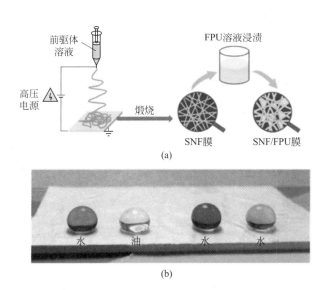

(a)

(b)

图 4-16　SNF/FPU 纤维膜制备示意图（a）；
双疏膜表面油滴、水滴的光学照片（b）[77]

的尺寸与单体的种类，降低由于浸渍引发的膜结构变化；在纳米粒子与膜结合方面，静电作用、毛细作用是保证单体与膜微结构充分接触并附着的前提。由于简单的物理作用不能保证纳米粒子与基膜的紧密结合，存在纳米粒子脱落而导致表面性能不均一的可能[78]。因此，该方法制备的双疏膜不适合在比较苛刻的气体净化环境使用。

　　将纳米粒子与低表面能溶液混合，喷涂在膜材料表面，当涂层发生降解或损坏时，可通过重新喷涂进行修复，在制备双疏膜表面上具有很大的潜力[79-81]。Zhou 等[81]制备了一种双疏型纳米颗粒的水性涂料体系（Zonyl@321）和全氟硅烷（FAS），喷涂在织物、有机或无机纤维膜等基材表面，均获得良好的双疏性能。为了提高涂料的结合强度及涂覆量，对膜材料表面进行预先功能化处理，增强表面电荷性。Li 等[82]预先对 PVDF 膜进行表面氨基化处理，使得膜表面含有大量的正电荷，利用静电吸附作用将氟碳表面活性剂（FS）、氟化烷基硅烷（FAS）及二氧化硅纳米颗粒的混合水溶液吸附在膜表面，赋予 PVDF 膜双疏性能，其制备过程如图 4-17 所示。结果表明，制备的双疏性膜对液体具有很好的排斥性，其水、二碘甲烷、矿物油及 SDS 溶液的接触角均超过 150°。相比于浸渍法，喷涂法同样需要考虑纳米粒子尺寸与膜材料基本结构的匹配关系。通常情况下，纳米粒子越小越好。二者的区别是喷涂可最大限度防止由于浸渍过程引起的膜材料微结构改变，维持膜材料基本结构稳定，还可通过调整喷涂次数以整体控制涂层量。另外需要说明的是，喷涂过程多是对膜材料表面改性，其对膜材料内部的改性能力较差，因此，喷涂法在制备非对称界面膜上优势明显。

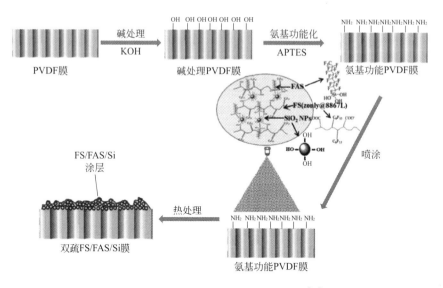

图 4-17   FS/FAS/Si 膜的制备流程图[82]

（3）气相沉积法

化学气相沉积是利用含有低表面能物质的一种或几种气相化合物或单体，在膜表面上进行化学反应生成薄膜的方法。物理气相沉积是直接将低表面能化学物质气化后沉积在膜表面，该方法利用的是全氟链段与膜材料基体之间的物理亲和作用，因此对膜基材的要求不高，适用范围较广。Nadir 等[83]首先通过原位溶胶-凝胶法在制备好的纤维素纳米纤维上合成硅纳米颗粒，然后采用化学气相沉积法在其表面沉积全氟烷基硅烷以降低表面能，赋予 SiNPs 纤维素纳米纤维双疏性能。结果显示，其水接触角达到 150.6°，对 SDS、矿物油及乙醇均有排斥性。Wu 等[84]将聚偏氟乙烯-六氟丙烯（PVDF-HFP）纳米纤维膜置于含有全氟辛基三氯硅烷单体的密闭干燥器中，然后将干燥器放在真空度为 20kPa，温度在 50～120℃的烘箱中 5～40h，气化后的全氟单体沉积在膜表面，制备出双疏型 PVDF-HFP 纳米纤维膜。该方法不需要对制备好的纤维进行表面活化前处理，而是以物理的方式将低表面能物质沉积在膜上，获得双疏表面，水和乙醇的接触角分别为 154.1°和 122.6°。该方法能够在膜表面形成更薄的氟化层，对膜的孔结构影响比较小，单体在膜表面附着比较均匀。与喷涂法类似，气相沉积往往只作用在膜表面，对膜内部影响较小。

表 4-2 从改性机制和优缺点等方面对比总结了不同的双疏膜改性方法。

表 4-2   不同双疏膜材料改性方法对比

改性方法	机制	优缺点	参考文献
湿法接枝	低表面能单体以化学键的形式与微孔膜表面键合	制备的双疏膜稳定性好,但需要在膜表面引入活性位点	[66,85]
热压接枝	膜材料与低表面能单体之间交联反应	需要高温热处理,对膜材料结构影响较大	[86]
等离子体接枝	等离子体活化表面,接枝选定单体	能量可控,活化能力强,对基材本体影响小,但对环境真空度要求高,大规模应用难度大	[87]
浸渍法	低表面能单体或双疏纳米颗粒以物理吸附的方式附在膜表面	工艺条件温和,操作简单,应用范围广,但浸渍过程对膜结构的影响较大,纳米粒子易脱落	[73,76,88,89]
喷涂法	双疏涂料雾化喷涂在膜表面	通过重新喷涂可修复表面涂层的损坏,但对膜材料内部的改性能力较差	[81,82]
气相沉积法	低表面能气体分子沉积在膜表面	在膜表面形成更薄的氟化层,对膜孔结构影响小	[83,84]

4.3.2.2   双疏膜在气体净化中的应用及机理研究

双疏膜凭借其表面疏水、疏油的特点,在气体净化中具有良好的抗污染与自清洁等优点。在高湿度、高黏、含微生物等不同的气体净化体系中,双疏膜相比于常规膜材料,在高效拦截颗粒物的同时,还可防止结露以及由微生物附着引起的滤饼沉积,大幅提高气体净化效率与膜材料的使用寿命。在面向含油气溶胶体系时,普通膜材料难以胜任,而双疏膜压降稳定,展现出良好的应用前景。

Xu 等[76]将通过浸渍抽滤纳米粒子制备的 PTFE 双疏膜应用于玉米油气溶胶净化研究中,控制过滤流量为 6.67L/min,过滤面积为 7.07cm²,气溶胶浓度为 1320mg/m³,结果如图 4-18(a)所示。经双疏 PTFE 膜及普通 PTFE 膜过滤后的玉米油气溶胶浓度分别为 6mg/m³ 及 21mg/m³,双疏膜展现出了较好的玉米油气溶胶过滤效率,达到 99.5% 以上。从过滤阻力分析上看,普通 PTFE 膜表面黏附的油滴使得过滤压降在 6min 内急剧增加到 35kPa [图 4-18(b)]。双疏膜的过滤压降在长时间过滤情况下略有增加,最后稳定在 8.25kPa。随后通过去离子水超声清洗、干燥后考察双疏膜的稳定性。随着双疏膜清洗次数的增加,其截留率出现了稍微降低现象,过滤压降略有增加 [图 4-18(c)],这可能是由于清洗过程中纳米粒子脱落,导致膜表面双疏性降低。

Feng 等[72]对比研究了普通 PTFE 膜及全氟癸基丙烯酸酯接枝的 ZnO@PTFE 双疏膜的焚香气溶胶过滤性能。其膜孔径为 5μm,调节阀门控制气体流量在 1L/min,测试面积为 7.07cm²(φ=3cm),结果如图 4-19 所示。普通 PTFE 膜的初始过滤压降约为 0.5kPa，随着过滤时间的增加，压降呈指数增加。双疏膜的初始压降相对较低，且随着时间的延长，压降增加缓慢，体现了良好的抗污染性。双疏膜对焚香气溶胶截留率约 99.5%，出口浓度低于 0.50mg/m³。结果表明，相比于原膜，双疏性 PTFE 纤维膜在油性气溶胶过滤中的过滤阻力大大降低，并能够保持较高的截留性能。

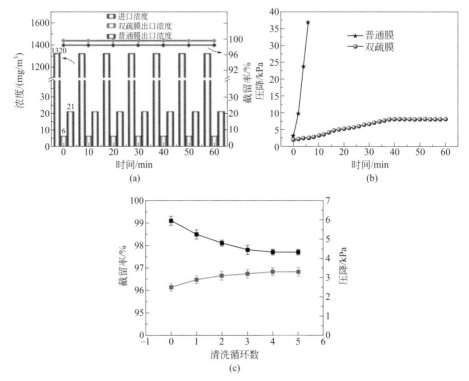

图 4-18　双疏膜的油烟气截留性能（a）；PTFE 膜和 PTFE 双疏膜在含油烟气过滤过程的压降变化图（b）；双疏膜的循环过滤性能（c）[76]

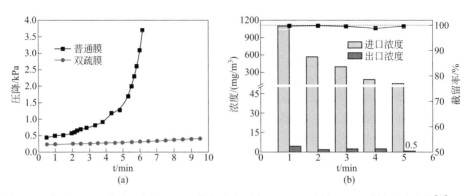

图 4-19　普通 PTFE 膜及双疏性 PTFE 膜的过滤压降（a）；双疏性 PTFE 膜的过滤性能[72]（b）

图 4-20（a～c）给出了从最基本的过滤单元入手分析亲油性、疏油性纤维对油气溶胶的过滤机制。对于亲油纤维，油气溶胶颗粒随气流经过纤维，通过扩散、惯性、拦截等作用机制附着在亲油的纤维上。由于油滴与亲油性纤维表面之间具有很大的黏附力，这使得过滤的油滴会牢牢地黏附在纤维表面。随着过滤时间的延长，油滴越聚越多，最后在亲油膜表面形成一层油膜 [图 4-20（b）]，在重力的作用下也很难滑落，导致堵塞其过滤通道，增加了过滤膜的气体阻力 [图 4-20（d）]。而对于双疏纤维，由于纤维表面的疏油特性，过滤的油滴在纤维表面呈油滴状 [图 4-21（c）]。随着时间的延长，膜表面集聚形成的小油滴不断变大，直到油滴自身的重力大于其与双疏膜表面之间的黏附力，油滴在重力的作用下逐渐从双疏膜表面滑落，使得双疏膜具有再生功能，如图 4-20（e）所示。同时，较低的黏附力也有利于双疏膜的清洗，增强了其重复使用性能[90]。

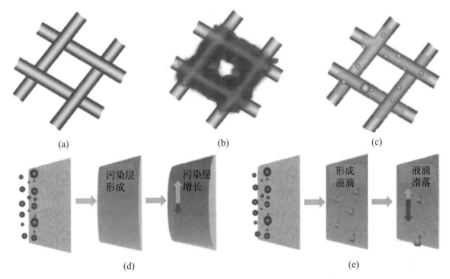

图 4-20　油烟在纤维及膜面的过滤机理分析[90]

(a) 过滤前膜纤维结构示意图；(b) 亲油膜纤维上油的附着示意图；
(c) 疏油膜纤维上油的附着示意图；(d, e) 普通 PTFE 膜与双疏型 PTFE 膜的油烟过滤机制分析图

Zhu 等[66]将经一步法静电纺制备的 SiO$_2$@PTFE 纳米纤维膜浸渍氟化处理，考察了具有双疏性质的 F-SiO$_2$@PTFE 纳米纤维膜对玉米油气溶胶的过滤性能。通过气溶胶发生器产生稳定的玉米油气溶胶源，其粒径大约 0.26μm，进口浓度为 200mg/m^3。持续 60min 过滤后，PTFE、SiO$_2$@PTFE 和 F-SiO$_2$@PTFE 纳米纤维膜的出口浓度分别为 5.1mg/m^3、11.5mg/m^3 和 1.84mg/m^3。由于 PTFE 纳米纤维膜相对改性后的膜孔径较小，因此其出口浓度比 SiO$_2$@PTFE 纳米纤维膜的低。双疏膜的孔径大于 PTFE 纤维膜，但其出口浓度最低。实验结果表明，F-SiO$_2$@PTFE 纳米纤维膜表现出最高的玉米油气溶胶过滤效率（99.08%），

并且其过滤压降能够稳定在 2.5kPa 左右。

也有研究认为双疏膜在对油性气溶胶过滤时，由于纤维表面的疏油特性，当小油滴以一定的速度到达纤维表面时，小的油滴就像弹球一样来回反弹[91]。在弹跳过程中，小油滴可能会相互碰撞或与后来到达的油滴碰撞变得越来越大，直到它们太大而无法弹跳为止，以液滴状离散分布在孔道中。但是较大的油滴也将占据一定的孔体积，增加气体阻力[92,93]。在保持过滤流量一定的情况下，孔道中的间隙气流速度增加，给液滴带来较大的推动力，当推动力大于液滴与纤维表面之间的黏附力时，液滴沿着气体流动的方向移动[94]。同时，大油滴依靠自身的重力也会发生移动。在两者的协同作用下，油滴离开纤维膜，双疏膜又恢复其有效过滤面积，当排出的液体量等于新收集的液体量时，达到动态过滤平衡。在保持进口浓度、流量等一定的情况下，这种动态平衡将会一直保持。因此，随着时间的推移，双疏膜依然能够维持很好的油性气溶胶过滤性能[95-97]。然而对于亲油纤维，油滴将会优先在纤维表面快速铺展开，并且在纤维的交叉处合并形成液膜，堵塞膜孔，降低过滤器的有效孔尺寸及有效过滤面积[98]。

4.3.3 非对称润湿型纳米纤维膜

近年来，Janus 膜受到越来越多的关注与研究。Janus 是古罗马神话中的"双面神"，因而把正反两面具有不同性质的膜材料称为 Janus 膜[99]。其中，两侧具有浸润性差异的 Janus 膜称为非对称浸润性膜，如在厚度方向上呈现出亲水性-疏水性、亲油性-疏油性等结构的膜材料。在这种特殊表面物理化学性质的驱动下，液体在三维多孔膜材料横截面层间会发生各向异性运输，即液体"二极管"现象[100,101]。以亲水/疏水膜为例，如图 4-21 所示，水滴可以轻易地从疏水侧穿透到亲水侧，但当膜反向放置时，则对液滴的通过产生一定程度的阻塞。

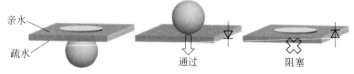

图 4-21 非对称浸润性膜液体"二极管"现象示意图

4.3.3.1 非对称浸润性膜的结构

根据膜结构将 Janus 膜分为三种类型：A-on-B、A-and-B、A-to-B，其中 A、B 代表浸润性具有显著差异的两种组分[99]，如图 4-22 所示。A-on-B 型：膜的 A 层要比 B 层薄得多，但对膜的表面性质有显著影响。A-and-B 型：A 层和 B 层厚度相似。A-to-B 型，在膜的横截面上呈现出 A 到 B 的递进变化。类似的，根据膜截面上浸润性变化的特点，将非对称润湿性膜材料分为突变润湿型（opposite wettability）和梯度润湿型（wettability gradient）[101]。事实上，突变润湿型同时包含 A-on-B 型和 A-and-B 型，梯度润湿型的定义则与 A-to-B 型一致。突变润湿型和梯度润湿型结构的膜材料都在湿度调节、雾收集、油雾过滤、油水分离、乳化等方面有广泛的应用。然而，前者具有明确的界面将两个浸润性完全不同的区域连接起来，而后者则需要通过特殊的制备方法来保证浸润性的递进变化。

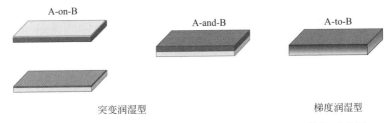

图 4-22　非对称浸润性膜 A-on-B，A-and-B 和 A-to-B 结构示意图

（1）突变润湿型

制备突变润湿型非对称浸润性膜最常用的方法是分别制备两种不同浸润性的材料并将它们复合在一起。Wu 等[100]通过静电纺丝制备了疏水性聚氨酯（PU）和亲水性聚乙烯醇（c-PVA）并交联得到纳米复合纤维膜；Ding 等也将各种材料（如疏水无纺布/PAN-SiO₂ [102]、疏水醋酸纤维素/水解亲水醋酸纤维素[103]和疏水 PU/亲水多孔 PAN[104]等）通过静电纺丝法制备成非对称浸润性膜；还有一些科研工作者使用类似的方法制备了 ZnO-PVDF/PAN[105]、PU/CA[106]和 TPU/TPU-TBAC[107]等双层非对称浸润性纤维膜。非对称浸润性膜也可以通过真空抽滤，将亲水性和疏水性纳米管[108]或纳米线[109]依次涂在多孔基材上，然后再将其剥离而得到[110]。通过静电纺丝和真空过滤的方法可以精确和便捷地控制膜每层的厚度，但应考虑膜层之间的界面相容性，确保膜的稳定性[99]。此外，利用膜基质内不相混溶组分的迁移或相分离[111,112]（如图 4-23），也可在膜成形期间获得非对称浸润性结构。

同样，也可以对制备好的纤维膜进行单面改性或修饰，制备突变润湿型结构，单面喷涂和电喷涂就是典型的例子［如图 4-23（d）］。Mates 等[113]将纳米黏土/水性氟丙烯酸共聚物单面喷涂在普通纤维素织物上，并用能谱（EDS）验证了涂层仅存在于膜的喷涂侧。Zeng 等[114]通过在亲水织物上电喷涂薄的疏水商用光刻胶（SU-8）涂层，得到非对称浸润性织物。电喷涂过程包括在强电场作用下的液体雾化，通过调节液体流速，实现对涂层厚度的可控性，从而增强对疏水层厚度的可控性。除了疏水性-亲水性结构外，Wei 等[115]对纤维膜进行了浸涂和单面电喷涂处理，获得了在厚度上具有超疏油-超亲油结构的纤维膜。

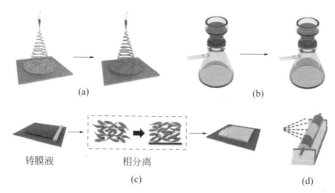

铸膜液　　　相分离

图 4-23　突变润湿型非对称浸润性膜制备方法[111,112]
(a) 静电纺丝法；(b) 真空抽滤法；(c) 相分离法；(d) 喷涂法

如上所述，通过静电纺丝、真空抽滤、相分离等复合方法和喷涂、电喷涂等单面改性方法都能获得突变型非对称浸润性膜，且几乎所有涉及的制备方法都能控制每一层的厚度。然而，只有少数静电纺丝的工作是通过在纺丝液中加入影响膜浸润性的物质来调节某一层的浸润性。基于此，对突变润湿型非对称浸润性膜材料制备的发展趋势提出一种设想：可先将两种浸润性能不同的膜层结合，再根据需要通过单面改性进一步控制某一层的浸润性。

（2）梯度润湿型

大多数梯度润湿型非对称浸润性膜是通过单面改性获得的。单侧紫外线照射是第一个被提出用以制备梯度润湿型非对称浸润性膜结构的方法。2010 年，Wang 等[116]首次报道了一种梯度润湿型膜材料，在这项研究中，采用两步法构建了从超疏水性到亲水性的截面方向上的梯度润湿型结构。首先用含二氧化钛的烷基取代二氧化硅，对商用涤纶织物进行浸涂，再对浸涂后的织物进行单面紫外线照射处理［图 4-24 (a)］。二氧化硅/二氧化钛涂层织物具有超疏水表面，紫外线照射后，由于光催化二氧化钛降解烷基，引入了含氧亲水基团，使得紫外光照射表面亲水，而另一侧表面保持超疏水性不变。光催化反应与光强有关，而紫外光密度沿织物厚度方向衰减，所以光降解率沿织物厚度方向逐渐减小，形成了横跨织物厚度的润湿性梯度。与紫外线照射类似，等离子体处理也可诱导在固体表面产生极性基团（如羟基），最初疏水的聚四氟乙烯织物一侧经过 O_2/H_2 等离子体处理，获得亲水表面，形成疏水-亲水的梯度浸润型膜[117]。单侧沉积也是一种通过溶质扩散获得梯度润湿型结构的方法。例如，Tian 等[117]采用容易与羟基反应的全氟辛基三氯硅烷（POTS）作为疏水剂，利用蒸气扩散技术对亲水棉织物的一侧进行选择性疏水化改性［图 4-24 (b)］。

梯度润湿型结构也可通过静电纺丝方法进行制备。丁彬团队采用静电纺丝法，通过在亲水层和疏水层之间设置双组分混纺中间层来构建梯度润湿型结构。Zhao 等[118]制备了以聚丙烯腈-二氧化硅纳米颗粒（PAN-SiO₂）为外层，聚偏氟乙烯/聚丙烯腈-二氧化硅纳米颗粒（PVDF/PAN-SiO₂）纤维为中间层，聚偏氟乙烯（PVDF）为内层的梯度纤维膜结构［图 4-24（c）］；类似的，Miao 等[119]制备了聚氨酯（PU）/（聚氨酯-水解聚丙烯腈）/水解聚丙烯腈［PU/（CPU-HPAN）/HPAN］三层纤维膜。

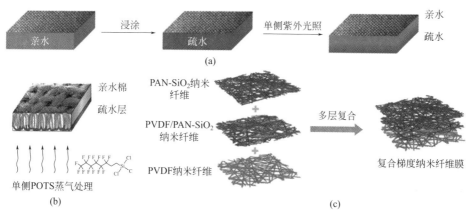

图 4-24　梯度润湿型非对称浸润性膜制备方法[116,117]
（a）单侧紫外光照射法；（b）蒸汽扩散法；（c）三层复合静电纺丝法

综上所述，常用于获得梯度润湿型结构的方法有紫外照射、等离子体处理和单侧沉积等，主要依赖于改性效果在厚度方向上的衰减。然而，需要先进的设备和可行的方法来证实梯度润湿型材料的成功制备。与上述方法制备的连续润湿型梯度不同，通过引入静电纺丝混纺过渡层而得到的结构是不连续的润湿型梯度。

4.3.3.2　非对称浸润性膜的应用及机理

在各表面不同浸润性的作用下，大多数非对称浸润性材料的三维结构中都会出现特殊的"液态二极管"传质现象。就像电路中的电流只能从一个方向通过二极管一样，液体可以很容易地从疏液侧渗透到亲液侧，但当方向逆转时，液体的穿透就会在一定程度上被阻挡。因此，非对称浸润性膜在水分（湿气）管理、集雾、油性气溶胶过滤、油水分离、乳化等方面具有广阔的应用前景。

2010 年，Wang 等[116]发表的关于通过非对称浸润性织物进行定向输水的工作中提出了两种输水机制：①水滴在疏水-亲水梯度的作用下，从疏水层被拉向亲水层［图 4-25（a）］；②疏水侧的水分蒸发后在亲水层冷凝，且疏水-亲水结构可加速水分蒸发凝结的过程，当高浓度的湿气连通疏水层水滴和湿润的亲水层时，就会触发水的定向运输［图 4-25（b）］。基于非对称浸润性膜的定向输水机

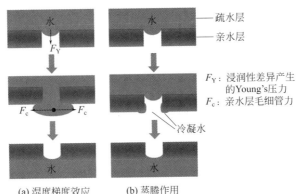

(a) 湿度梯度效应   (b) 蒸腾作用

图 4-25　非对称浸润性织物两种可能的输水机制[116]

理，Zhao 等[118]分别以聚丙烯腈-二氧化硅（PAN-SiO$_2$）、聚偏氟乙烯（PVDF）、PVDF/PAN-SiO$_2$作为超亲水层、疏水层和中间层制备了一种兼具高效透湿性能和 PM$_{2.5}$过滤性能的三层非对称浸润性纤维膜。这种非对称浸润性膜对 PM$_{2.5}$的过滤效率高达 99.99%、过滤阻力仅为 86Pa，水蒸气透过速率高达 13612g/（m^2·d），可用于改善人在穿戴口罩过程中由于呼吸造成口罩内出现湿气、压阻增大的问题。Lao 等[120]研制了一种"类肤"的液体定向传输织物，以亲水性棉织物为原料，用 1H,1H,2H,2H-全氟辛基三乙氧基硅烷（PFOTES）包覆的二氧化钛（TiO$_2$）纳米颗粒对其进行超疏水改性，再通过带图案的网罩进行选择性等离子处理，最终在疏水性织物上形成多孔的梯度润湿型通道，充当局部汗腺。结果显示，这种"类肤"的梯度润湿型膜的透水率比最好的商用透气面料高 15 倍。此外，非对称浸润性膜材料的单向输水机理也适用于雾气的收集。例如，Cao 等[121]将疏水铜网复合到亲水棉上，设计并制作了一种可高效收集雾气的非对称浸润性膜系统。一方面，疏水性的铜网可以防止水在表面的积累，从而避免了不利于雾气收集的二次蒸发；另一方面，亲水性的棉织物能够迅速吸收铜网上产生的水滴，保证疏水表面可持续进行雾气的凝结。非对称浸润性雾气收集系统的性能分别比单独的疏水铜网和亲水棉高出 1.3 倍和 2.2 倍，为沙漠地区产生淡水提供了一种新的思路。

　　在油性气溶胶过滤方面，亲油/疏油结构的非对称浸润性膜材料展现了巨大的应用前景。一般来说，油性气溶胶较易进入亲油膜孔道中，导致油滴被二次夹带到下游气流中，传统的亲油膜展现出相对较低的过滤效率。亲油/疏油结构的非对称浸润性膜材料被提出用于改善油雾过滤膜的过滤效率和阻力。如图 4-26（a）所示，由超疏油膜及亲油膜组成的复合膜材料[91]，当超疏油膜在前而亲油膜在后时，过滤膜对 DEHS 气溶胶小颗粒的去除效率为 98.7%，压降为 11.9kPa。有趣的是，超疏油过滤膜对 DEHS 气溶胶大颗粒的去除率几乎为

100％，当背面附有亲油膜后，其对 DEHS 气溶胶大颗粒的去除效率降低到99.74％。这可能是亲油膜的加入改变了液体的传递路径，前面收集的液滴很容易移动到亲油层，而液体在后面的亲油层会增加其被吹离的机会，造成二次夹带现象，导致过滤膜的过滤性能下降。当排布的前后顺序相反时，对 DEHS 气溶胶小颗粒的去除效率提高到99.3％，而压降仅为9.0kPa。前面亲油膜所聚集的油滴会被后面疏油膜阻挡住，并且背面的疏油膜在排液的过程中起到导流的作用，减少二次夹带，从而提高了过滤性能。

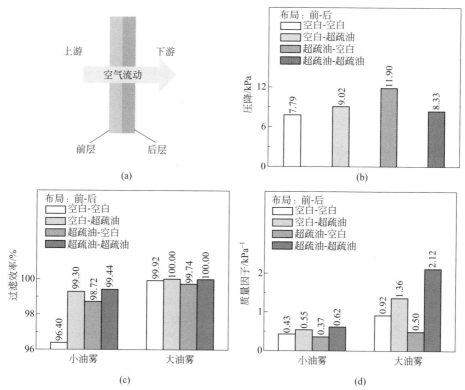

图 4-26　（a）双层过滤器的排布；（b～d）双层过滤膜布局对油雾过滤性能的影响[91]

Liu 等[122]通过在超疏油过滤膜前设置一层薄的亲油性导油纤维层，将滤膜稳态过滤压降降低了20％。当单独使用超疏油滤膜过滤时，油滴会在超疏油表面吸附并聚结，最终堵塞部分孔道。但在设置亲油的导油纤维层后，阻塞在超疏油滤膜表面的油滴被吸入亲油层，使得堵塞的孔道重新打开，降低了滤膜的过滤阻力。然而，在这项研究中，只是将亲油膜和超疏油膜一起使用，并没有在真正意义上制备非对称浸润性膜材料。为了获得在厚度方向上对油具有不同浸润性的一体膜，Wei 等[115]用甘油丙氧基三缩水甘油基醚（GPTE）溶液浸渍纤维膜进行超亲油改性，再在超亲油膜的单面电喷涂全氟烷基丙烯酸共聚物（PFAP）。将制得的膜按不同方向（超亲油面或超疏油面作为过滤面）进行油性气溶胶过滤实验。实验结果表明，超亲油面作为过滤面比超疏油面作为过滤面具有更好的过滤性能。其作用机理与上文述及的机理类似。如图 4-27（a）所示，阻塞在超疏油滤膜表面的油滴可被吸入亲油层，聚集的油滴积累到一定程度后，会在重力作用下在超亲油-超疏油界面排出。此外，超亲油-超疏油非对称浸润性膜还可与超疏油膜结合使用，构建出超疏油-超亲油-超疏油结构。区别于单独使用的超亲油-超疏油非对称浸润性膜，超疏油-超亲油-超疏油三层结构可以在捕获油雾的同时保持良好的渗透性。其中，超亲油层可以充当临时的储油空间来重新分配收集到的油滴，从而可在一定程度上减小油雾进入膜孔的阻力，而聚结的油滴进入后面的超亲油-超疏油界面时则被排斥，并在重力的作用下被排出［图 4-27（b）］。结果表明，超疏油-超亲油-超疏油过滤膜对小油雾（尺寸为 $0.01\sim0.5\mu m$）的过滤效率为 99.45%，对大油雾（粒径为 $0.5\sim20\mu m$）的过滤效率接近 100%，过滤阻力为 9.29kPa。

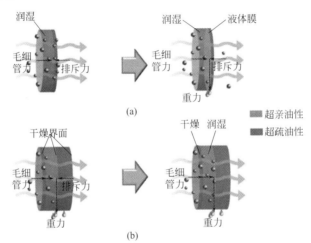

图 4-27 （a）超亲油-超疏油膜结构过滤机理；（b）超疏油-超亲油-超疏油结构过滤机理[115]

4.4　碳纳米管膜

4.4.1　概述

碳元素是地球上最重要的元素之一，它不仅构成了人类生命骨架，更在方方面面影响着人类的生活。早在人类文明起源时期，碳便以木炭、煤炭、墨这类生活用炭的形式出现在日常生活中；17 世纪进入工业革命后，焦炭、石墨、活性炭等材料成为工业用炭的主流；随着工业的进一步发展，热解石墨、热解炭等精细碳材料在 19 世纪初期发挥着重要作用；随着科技的迅速发展，具有优异性能的纳米碳材料逐渐成为现今的研究热点（如图 4-28）。碳纳米管（CNTs）是由石墨烯片层卷曲形成的中间空、两端闭合的圆筒状纳米材料。根据构成的石墨烯片层数量的不同，可以分为单壁碳纳米管（石墨烯片层数＝1）和多壁碳纳米管（石墨烯片层数≥2）。碳纳米管具有大比表面积、强热稳定性、较好的耐碱性、高杨氏模量以及高机械强度等优异性能，被广泛应用于电化学、储能储氢材料、催化、分离等领域。

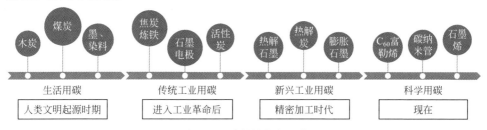

图 4-28　碳材料的发展史

以碳纳米管为组分制备成的膜统称为碳纳米管膜。根据其应用领域，可分为碳纳米管气固分离膜和碳纳米管催化膜。其中，碳纳米管气固分离膜是指用于过滤气体中颗粒物以实现气体净化的一类膜。由于碳纳米管膜有高孔隙率和较小的直径，能够对气体中超细的固体颗粒物或者气溶胶进行高效筛分拦截，同时保持较小的过滤阻力，因此常被用来去除气体中 $PM_{2.5}$、细菌病毒、厨房油烟等固体颗粒物。而碳纳米管催化膜是指能够实现对气体中氮氧化物或者挥发性有机物催化降解的负载催化剂的碳纳米管膜。由于碳纳米管具有较高的比表面积（理论值为 $2630 m^2/g$）和较大的长径比（管长为微米级，直径为纳米级），因此相较于其他催化剂载体，碳纳米管膜有更大的催化剂负载量，在 VOCs 和 NO_x 催化降解中具有很高的应用潜力。

4.4.2　碳纳米管膜的制备方法

碳纳米管膜的自支撑性较差，常常需要借助一定的支撑体制备成具有实际应用价值的碳纳米管复合膜。目前常见的支撑体材料有聚合物纳米纤维、陶瓷、玻璃纤维、金属网格等。由于支撑体本身性质和碳纳米管两方面的因素，不同碳纳米管复合膜的制备方法有所不同，具体见如下所述。

4.4.2.1　碳纳米管/聚合物复合膜的制备

聚合物纳米纤维是一种常见的、用于制备碳纳米管复合膜的材料。由于聚合物纳米纤维不耐受高温，难以采用化学气相沉积法等制备碳纳米管膜，因此常常将制备好的碳纳米管通过热压或者静电纺丝的方法与聚合物纳米纤维混合制备复合膜。

汪策等[123]将多壁碳纳米管加入到聚苯乙烯（PS）纺丝液中，通过控制静电纺丝条件制备出表面有"褶皱"和"山峰"形突起的CNTs/PS复合纤维膜。在85L/min的过滤速度下，该复合膜对平均粒径为260nm的NaCl气溶胶的过滤效率为99.95%，过滤压降为374.5Pa。这种将碳纳米管作为静电纺丝原材料制备出的复合膜。虽然有较好的过滤效率，但过滤压降较高。为此，Yildiz等[124]提出了一种边缘热压的方法制备复合膜。将取向均一的单层CNT板叠放在聚丙烯（PP）织物上，然后再取一个相同聚丙烯织物层放置在CNT顶部，将CNT片层夹在中间，接着另取一片CNT板旋转90°（与第一层CNT取向交叉）叠放在聚丙烯织物上，重复操作直至第三层CNT片放置完成后盖上最后一层聚丙烯织物，再将整个过滤器结构通过热压，将聚丙烯织物边缘黏合在一起形成坚固的CNT/PP复合膜。在10cm/s的过滤速度下，该复合过滤器对 $0.3\mu m$ 的粉尘过滤效率达99.98%。用这种方法制备的复合膜，由于碳纳米管与聚合物纤维连接部分较少，会存在结合强度低的问题。

Wang等[125]以熔化电纺出的聚醚酰亚胺纳米纤维作为胶黏剂，将4层连续排列的CNTs片材叠合后与聚酰亚胺（PI）纳米纤维膜热黏在一起制备出高温CNTs/PI复合膜（图4-29）。研究表明，在5.3cm/s的过滤速度下，CNTs/PI复合膜对 $0.3\mu m$ 颗粒物的过滤效率高达99.99%，过滤压降为120Pa。并且由于CNTs片材的存在，制备的混合过滤器抗拉强度增加9MPa，且能在 $200\sim250℃$ 下稳定运行。这种热压纺丝法制备的复合膜的优点是具有较高的过滤效率、较低的过滤压降和较大的机械强度。Yildiz等[126]采用了一种新的静电纺丝技术制备碳纳米管复合膜，他们将CNTs片层织物卷曲在旋转轴上，在机械轴转动的同时将聚氧化乙烯（PEO）通过静电纺丝技术电纺到CNTs上（图4-30），CNTs的占比可通过调节转速实现0%、15%、30%、60%、100%的调控。然后，再通过热压制备不同碳纳米管含量的CNTs/PEO超高效过滤器。在15cm/s的过滤速度下，复合过滤器对 $10\sim300nm$ 的气溶胶颗粒过滤效率最高达99.9981%（15%CNTs含量）。这种方法不仅降低了原材料成本，并且能够实现复合膜的可控制备，具有较好的应用价值。

4.4.2.2 碳纳米管/无机纤维复合膜

常见的碳纳米管/无机纤维复合膜包括碳纳米管/玻璃纤维复合膜、碳纳米管/金属网格复合膜和碳纳米管/碳纤维复合膜。由于无机纤维具有良好的热稳定性，且具有较大的孔隙结构，常采用化学气相沉积法制备。

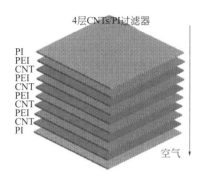

图 4-29 4 层 CNTs/PI 复合膜的结构示意及实物图[125]

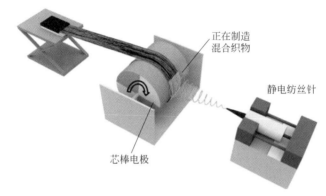

图 4-30 CNTs/PEO 复合膜制备示意图[126]

Park 等[127]以纤维直径约 $12\mu m$、孔分布为 10 至 $50\mu m$ 且经过多次烧结后的不锈钢网格为基底，以不同比例的氢气/乙炔混合气为反应物，制备出 CNTs/金属复合膜，碳纳米管的存在大大缩小了不锈钢网格孔径，增加了其对颗粒物的捕获率，并且提高了膜对颗粒污染物的容纳量，使过滤性能大大提升，对直径小于 200nm 的颗粒物的过滤效率可达 98%。虽然碳纳米管/金属网格复合膜具有较好的机械强度，但金属基底和碳纳米管结合力较弱，在使用过程中会存在一定的碳纳米管脱落现象。Li 等[128]通过气溶胶技术与浮动催化化学气相沉积法相结合的方式，在 760℃下，以乙烯和二甲苯为反应物，成功在玻璃纤维基底上制备了具有梯度纳米结构的 CNTs/QF（玻璃纤维）复合膜。复合膜具有三层结构，顶层碳纳米管含量为 2.97%，中间层碳纳米管的含量为 0.68%，底层碳纳米管含量为 0.56%。这样的多层次结构有助于提高复合膜的性能，对最易穿透粒径（MPPS）颗粒污染物的过滤效率提升 1 个数量级，且使用寿命也有大幅提升。

4.4.2.3 碳纳米管/陶瓷复合膜

无机陶瓷支撑体具有化学稳定性好、机械强度大、耐高温等优点，但比表面积较小，因此常通过负载碳纳米管制备出性能优异的碳纳米管/陶瓷复合膜，主要的制备方法也是化学气相沉积法。

Xu 等[129]以泡沫镍为支撑体，二甲苯和二茂铁作为反应物，通过化学气相沉积法制备 CNTs 膜，并通过浸涂法将二氧化钛催化剂负载在 CNTs 膜层上，制备出 TiO_2/CNTs 泡沫镍复合膜。这种方法制备的复合膜，既保留了泡沫镍基底气体通量高的优点，同时还有较好的疏水性和催化性能。研究表明，复合膜对粒径 40nm～8μm 的厨房油烟过滤性能高达 99.6%，压降维持在 2.0kPa 以下，并且还对油酸具有 76.7% 的光催化降解率。Halonen 等[130]以多孔 Si/SiO$_2$ 陶瓷为支撑体，在 770～785℃ 下通过化学气相沉积在孔道中制备出取向均一的碳纳米管膜，同时，将复合膜浸渍在乙酸钯溶液中制备了 Pd@CNTs/（Si/SiO$_2$）复合膜（图 4-31）。研究表明，复合膜对 0.3μm 颗粒物的过滤效率高达 99%，并且对氢气还原为丙烷的反应具有较高的催化活性。Zhao 等[131]以二甲苯和二茂铁作为反应原料，在 850℃ 下通过催化浮动化学气相沉积法成功制备 CNTs/Al$_2$O$_3$ 除尘复合膜，复合膜具有多层次孔道结构，氧化铝的大孔保证了复合膜较好的气体渗透性能，表面致密的碳纳米管膜层赋予复合膜较好的固体颗粒物过滤性能。研究结果表明，复合膜对粒径 300nm 粉尘的过滤效率高达 99.9999%，过滤压降为 2.25kPa。相比较于聚合物纤维支撑体和无机纤维支撑体，以陶瓷支撑体制备成的气体净化膜具有相对较大的过滤压降，但耐热性能十分优异，更适用于高温复杂的工业烟气处理，而不适用于家用空气净化材料。

图 4-31　Pd@CNTs/（Si/SiO$_2$）复合膜示意图（a）和电镜图（b）[130]

4.4.3　碳纳米管膜在气体净化中的应用

碳纳米管膜因其特殊的结构而具有比表面积大、气体渗透性好、耐热性好等优点，常用于空气中固体颗粒物的去除、油烟分离催化、臭氧降解等；此外，碳纳米管膜还具有优异的抗菌性能，可以杀死空气中的微生物。

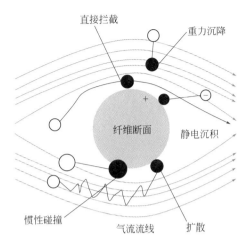

直接拦截　　　重力沉降

纤维断面

静电沉积

惯性碰撞　　气流流线　　扩散

图 4-32　纳米管过滤颗粒物的五种机理[133]

4.4.3.1　超细颗粒物的去除

根据努森系数与纤维直径之间[132]的关系：纤维直径小于 13.2nm 时，通过纤维的气流形式是层流；当 13.2nm＜纤维直径＜528nm 时，气流以过渡流形式流经纤维，碳纳米管的直径通常在 2～500nm 之间，因此通过碳纳米管纤维的气流以分子自由流和过渡流为主，碳纳米管对气流的阻碍作用小，这使得碳纳米管膜在进行细小颗粒物过滤时，能够保持较低的过滤压降。并且，碳纳米管通过惯性碰撞、直接拦截等方式（图 4-32）能够有效过滤气体中的颗粒物[133]，达到净化气体的目的。这使得碳纳米管膜在气体净化方面具有较为广泛的应用和竞争优势。

Li 等[134]制备了一种深度分层的 CNTs/QF 复合膜，用于空气中亚微米气溶胶的高效过滤，原始的玻璃纤维支撑体的孔径在 $3.49\mu m$，比表面积为 $3.12m^2/g$。其对 100nm 和 300nm 的气溶胶过滤压降为 0.56kPa，过滤效率分别为 99.99651％和 99.9862％。生长在玻璃纤维上形成刷状结构的 CNTs 大大提高了支撑体的各项性能：复合膜孔径降低为 $1.31～2.34\mu m$；比表面积提高 12 倍，为 $42.83m^2/g$；对 100nm 和 300nm 的气溶胶过滤压降增加至 0.84kPa，但过滤效率分别为 99.9999785％和 99.999745％。这是因为 CNTs 不仅在玻璃纤维表面生长，在孔道中也有存在，纤细致密的碳纳米管可以保证较低的气体流动阻力，避免了压降的急剧上升；此外，均匀生长的碳纳米管将 NaCl 气溶胶拦截在复合膜的表面，且都附着在碳纳米管上。这表明，大比表面积的碳纳米管有利于去除颗粒物。

Yang 等[135]制备了一种三维 CNTs/不锈钢气体过滤复合膜，研究了其对焚香烟气这种油烟颗粒物的过滤性能。结果表明，初始的不锈钢网对于 $PM_{2.5}$ 和 $PM_{2.5～10}$ 不存在过滤性能，而复合膜对于 $PM_{2.5}$ 具有 95.7％的过滤效率，对 $PM_{2.5～10}$ 颗粒物的过滤效率也高达 96.45％。经过 3 次循环实验后，复合膜仍能保留对颗粒物有高于 93％的过滤效率。然而在第 4 次循环过滤实验中，由于碳纳米管在多次电阻（3.1A 和 12.7W）加热清洗下有所损耗，因此对颗粒物 $PM_{2.5}$ 的过滤效率降低为 75.6％。这表明，复合膜至少可以平稳运行 3 个周期，即平稳运行 30h。

4.4.3.2　气相污染物的治理

较大的比表面积使碳纳米管对气体污染物有较大的吸附容量，并且通过催化剂的负载改性可以实现碳纳米管膜对挥发性有机物（VOCs）、臭氧（O_3）、二氧化硫（SO_2）等气体污染物的高效去除。

Yang 等[136]通过化学气相沉积法在活性炭（ACF）上制备了 CNTs/ACF 复合膜，复合膜对浓度为 $300\mu g/L$ 的臭氧（$2.5L/min$）去除率高达 99.14%；Yang 等[136]还将 CNTs/ACF 复合膜用于甲醛吸附。最开始时，ACF 过滤器对甲醛有 50% 的去除率，在 $1.5h$ 后迅速变为零；而 CNTs/ACF 复合膜最开始的甲醛去除率为 85%，$1h$ 后，甲醛去除率低于 30%，并在 $6.5h$ 后丧失对甲醛的去除作用。经计算，CNTs/ACF 复合膜对甲醛的吸附量为（62.49 ± 4.52）mg/g，是 ACF 吸附量（19.11 ± 1.71）mg/g 的三倍，并且复合膜对粒径为 $145.9nm$ 的粉尘过滤效率达 95.97%，比 ACF 过滤器提高 25%。结合该团队之前的"CNTs/QF 的甲醛吸附量较 QF 提升 100 倍，从 $0.26mg/g$ 提升到 $27.58mg/g$"的研究结论，我们可以确认 CNT 在去除甲醛方面的有效性。但这种复合膜对甲醛的去除原理仅仅是物理吸附，到达吸附容量后对甲醛的去除效果就大大降低甚至为零，因此，开发对甲醛具有化学降解的碳纳米管膜还需要进一步的研究。

Feng 等[137]将过滤涂覆技术和水热法相结合，制备了 UiO-66-NH_2@CNTs/PTFE 复合膜（图 4-33）。在 $2.0m/min$ 的过滤速度下，膜对 300nm 粉尘的过滤效率高达 99.997%，压降维持在 160Pa。原始 PTFE 滤材孔径较大，无法拦截较小的气溶胶颗粒。UiO-66-NH_2 和 CNTs 的存在可以有效地修饰 PTFE 的孔道结构，降低了 PTFE 滤材的孔径，使得复合膜能够以筛分机理去除大量的粉尘颗粒。此外，复合膜中碳纳米管的高比表面积提高了多巴胺的负载量，使得能够吸附 SO_2 的胺自由基增多，复合膜表现出优异的 SO_2 吸附性能。同时，UiO-66-NH_2 较小的孔径和大的比表面积也有助于提高 SO_2 的吸附容量（达到 0.6mmol/

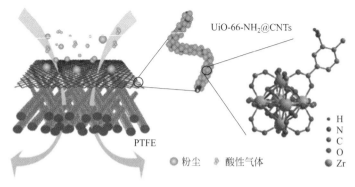

图 4-33　多功能 UiO-66-NH_2@CNTs/PTFE 复合膜示意图[137]

g)。这种复合膜实现了除尘和气体污染物协同治理的功能化应用,为室内空气净化设计提供了新的研究方向。

4.4.3.3 微生物的去除

碳纳米管去除微生物的作用机理主要有两点。一是碳纳米管膜致密的结构可以直接将微生物过滤拦截,达到去除微生物的目的。二是碳纳米管是一种典型的长纳米纤维,对细菌微生物等存在一定的毒害作用[138],原因是长纤维碳纳米管会刺穿细菌的细胞膜,而细胞膜无法完全吞噬纤维,对长纤维（>20μm）的清除速度较慢,会导致其细胞膜完整性被破坏,引发炎症（图 4-34）,最终导致细菌微生物失活,从而实现环境中细菌微生物的去除。

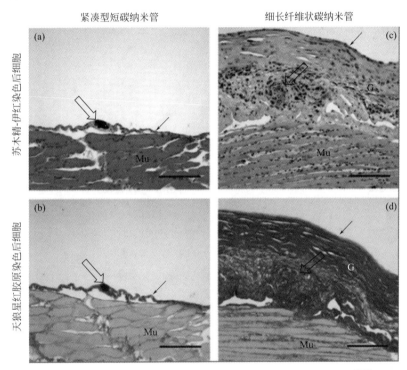

图 4-34　腹膜内注射 2 种碳纳米管后膈肌腹膜面的损伤纵横比[138]
（Mu 为膈肌,G 为肉芽肿,小箭头为间皮,大箭头为碳纳米管）

Park 等[139]通过电热沉积系统将 CNT 涂覆至玻璃纤维过滤器上制备 CNT/QF 过滤复合膜。当涂层密度为 $1.5 \times 10^9/cm^2$ 时,在 $0 \sim 0.2 m/s$ 的过滤速度下,复合膜对平均直径为 200nm 的 MS_2 噬菌体表现出 78.4% 的过滤效率,此时过滤品质因子最佳,为 0.13。这种去除环境中细菌微生物的主要原理是将噬菌体当作颗粒污染物进行筛分拦截,同时利用碳纳米管的灭菌性进行除菌。但这种方法灭菌效果慢，长期运行又可能导致细菌在过滤膜上滋生。

为了实现迅速灭菌的目的，常常在碳纳米管上引入具有杀菌性的金属粒子，以增强膜的性能。Jung 等[140]以聚氨酯（PU）纤维为基底，通过连续雾化和热蒸发/冷凝的方法，将 CNT 颗粒和 Ag 粉在热管式炉中混合沉积在纤维基底上。结果表明，原始的 PU 过滤器对于大肠杆菌和革兰氏阳性菌的抗菌效果较低，100min 仅灭活了 40% 的革兰氏阳性菌和 60% 的大肠杆菌，而复合膜的灭菌率均大于 90%。研究了 1200min 膜上的细菌存活情况，发现 Ag@CNT/PU 复合膜对革兰氏阳性菌的杀菌率达 99.1%，对大肠杆菌的灭活率为 99.8%。

4.4.3.4　多污染物协同去除

碳纳米管不仅具有极高的过滤效率和气体污染物去除能力，还有较好的抗菌性，是一种理想的多功能气体净化膜材料，可实现空气中多污染物（如 $PM_{2.5}$、VOCs、细菌等）的协同去除。

Zhao 等[141]以大孔氧化铝陶瓷膜为支撑体，制备了 $Ag@CNTs/Al_2O_3$ 复合膜，将其应用于空气净化，实现了除尘、甲醛降解、灭菌（大肠杆菌去除率 99.97%，枯草芽孢杆菌去除率 98.92%，黑曲霉去除率 98.75%）三位一体的多功能应用（图 4-35）。氧化铝陶瓷基底的表面和孔道里通过化学气相沉积法生长了致密的碳纳米管分离膜层，利用其对 300nm 和 2.5μm 的固体颗粒物进行粉尘过滤性能测试，发现其对于粉尘的过滤效率高达 99.9999%，远高于高效空气过滤器（HEPA）的标准。此外，通过多元醇还原硝酸银的方法在碳纳米管上负载了银纳米颗粒，纳米银的存在提高了碳纳米管膜对甲醛和细菌的去除效率。Ag

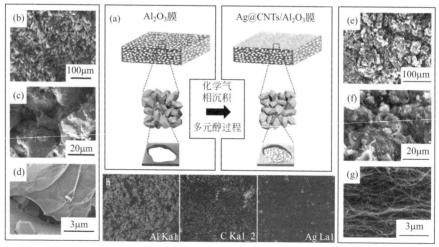

图 4-35　具有深度型分层结构的多功能 $Ag@MWCNTs/Al_2O_3$ 复合膜的制备过程示意图（a）；Al_2O_3 复合膜的表面形貌（b~d）；$Ag@MWCNTs/Al_2O_3$ 复合膜的表面形貌（e~g）；AgNPs@MWCNTs/Al_2O_3 复合膜表面的元素分布（h）[141]

对甲醛有催化降解的功能，而碳纳米管具有较大的甲醛吸附量，两者相辅相成使得复合膜在55℃下对甲醛有99％的去除率；同时，纳米银可以通过破坏细菌细胞膜实现灭菌，提高了灭菌的效率。

参 考 文 献

[1] 刘轶，刘跃军，崔玲娜，等. 双向拉伸工艺对尼龙6薄膜的微观结构与宏观性能的影响[J]. 塑料工业，2020，48(6)：35-42.

[2] Wan C，Cao T，Chen X，et al. Fabrication of polyethylene nanofibrous membranes by biaxial stretching[J]. Materials Today Communications，2018，17：24-30.

[3] Murphy M A，Horstemeyer M F，Gwaltney S R，et al. Nanomechanics of phospholipid bilayer failure under strip biaxial stretching using molecular dynamics[J]. Modelling and Simulation in Materials Science and Engineering，2016，24(5)：1-19.

[4] Feng J，Zhang G，Macinnis K，et al. Formation of microporous membranes by biaxial orientation of compatibilized PP/Nylon 6 blends[J]. Polymer，2017，123：301-310.

[5] Quarti C，Milani A，Castiglioni C. Ab initio calculation of the IR spectrum of PTFE：Helical symmetry and defects[J]. The Journal of Physical Chemistry B，2013，117(2)：706-718.

[6] Kobayashi A，Oshima A，Okubo S，et al. Thermal and radiation process for nano-/microfabrication of crosslinked PTFE[J]. Nuclear Instruments and Methods in Physics Research Section B：Beam Interactions with Materials and Atoms，2013，295：76-80.

[7] Stein R S. The X-Ray diffraction，birefringence，and infrared dichroism of stretched polyethylene．2. Generalized Uniaxial Crystal Orientation[J]. Journal of Polymer Science，1958，31(123)：327-334.

[8] Gore R W，Newark，Del. Very highly stretched polytetrafluoroethylene and process therefor：US3962153[P]. 1976-04-27.

[9] Feng S，Zhong Z，Wang Y，et al. Progress and perspectives in PTFE membrane：Preparation，modification，and applications[J]. Journal of Membrane Science，2017，549：332-349.

[10] 代艳红，王瑞柳，徐广标，等. 聚四氟乙烯热轧纤维膜的结构与性能[J]. 东华大学学报，2019，45(3)：358-363.

[11] Wang Y，Xu Y，Wang D，et al. Polytetrafluoroethylene/polyphenylene sulfide needle-punched triboelectric air filter for efficient particulate matter removal[J]. ACS Appl Mater Interfaces，2019，11(51)：48437-48449.

[12] 王国华，陈留平，张峰，等. 膜技术在燃煤电厂烟气除尘中的应用[J]. 盐业与化工，2015，2：50-53.

[13] 刘林玉，陈诚毅，王珍玉，等. 消防服多层织物的热湿舒适性[J]. 纺织学报，2019，40(5)：119-123.

[14] Ding L，Zhang D，Wu T，et al. Three-dimensional crystal structure evolution and micropore formation of β-iPP during biaxial stretching[J]. Polymer，2020，196：122471.

[15] Anton F. Process and apparatus for preparing artificial threads：US1975504[P]. 1934-

10-02.

[16] Doshi J，Reneker D H． Electrospinning process and applications of electrospun fibers[C]． Conference Record of the 1993 IEEE Industry Applications Conference Twenty-Eighth IAS Annual Meeting，Toronto，ON，Canada，1993：1698-1703．

[17] Fong H，Reneker D H． Elastomeric nanofibers of styrene-butadiene-styrene triblock copolymer[J]． Journal of Polymer Science Part B：Polymer Physics，1999，37(24)：3488-3493．

[18] Reneker D H，Yarin A L． Electrospinning jets and polymer nanofibers[J]． Polymer，2008，49(10)：2387-2425．

[19] Taylor G． Disintegration of water drops in an electric field[M]． Edinburgh：The Royal Society，1964：383-397．

[20] Wang N，Wang X，Ding B，et al． Tunable fabrication of three-dimensional polyamide-66 nano-fiber/nets for high efficiency fine particulate filtration[J]． Journal of Materials Chemistry，2012，22(4)：1445-1452．

[21] Wang N，Si Y S，Wang N，et al． Multilevel structured polyacrylonitrile/silica nanofibrous membranes for high-performance air filtration[J]． Separation And Purification Technology，2014，126：44-51．

[22] Darrell H R，Iksoo C． Nanometre diameter fibres of polymer，produced by electrospinning [J]． Nanotechnology，1996，7(3)：216-223．

[23] Liu H，Cao C Y，Wei F F，et al． Flexible macroporous carbon nanofiber film with high oil adsorption capacity[J]． Journal of Materials Chemistry A，2014，2(10)：3557-3562．

[24] Zhang S，Liu H，Yu J，et al． Microwave structured polyamide-6 nanofiber/net membrane with embedded poly(m-phenylene isophthalamide) staple fibers for effective ultrafine particle filtration[J]． Journal of Materials Chemistry A，2016，4(16)：6149-6157．

[25] Wang Z，Zhao C C，Pan Z J． Porous bead-on-string poly(lactic acid) fibrous membranes for air filtration[J]． Journal of Colloid and Interface Science，2015，441：121-129．

[26] Ahn Y C，Park S K，Kim G T，et al． Development of high efficiency nanofilters made of nanofibers[J]． Current Applied Physics，2006，6(6)：1030-1035．

[27] 冯雪，汪滨，王娇娜，等. 空气过滤用聚丙烯腈静电纺纤维膜的制备及其性能[J]. 纺织学报，2017，38(4)：6-11．

[28] Yun K M，Suryamas A B，Iskandar F，et al． Morphology optimization of polymer nanofiber for applications in aerosol particle filtration[J]． Separation and Purification Technology，2010，75(3)：340-345．

[29] Hung C H，Leung W W F． Filtration of nano-aerosol using nanofiber filter under low peclet number and transitional flow regime[J]． Separation and Purification Technology，2011，79(1)：34-42．

[30] 胡敏，仲兆祥，邢卫红. 纳米纤维膜在空气净化中的应用研究进展[J]. 化工进展，2018，37(4)：1305-1313．

[31] Ogi T，Ono H，Bao L，et al． Morphology-controlled synthesis of electrospun nanofibers

and their application for aerosol filtration[J]. Kagaku Kogaku Ronbunshu, 2014, 40(2): 84-89.

[32] Liu B, Zhang S, Wang X, et al. Efficient and reusable polyamide-56 nanofiber/nets membrane with bimodal structures for air filtration[J]. Journal of Colloid and Interface Science, 2015, 457: 203-211.

[33] Li Z, Kang W, Zhao H, et al. Fabrication of a polyvinylidene fluoride tree-like nanofiber webforultra high performance air filtration[J]. RSC Advances, 2016, 6(94): 91243-91249.

[34] Li X Q, Wang N, Fan G, et al. Electreted polyetherimide-silica fibrous membranes for enhanced filtration of fine particles[J]. Journal of Colloid and Interface Science, 2015, 439: 12-20.

[35] Wang Z, Pan Z J, Wang J G, et al. A novel hierarchical structured poly(lactic acid)/titania fibrous membrane with excellent antibacterial activity and air filtration performance[J]. Journal of Nanomaterials, 2016, 2016: 1-17.

[36] Wang Z, Pan Z J. Preparation of hierarchical structured nano-sized/porous poly(lactic acid) composite fibrous membranes for air filtration[J]. Applied Surface Science, 2015, 356: 1168-1179.

[37] Yang Y, Zhang S, Zhao X, et al. Sandwich structured polyamide-6/polyacrylonitrile nanonets/bead-on-string composite membrane for effective air filtration[J]. Separation and Purification Technology, 2015, 152(Supplement C): 14-22.

[38] Jeong S, Cho H, Han S, et al. High efficiency, transparent, reusable, and active PM$_{2.5}$ filters by hierarchical ag nanowire percolation network[J]. Nano Letters, 2017, 17(7): 4339-4346.

[39] Ma L C, Wang J N, Li L, et al. Preparation of PET/CTS antibacterial composites nanofiber membranes used for air filter by electrospinning[J]. Acta Polymerica Sinica, 2015, 2: 221-227.

[40] Neeta L, Ramakrishnan R, Li B, et al. Fabrication of nanofibers with antimicrobial functionality used as filters: Protection against bacterial contaminants[J]. Biotechnology and Bioengineering, 2007, 97(6): 1357-1365.

[41] Montazer M, Malekzadeh S B. Electrospun antibacterial nylon nanofibers through in situ synthesis of nanosilver: Preparation and characteristics[J]. Journal of Polymer Research, 2012, 19(10): 1-6.

[42] Choi J, Yang B J, Bae G N, et al. Herbal extract incorporated nanofiber fabricated by an electrospinning technique and its application to antimicrobial air filtration[J]. ACS Applied Materials & Interfaces, 2015, 7(45): 25313-25320.

[43] Souzandeh H, Molki B, Zheng M, et al. Cross-linked protein nanofilter with antibacterial properties for multifunctional air filtration[J]. ACS Applied Materials & Interfaces, 2017, 9(27): 22846-22855.

［44］Modesti M，Roso M，Boaretti C，et al. Preparation of smart nano-engineered electrospun membranes for methanol gas-phase photoxidation［J］. Applied Catalysis B-Environmental，2014，144：216-222.

［45］Tian M J，Liao F，Ke Q F，et al. Synergetic effect of titanium dioxide ultralong nanofibers and activated carbon fibers on adsorption and photodegradation of toluene［J］. Chemical Engineering Journal，2017，328：962-976.

［46］Zhu X C，Chen J H，Yu X N，et al. Controllable synthesis of novel hierarchical V_2O_5/TiO_2 nanofibers with improved acetone oxidation performance［J］. RSC Advances，2015，5(39)：30416-30424.

［47］Zhu X C，Zhang S，Yu X N，et al. Controllable synthesis of hierarchical MnO_x/TiO_2 composite nanofibers for complete oxidation of low-concentration acetone［J］. Journal of Hazardous Materials，2017，337：105-114.

［48］Chen C Q，Yu Y，Li W，et al. Mesoporous $Ce_{1-x}Zr_xO_2$ solid solution nanofibers as high efficiency catalysts for the catalytic combustion of VOCs［J］. Journal of Materials Chemistry，2011，21(34)：12836-12841.

［49］Oh G Y，Ju Y W，Jung H R，et al. Preparation of the novel manganese-embedded PAN-based activated carbon nanofibers by electrospinning and their toluene adsorption［J］. Journal of Analytical and Applied Pyrolysis，2008，81(2)：211-217.

［50］Guo Z Y，Huang J T，Xue Z H，et al. Electrospun graphene oxide/carbon composite nanofibers with well-developed mesoporous structure and their adsorption performance for benzene and butanone［J］. Chemical Engineering Journal，2016，306：99-106.

［51］Hu M，Yin L，Zhou H，et al. Manganese dioxide-filled hierarchical porous nanofiber membrane for indoor air cleaning at room temperature［J］. Journal of Membrane Science，2020，605.

［52］Chattopadhyay S，Hatton T A，Rutledge G C. Aerosol filtration using electrospun cellulose acetate fibers［J］. Journal of Materials Science，2015，51(1)：204-217.

［53］Liu H，Cao C，Huang J，et al. Progress on particulate matter filtration technology：basic concepts，advanced materials，and performances［J］. Nanoscale，2020，12(2)：437-453.

［54］Feng S，Zhou M，Han F，et al. A bifunctional MnO_x@PTFE catalytic membrane for efficient low temperature NO_x-SCR and dust removal［J］. Chinese Journal of Chemical Engineering，2020，28(5)：1260-1267.

［55］Jung S，An J，Na H，et al. Surface energy of filtration media influencing the filtration performance against solid particles，oily aerosol，and bacterial aerosol［J］. Polymers (Basel)，2019，11(6)：935.

［56］Chen F，Ji Z，Qi Q. Effect of liquid surface tension on the filtration performance of coalescing filters［J］. Separation and Purification Technology，2019，209：881-891.

［57］Park S S，Kang M S，Hwang J. Oil mist collection and oil mist-to-gas conversion via dielectric barrier discharge at atmospheric pressure［J］. Separation and Purification Technology，2015，151：324-331.

[58] Jiang T，Guo Z，Liu W. Biomimetic superoleophobic surfaces：focusing on their fabrication and applications[J]. Journal of Materials Chemistry A，2015，3(5)：1811-1827.

[59] Liu M，Wang S，Jiang L. Nature-inspired superwettability systems[J]. Nature Reviews Materials，2017，2(7)：17036.

[60] Ghaffari S，Aliofkhazraei M，Darband G B，et al. Review of superoleophobic surfaces：evaluation，fabrication methods，and industrial applications[J]. Surfaces and Interfaces，2019，17：100340.

[61] Wu J，Ding Y，Wang J，et al. Facile fabrication of nanofiber- and micro/nanosphere-coordinated PVDF membrane with ultrahigh permeability of viscous water-in-oil emulsions[J]. Journal of Materials Chemistry A，2018，6(16)：7014-7020.

[62] Zhang D，Cheng Z，Kang H，et al. A smart superwetting surface with responsivity in both surface chemistry and microstructure[J]. Angew Chem Int Ed Engl，2018，57(14)：3701-3705.

[63] Yong J，Chen F，Yang Q，et al. Superoleophobic surfaces[J]. Chemical Society Reviews，2017，46(14)：4168-4217.

[64] Wang T，Cui J，Ouyang S，et al. A new approach to understand the Cassie state of liquids on superamphiphobic materials[J]. Nanoscale，2016，8(5)：3031-3039.

[65] Lin J，Tian F，Ding B，et al. Facile synthesis of robust amphiphobic nanofibrous membranes[J]. Applied Surface Science，2013，276：750-755.

[66] Zhu X，Feng S，Zhao S，et al. Perfluorinated superhydrophobic and oleophobic SiO_2@PTFE nanofiber membrane with hierarchical nanostructures for oily fume purification[J]. Journal of Membrane Science，2020，594：117473.

[67] Yasuda H，Gazicki M. Biomedical applications of plasma polymerization and plasma treatment of polymer surfaces[J]. Biomaterials，1982，3(2)：68-77.

[68] Poncin-Epaillard F，Chevet B，Brosse J C. Functionalization of polypropylene by a microwave (433 MHz) cold plasma of carbon dioxide. Surface modification or surface degradation？[J]. European Polymer Journal，1990，26(3)：333-339.

[69] Riekerink M B O，Terlingen J G A，Engbers G H M，et al. Selective etching of semicrystalline polymers：CF_4 gas plasma treatment of poly(ethylene)[J]. Langmuir，1999，15(14)：4847-4856.

[70] Yu H Y，He X C，Liu L Q，et al. Surface modification of poly(propylene) microporous membrane to improve its antifouling characteristics in an SMBR：O_2 plasma treatment[J]. Plasma Processes & Polymers，2010，5(1)：84-91.

[71] Feng S，Zhong Z，Wang Y，et al. Progress and perspectives in PTFE membrane：preparation，modification，and applications[J]. Journal of Membrane Science，2018，549：332-349.

[72] Feng S S，Zhong Z X，Zhang F，et al. Amphiphobic polytetrafluoroethylene membranes for

efficient organic aerosol removal[J]. ACS Applied Materials & Interfaces, 2016, 8(13): 8773-8781.

[73] Fan H, Gao A, Zhang G, et al. A facile strategy towards developing amphiphobic polysulfone membrane with double Re-entrant structure for membrane distillation[J]. Journal of Membrane Science, 2020, 602: 117933.

[74] Lin S, Nejati S, Boo C, et al. Omniphobic membrane for robust membrane distillation[J]. Environmentalence & Technology Letters, 2014, 1(11): 443-447.

[75] Khan A A, Siyal M I, Lee C-K, et al. Hybrid organic-inorganic functionalized polyethersulfone membrane for hyper-saline feed with humic acid in direct contact membrane distillation[J]. Separation and Purification Technology, 2019, 210: 20-28.

[76] Xu C, Fang J, Low Z-X, et al. Amphiphobic PFTMS@nano-SiO_2/ePTFE membrane for oil aerosol removal[J]. Industrial & Engineering Chemistry Research, 2018, 57(31): 10431-10438.

[77] Mao X, Chen Y, Si Y, et al. Novel fluorinated polyurethane decorated electrospun silica nanofibrous membranes exhibiting robust waterproof and breathable performances[J]. RSC Advances, 2013, 3(20): 7562.

[78] Chen L H, Huang A, Chen Y R, et al. Omniphobic membranes for direct contact membrane distillation: Effective deposition of zinc oxide nanoparticles[J]. Desalination, 2018, 428: 255-263.

[79] Li J, Yan L, Ouyang Q, et al. Facile fabrication of translucent superamphiphobic coating on paper to prevent liquid pollution[J]. Chemical Engineering Journal, 2014, 246: 238-243.

[80] Wu X, Wyman I, Zhang G, et al. Preparation of superamphiphobic polymer-based coatings via spray- and dip-coating strategies[J]. Progress in Organic Coatings, 2016, 90: 463-471.

[81] Zhou H, Wang H, Niu H, et al. A waterborne coating system for preparing robust, self-healing, superamphiphobic surfaces[J]. Advanced Functional Materials, 2017, 27(14): 1604261.

[82] Li X, Shan H, Cao M, et al. Facile fabrication of omniphobic PVDF composite membrane via a waterborne coating for anti-wetting and anti-fouling membrane distillation[J]. Journal of Membrane Science, 2019, 589: 117262.

[83] Dizge N, Shaulsky E, Karanikola V. Electrospun cellulose nanofibers for superhydrophobic and oleophobic membranes[J]. Journal of Membrane Science, 2019, 590: 117271.

[84] Wu X Q, Wu X, Wang T Y, et al. Omniphobic surface modification of electrospun nanofiber membrane via vapor deposition for enhanced anti-wetting property in membrane distillation[J]. Journal of Membrane Science, 2020, 606: 118075.

[85] Huang Y X, Wang Z X, Hou D Y, et al. Coaxially electrospun super-amphiphobic silica-based membrane for anti-surfactant-wetting membrane distillation[J]. Journal of Membrane Science, 2017, 531: 122-128.

[86] An X, Liu Z, Hu Y. Amphiphobic surface modification of electrospun nanofibrous membranes for anti-wetting performance in membrane distillation[J]. Desalination, 2018, 432: 23-31.

[87] Woo Y C, Chen Y, Tijing L D, et al. CF$_4$ plasma-modified omniphobic electrospun nanofiber membrane for produced water brine treatment by membrane distillation[J]. Journal of Membrane Science, 2017, 529: 234-242.

[88] Zhang P, Lu W, Wang Y, et al. Fabrication of flexible and amphiphobic alumina mats by electrospinning[J]. Journal of Sol-Gel Science and Technology, 2016, 80(3): 690-696.

[89] Zhang W, Chen S, Hu W, et al. Facile fabrication of flexible magnetic nanohybrid membrane with amphiphobic surface based on bacterial cellulose[J]. Carbohydrate Polymers, 2011, 86(4): 1760-1767.

[90] 冯厦厦. 聚四氟乙烯膜的功能化改性及其在空气净化上的应用研究[D]. 南京: 南京工业大学, 2018.

[91] Wei X, Chen F, Wang H, et al. Efficient removal of aerosol oil-mists using superoleophobic filters[J]. Journal of Materials Chemistry A, 2018, 6(3): 871-877.

[92] Kampa D, Wurster S, Meyer J, et al. Validation of a new phenomenological "jump-and-channel" model for the wet pressure drop of oil mist filters[J]. Chemical Engineering Science, 2015, 122: 150-160.

[93] Charvet A, Gonthier Y, Gonze E, et al. Experimental and modelled efficiencies during the filtration of a liquid aerosol with a fibrous medium[J]. Chemical Engineering Science, 2010, 65(5): 1875-1886.

[94] Mead-Hunter R, King A J C, Mullins B J. Aerosol-mist coalescing filters: A review[J]. Separation and Purification Technology, 2014, 133: 484-506.

[95] Zhang R, Liu B, Yang A, et al. In Situ investigation on the nanoscale capture and evolution of aerosols on nanofibers[J]. Nano Letters, 2018, 18(2): 1130-1138.

[96] Dawar S, Chase G G. Correlations for transverse motion of liquid drops on fibers[J]. Separation and Purification Technology, 2010, 72(3): 282-287.

[97] Kampa D, Wurster S, Buzengeiger J, et al. Pressure drop and liquid transport through coalescence filter media used for oil mist filtration[J]. International Journal of Multiphase Flow, 2014, 58: 313-324.

[98] Liu J, Zhou H, Wu X, et al. Superoleophobic filters: Improvement of filtration performance by front attachment of oil-guiding fabric[J]. Advanced Materials Interfaces, 2019, 7(2): 1901808.

[99] Yang H C, Hou J, Chen V, et al. Janus membranes: Exploring duality for advanced separation[J]. Angew Chem Int Ed Engl, 2016, 55(43): 13398-13407.

[100] Wu J, Wang N, Wang L, et al. Unidirectional water-penetration composite fibrous film via electrospinning[J]. Soft Matter, 2012, 8(22): 5996-5999.

[101] Zhao Y, Wang H, Zhou H, et al. Directional fluid transport in thin porous materials and

its functional applications[J]. Small, 2017, 13(4): 201601070.

[102] Babar A A, Wang X, Iqbal N, et al. Tailoring dfferential moisture transfer performance of nonwoven/polyacrylonitrile-SiO₂ nanofiber composite membranes[J]. Advanced Materials Interfaces, 2017, 4(15): 1700062.

[103] Babar A A, Miao D, Ali N, et al. Breathable and colorful cellulose acetate-based nanofibrous membranes for directional moisture transport[J]. ACS Appl Mater Interfaces, 2018, 10(26): 22866-22875.

[104] Yan W, Miao D, Babar A A, et al. Multi-scaled interconnected inter-and intra-fiber porous janus membranes for enhanced directional moisture transport[J]. J Colloid Interface Sci, 2020, 565: 426-435.

[105] Dong Y, Thomas N L, Lu X. Electrospun dual-layer mats with covalently bonded ZnO nanoparticles for moisture wicking and antibacterial textiles[J]. Materials & Design, 2017, 134: 54-63.

[106] Tang S, Pi H, Zhang Y, et al. Novel Janus fibrous membranes with enhanced directional water vapor transmission[J]. Applied Sciences, 2019, 9(16): 3302.

[107] Ju J, Shi Z, Deng N, et al. Designing waterproof breathable material with moisture unidirectional transport characteristics based on a TPU/TBAC tree-like and TPU nanofiber double-layer membrane fabricated by electrospinning[J]. RSC Advances, 2017, 7(51): 32155-32163.

[108] Hu L, Gao S, Zhu Y, et al. An ultrathin bilayer membrane with asymmetric wettability for pressure responsive oil/water emulsion separation[J]. Journal of Materials Chemistry A, 2015, 3(46): 23477-23482.

[109] Zhang J, Yang Y, Zhang Z, et al. Biomimetic multifunctional nanochannels based on the asymmetric wettability of heterogeneous nanowire membranes[J]. Advanced Material, 2014, 26(7): 1071-1075.

[110] Contal P, Simao J, Thomas D, et al. Clogging of fibre filters by submicron droplets: Phenomena and influence of operating conditions[J]. Journal of AerosolScience, 2004, 35(2): 263-278.

[111] Zhang Y, Barboiu M. Dynameric asymmetric membranes for directional water transport [J]. Chem Commun (Camb), 2015, 51(88): 15925-15932.

[112] Essalhi M, Khayet M. Surface segregation of fluorinated modifying macromolecule for hydrophobic/hydrophilic membrane preparation and application in air gap and direct contact membrane distillation[J]. Journal of Membrane Science, 2012, 417-418: 163-173.

[113] Mates J E, Schutzius T M, Qin J, et al. The fluid diode: Tunable unidirectional flow through porous substrates[J]. ACS Appl Mater Interfaces, 2014, 6(15): 12837-12843.

[114] Zeng C, Wang H, Zhou H, et al. Directional water transport fabrics with durable ultrahigh one-way transport capacity [J]. Advanced Materials Interfaces, 2016, 3(14): 1600036.

[115] Wei X，Zhou H，Chen F，et al. High-efficiency low-resistance oil-mist coalescence filtration using fibrous filters with thickness-direction asymmetric wettability[J]. Advanced Functional Materials，2019，29(1)：1806302.

[116] Wang H，Ding J，Dai L，et al. Directional water-transfer through fabrics induced by asymmetric wettability[J]. Journal of Materials Chemistry，2010，20(37)：7938-7940.

[117] Tian X，Jin H，Sainio J，et al. Droplet and fluid gating by biomimetic Janus membranes [J]. Advanced Functional Materials，2014，24(38)：6023-6028.

[118] Zhao X，Li Y，Hua T，et al. Cleanable air filter transferring moisture and effectively capturing PM$_{2.5}$[J]. Small，2017，13(11)：1603306.

[119] Miao D，Huang Z，Wang X，et al. Continuous，Spontaneous，and directional water transport in the trilayered fibrous membranes for functional moisture wicking textiles[J]. Small，2018，14(32)：1801527.

[120] Lao L，Shou D，Wu Y S，et al. "Skin-like" fabric for personal moisture management[J]. Science Advances，2020，6(14)：eaaz0013.

[121] Cao M，Xiao J，Yu C，et al. Hydrophobic/hydrophilic cooperative Janus system for enhancement of fog collection[J]. Small，2015，11(34)：4379-4384.

[122] Liu J，Zhou H，Wu X，et al. Superoleophobic filters：Improvementof filtration performance by front attachment of oil - guiding fabric[J]. Advanced Materials Interfaces，2019，7(2)：1901808.

[123] 汪策，李雄，程诚，等. 空气过滤用静电纺聚苯乙烯/碳纳米管复合纤维膜的制备[J]. 材料科学与工程学报，2016，34(6)：960-966.

[124] Yildiz O，Bradford P D. Aligned carbon nanotube sheet high efficiency particulate air filters[J]. Carbon，2013，64：295-304.

[125] Wang Q，Yildiz O，Li A，et al. High temperature carbon nanotube：Nanofiber hybrid filters[J]. Separation and Purification Technology，2020，236：116255.

[126] Yildiz O，Stano K，Faraji S，et al. High performance carbon nanotube：polymer nanofiber hybrid fabrics[J]. Nanoscale，2015，7(40)：16744-16754.

[127] Park S J，Lee D G. Performance improvement of micron-sized fibrous metal filters by direct growth of carbon nanotubes[J]. Carbon，2006，44(10)：1930-1935.

[128] Li P，Wang C，Li Z，et al. Hierarchical carbon-nanotube/quartz-fiber films with gradient nanostructures for high efficiency and long service life air filters[J]. RSC Advances，2014，4(96)：54115-54121.

[129] Xu C，Xie W，Yu Y，et al. Photocatalytic and filtration performance study of TiO$_2$/CNTs：Filter for oil particle[J]. Process Safety and Environmental Protection，2019，123：72-78.

[130] Halonen N，Rautio A，Leino A-R，et al. Three-dimensional carbon nanotube scaffolds as particulate filters and catalyst support membranes [J]. ACS Nano，2010，4 (4)：2003-2008.

[131] Zhao Y，Zhong Z，Low Z-X，et al. A multifunctional multi-walled carbon nanotubes/ceramic membrane composite filter for air purification[J]. RSC Advances，2015，5(112)：91951-91959.

[132] Zhang R F，Wei F. High-efficiency particulate air filters based on carbon nanotubes[M]. Amsterdam：Elsevier，2019：643-666.

[133] Wang C S，Otani Y. Removal of nanoparticles from gas streams by fibrous filters：A review[J]. Industrial & Engineering Chemistry Research，2013，52(1)：5-17.

[134] Li P，Zong Y，Zhang Y，et al. In situ fabrication of depth-type hierarchical CNT/quartz fiber filters for high efficiency filtration of sub-micron aerosols and high water repellency [J]. Nanoscale，2013，5(8)：3367-3372.

[135] Yang K，Yu Z，Yu C，et al. An electrically renewable air filter with integrated 3D nanowire networks[J]. Advanced Materials Technologies，2019，4(7)：1900101.

[136] Yang S，Zhu Z，Wei F，et al. Carbon nanotubes/activated carbon fiber based air filter media for simultaneous removal of particulate matter and ozone[J]. Building and Environment，2017，125：60-66.

[137] Feng S，Li X，Zhao S，et al. Multifunctional metal organic framework and carbon nanotube-modified filter for combined ultrafine dust capture and SO_2 dynamic adsorption[J]. Environmental Science：Nano，2018，5(12)：3023-3031.

[138] Donaldson K，Murphy F A，Duffin R，et al. Asbestos，carbon nanotubes and the pleural mesothelium：A review of the hypothesis regarding the role of long fibre retention in the parietal pleura，inflammation and mesothelioma[J]. Particle and Fibre Toxicology，2010，7：5.

[139] Park K T，Hwang J. Filtration and inactivation of aerosolized bacteriophage MS_2 by a CNT air filter fabricated using electro-aerodynamic deposition[J]. Carbon，2014，75：401-410.

[140] Jung J H，Hwang G B，Lee J E，et al. Preparation of airborne Ag/CNT hybrid nanoparticles using an aerosol process and their application to antimicrobial air filtration[J]. Langmuir，2011，27(16)：10256-10264.

[141] Zhao Y，Low Z-X，Feng S，et al. Multifunctional hybrid porous filters with hierarchical structures for simultaneous removal of indoor VOCs，dusts and microorganisms[J]. Nanoscale，2017，9(17)：5433-5444.

第 5 章

高温气体净化膜

高温气体净化对膜材料要求苛刻，所选膜材料必须能承受高温（500～1000℃）、高压（1.0～3.0MPa）且拥有良好的气体渗透性，较高的强度、韧性、耐温性和抗热震性，优良的耐高温气体腐蚀能力和化学稳定性。高温气体除尘方面，美、德、日等国在20世纪70年代开展了大量相关性研究，并在90年代中期取得了较大的进展[1,2]。目前我国的高温气体过滤技术与先进国家相比还有较大差距，尤其是在高温过滤材料的制备技术方面。本章将根据高温气体净化膜材料组分的不同，对高温气体净化膜材料及其发展状况进行详细介绍。

5.1 陶瓷膜

多孔陶瓷膜因具有耐高温、耐腐蚀、耐冲刷、机械强度大、孔径范围宽、应用范围广等突出优点，是高温气体过滤材料的最佳选择之一[3]。国外研究陶瓷膜在气固分离方面的应用已有多年的历史，应用领域广阔，效果显著。目前应用于高温除尘领域的多孔陶瓷膜主要分为两种，即氧化物陶瓷材料和非氧化物陶瓷材料。前者有氧化铝、尖晶石、堇青石与莫来石等，后者有碳化硅、氮化硅等。现阶段，陶瓷膜过滤器已在煤炭气化、废弃物焚烧与热解、石油化工、再生黑色金属熔化、贵金属回收、热土壤重整、流化床金属净化、锅炉装置、化工制造和玻璃熔化等多个领域得到应用[4,5]。常见的几种多孔陶瓷材料的基本性能如表 5-1 所示。

表 5-1　多孔陶瓷材料的基本性能[6]

材料	化学组成	线胀系数 /($\times 10^{-6}$/℃)	抗热震能力	适宜操作温度/℃	抗氧化能力	机械强度
刚玉	Al_2O_3	8.8	低	≤500	低	较高

材料	化学组成	线胀系数/($\times 10^{-6}$/℃)	抗热震能力	适宜操作温度/℃	抗氧化能力	机械强度
莫来石	$3Al_2O_3 \cdot 2SiO_2$	3.5	较好	≤1100	较好	较高
堇青石	$2Al_2O_3 \cdot 5SiO_2 \cdot 2MgO$	1.8	较好	≤1100	较好	一般
硅酸铝纤维	$3Al_2O_3 \cdot 2SiO_2$	—	好	≤1100	较好	差
碳化硅	SiC	4.7	较好	≤950	差	高

　　碳化硅多孔陶瓷和其他陶瓷相比具有机械强度高、抗热震性好等优点，已成为主流使用的高温气体过滤膜材料。本节将对碳化硅陶瓷膜制备方法、性能和应用体系等进行介绍。

5.1.1　碳化硅陶瓷膜概况

　　碳化硅（SiC）是典型的共价化合物，SiC 中 Si-C 键的共价性占 88%。SiC 晶体结构由相同四面体构成，Si 原子处于中心，所有结构均由 SiC 四面体平行堆积或反平行堆积而成[7]。SiC 根据纯度不同分为绿色、灰色和墨绿色等，在常压下分解温度为 2380℃。常见的晶型有 α-SiC、β-SiC、6H-SiC、4H-SiC 和 15R-SiC，其中 α 型和 β 型是主要的晶型。碳化硅陶瓷膜主要是由堆积的碳化硅颗粒经过高温烧结形成的具有一定机械强度的多孔材料[8]。按照结构来说碳化硅陶瓷膜由孔径大、强度高的碳化硅支撑体和孔径小、分离效率高的分离层组成，如图 5-1 所示。由于碳化硅材料具有导热性好、强度高、热膨胀系数小、抗热冲击性好等优点[9]，再加上碳化硅陶瓷膜在高温下具有优良的抗热震能力、抗腐蚀性、抗蠕变性以及机械强度高等特点，是目前高温气固分离领域应用最广的材料之一[10]。

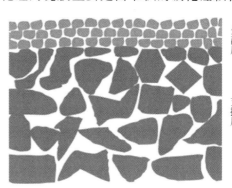

图 5-1　碳化硅陶瓷膜结构示意图

5.1.2　碳化硅陶瓷膜支撑体制备方法

　　用于高温气体净化的碳化硅陶瓷膜支撑体需要具有孔隙率高、孔径大、机械强度高等特点，以解决实际应用过程中陶瓷膜阻力过高的问题。为解决这些问题，需从制备方法上进行创新改进。碳化硅陶瓷膜支撑体的制备工艺复杂、技术难度大，且烧成机理有别于一般的氧化物陶瓷。通常是以碳化硅颗粒为骨料，添加长石、黏土等烧结助剂，以及活性炭、木纤维等造孔剂，采用挤出工艺、流延工艺、等静压工艺成型，再经高温烧结而成。制备的支撑体表面需平整光滑，不能出现较大缺陷，以免影响后续涂膜工艺。此外，由于碳化硅属于共价化合物，烧结温度较高，为了得到纯质的碳化硅膜产品，需要在还原气氛下进行烧结，且烧结温度通常需在 2100℃ 以上，生产成本较高[11,12]。针对这些制备难题，研究人员从制备方法上进行改进，以求在合理的强度范围内尽可能地降低烧结温度、提高其气体渗透性能。常见的碳化硅陶瓷支撑体的制备技术主要有以下几种，包括原位反应烧结法、部分烧结法、添加造孔剂法、模板剂法、直接发泡法等[8,13]。

5.1.2.1　原位反应烧结法

为了降低碳化硅陶瓷膜的制备成本，降低烧结温度成为必要的手段之一。近年来，研究者提出了用原位反应烧结方法制备碳化硅陶瓷膜，该方法很快得到了发展并实现工业化生产[14]。

原位反应烧结技术就是陶瓷原料成型体在一定温度下通过固相、液相和气相相互间发生化学反应，同时进行致密化和规定组分的合成，得到预定烧结体的过程，制品在烧成前后几乎没有尺寸收缩。该法制备的 SiC 多孔陶瓷膜的性能与烧结助剂的选择密切相关。烧结助剂的种类有金属氧化物、碱土金属氧化物、堇青石（$2MgO \cdot 2Al_2O_3 \cdot 5SiO_2$）、莫来石（$3Al_2O_3 \cdot 2SiO_2$）、$SiO_2$、$Si$、$Si_3N_4$、$AlN$ 以及自然界黏土等[15-17]，这些助剂的加入可以降低 SiC 陶瓷膜制备的温度，节省能源，降低生产成本，而且材料具有优良的抗热震性能、化学稳定性和较高的强度。该法烧结工艺流程示意图如图 5-2 所示。

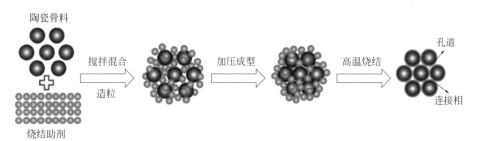

图 5-2　原位反应烧结制备工艺示意图

在低温烧结制备高强度碳化硅膜支撑体方面，Han 等[18-20]采用氧化锆作为烧结助剂，碳化硅晶须作为增强剂，在 1300～1550℃ 下原位反应烧结，成功制备了高孔隙率、高强度、热稳定性强的碳化硅陶瓷膜支撑体。碳化硅晶须掺杂后性能变化情况如图 5-3 和图 5-4 所示。可以看出，随着 SiC 晶须掺入量增大，支撑体的抗折强度先增大后降低，孔隙率基本不变，SiC 晶须的加入提高了支撑体的孔径和气体渗透性。当 SiC 晶须添加量为 3.3%，支撑体的抗折强度为 28.7MPa，比不加 SiC 晶须时提高了近 3 倍，孔隙率仍然高达 43%，气体渗透性达到 270m³/(m²·h·kPa)，比不加晶须时提高了 2 倍。这是因为 SiC 晶须的加入促进了碳化硅的氧化，形成新的锆英石相，使 SiC 颗粒的颈部连接增强（如图 5-5 所示）。

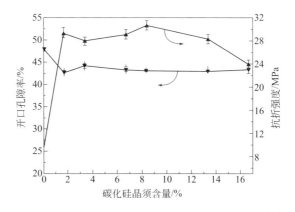

图 5-3　孔隙率和抗折强度随 SiC 晶须含量的变化[17]

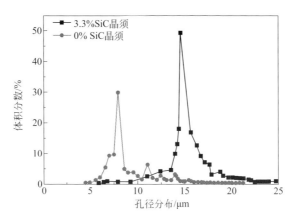

图 5-4　SiC 晶须的加入对碳化硅支撑体孔径分布的影响[17]

在此工作基础上，用莫来石纤维代替碳化硅晶须（如图 5-6），在保证机械强度的前提下，进一步提高了支撑体的孔隙率。莫来石的掺入能有效地保证支撑体的抗折强度并能维持较高的孔隙率。莫来石纤维增强主要通过纤维桥联、裂纹偏转和纤维拔出三个机制增加陶瓷强度（图 5-7）。当掺杂 4% 的莫来石纤维时，孔隙率和抗折强度分别达到 46.8% 和 15.7MPa，平均孔径为 20μm，气体渗透性最高达到 1600m³/(m²·h·kPa)，性能接近泡沫陶瓷材料[21]。

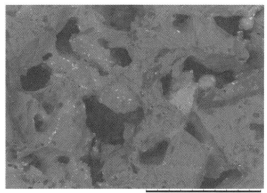

HL D5.4 ×200   500μm

图 5-5   碳化硅陶瓷膜支撑体微结构图[18]

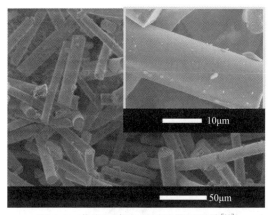

10μm

50μm

图 5-6   莫来石陶瓷短纤维微观形貌[19]

图 5-7   碳化硅多孔陶瓷的微观结构随莫来石纤维含量的变化[21]

Xu 和 Yang 等[21,22]通过分别添加十二烷基苯磺酸钠（SDBS）、NaOH、钠-A 型分子筛（NaA）作为烧结助剂，考察烧结助剂添加量对碳化硅陶瓷膜性能的影响，使烧结温度进一步降低到 1300℃以下。研究发现，制备的支撑体孔隙率随烧结助剂含量的增加而下降，平均孔径、气体渗透系数以及强度均随烧结助剂含量的上升呈现先升高后下降的趋势。添加烧结助剂后，支撑体的气体渗透性能以及强度均有较大的提升，碳化硅颗粒之间的连接明显加强（图 5-8）。SDBS、NaOH、NaA 作为添加剂的最优量分别是 8%、1.5%、10%，孔径分别为 20μm、20μm、24μm，气体渗透通量分别为 900m³/(m²·h·kPa)、850m³/(m²·h·kPa)、1300m³/(m²·h·kPa)，强度分别达到 16MPa、16MPa、27MPa。采用 Na 源作为烧结助剂，降低了烧结温度，提高了透气性能，支撑体也呈现优异的耐酸腐蚀性能。但是长期在碱性环境下使用，其强度仍然会出现衰减，强度下降甚至超过50%（如图 5-9），因此该法制备的碳化硅膜支撑体的耐碱腐蚀性能有待提升[23]。

图 5-8 含 Na 烧结助剂种类对支撑体微观结构的影响[22]

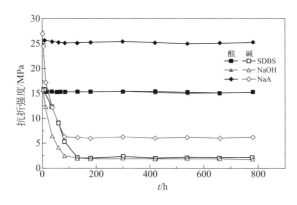

图 5-9 酸碱腐蚀对添加 SDBS、NaOH、NaA 制备的支撑体强度的影响[22]

原位反应烧结制备碳化硅多孔陶瓷膜技术具有烧结温度低、成本低、制备工艺简单、易于工业化生产等特点，在不同 SiC 骨料粒径、烧结助剂种类、造孔剂含量和烧结工艺等因素的控制下，除了自结合 SiC 多孔陶瓷制备的烧结温度高于1600℃，一般反应烧结法烧结温度的范围在 950～1550℃之间。

5.1.2.2 部分烧结法

部分烧结法是最简单、最典型的制备方法之一，通过高温下碳化硅颗粒表面发生扩散、溶解沉淀或者再结晶等过程使得相邻颗粒之间形成颈部连接、成孔。该方法制备的陶瓷膜具有均匀的孔结构，孔径大小约为碳化硅颗粒直径的 1/5 到1/2[24]，其强度主要由颈部连接的好坏决定。

部分烧结法的烧结温度一般较高，在 2000℃以上。王锋等[25]采用固相烧结法，以 PMMA 微球为造孔剂，在 2100℃下烧结得到具有三级孔径分布的多孔碳化硅支撑体（见图 5-10），孔隙率在 51.5%～81.3%之间，并提出当温度高于2150℃时，碳化硅晶粒生长加快。该法虽然孔隙率高，但孔之间连通度较低，而且强度并不高。姚秀敏等[26]采用此方法在 2150℃下烧结制备的碳化硅陶瓷膜的三点抗折强度高达 400MPa，并提出可以通过调节碳源来调控碳化硅陶瓷膜的微观结构。日本 Fukushima 等[27]通过掺杂 SiC 纳米颗粒，采用冷等静压法，在1500～1800℃下成功制备了高强度的 SiC 多孔陶瓷，当烧结温度由 1500℃增加到1800℃时，材料压缩强度从 122MPa 增加到 513MPa。分析认为，纳米 SiC 颗粒的加入，在高温下促进了颈部的传质速率，增加了颈部连接，从而提高了陶瓷整体强度。

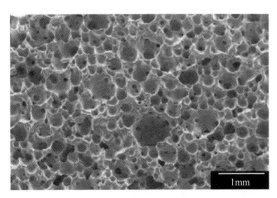

图 5-10　采用部分烧结法制备的碳化硅多孔陶瓷微观结构[25]

通常，部分烧结法制备的陶瓷虽然强度较高，但开口孔隙率较低。采用低温液相烧结、粗细颗粒混合、无压烧结和重结晶等方式可以防止材料的致密化，得到的 SiC 多孔陶瓷孔径分布也比较窄。部分烧结法最大的优势在于非常容易控制产品的尺寸，制备的产品各方面的性质最接近 SiC 材料本身的特性，孔径 0.1～

10μm；该法的缺点是透气性能较差，提高材料孔隙率以提高透气性能是未来的研究趋势。

5.1.2.3 模板剂法

模板剂法研究较早，在 20 世纪 60 年代就已经有科学家用海绵作为模板来制备蜂窝陶瓷。模板剂法主要流程如图 5-11 所示。用浸渍聚氨酯海绵的方法制备碳化硅多孔材料分为以下几个步骤：①首先用 SiC 悬浮液或前驱体溶液来浸渍聚氨酯海绵；②离心去除多余的悬浮液；③干燥浸渍后的聚氨酯海绵；④一定温度下热处理分解这种聚合物模板；⑤升高温度，空气气氛下烧结得到碳化硅多孔陶瓷[28]。

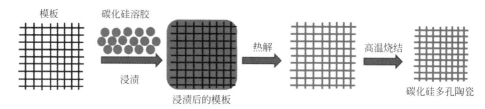

图 5-11　采用模板法制备碳化硅多孔陶瓷流程示意图[28]

模板剂法制备的陶瓷孔隙率在 80％甚至 90％以上，且可以得到较为规整的网状结构。Zhu 等[29]用聚氨酯海绵作为模板，以 SiC、Al$_2$O$_3$ 和膨润土为起始原料，硅溶胶为黏结剂，1400℃下烧结 5h，得到三维网状的碳化硅陶瓷，抗折强度为 1MPa 左右。Singh[30]采用枫木和桃木作为模板，在高温真空下气相渗硅得到碳化硅多孔陶瓷，抗折强度高达 200MPa，但孔隙率较低。Vogli 等[31]采用马尾松木在 1600℃下热解渗硅，反应得到生物形态的 SiC 多孔陶瓷，呈现规整的几何孔道（图 5-12），平均孔径 20μm，孔隙率高达 71％，抗折强度只有 12MPa。

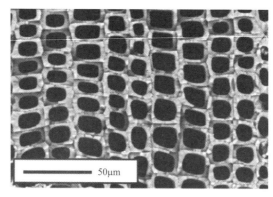

图 5-12　采用马尾松木制备的碳化硅多孔陶瓷的微观结构[31]

5.1.2.4 添加造孔剂法

添加造孔剂法通过将加热过程中容易分解的物质和碳化硅混合，在升温时该物质分解排出，留下孔隙，得到多孔陶瓷。造孔剂一般分为有机和无机两种材料。有机造孔剂有天然纤维和合成高分子，如锯末、淀粉、聚苯乙烯（PS）、聚甲基丙烯酸甲酯（PMMA）等；无机造孔剂有碳酸铵、碳酸氢铵和氯化铵等高温可分解的盐类或者无机碳如石墨、煤粉等[32]，通常这些模板剂的分解温度在200~1000℃。造孔的形式也呈现多样化，液相水或有机物模板剂通过冷冻干燥或升华的方式来造孔，无机碳或有机高分子类模板剂通过高温氧化生成气体造孔，而无机盐类通过水浸渍抽取，等等。

Yoon 等[33]将浸渍有聚碳硅烷和莰烯的 SiC 样品冷冻到－196℃，然后真空干燥，在 1400℃下氩气氛围中烧结，最后得到孔道规则整齐的 SiC 多孔陶瓷（见图 5-13）。Fukushima 等[34]采用冰作为造孔剂，首先将含水的碳化硅生坯冷却到－10 至－70℃，然后真空干燥，最后在 1800℃下烧结，得到单向的圆柱孔型碳化硅多孔陶瓷，总孔隙率超过 86.5%，孔径 34~147μm，压缩强度 5.2~16.6MPa，抗折强度小于 5.2MPa，气体渗透率为 2.27×10^{-11}~1.04×10^{-10} m^2。Du 等[35]采用莰烯作为冷冻剂，将其按一定比例（20%、25%、30%）加入到 ZrB_2 和 SiC 粉体中，在 50℃下球磨 12h，经过成型、固化、冷冻、升华，最后在 1950℃的氩气中煅烧 2h，制得具有 3D 网状结构的多孔陶瓷体，强度在 173~364MPa 之间，孔隙率范围为 42%~66%，孔径随着冷冻温度的降低而降低。

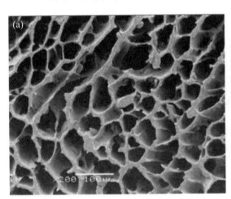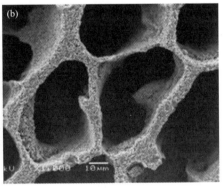

图 5-13 采用冷冻干燥工艺制备的碳化硅多孔陶瓷微观结构[33]

添加造孔剂法工艺的优点在于可以通过优化造孔剂颗粒的形状、粒径大小、分布和制备工艺条件来精确调控气孔的形状、尺寸和气孔率，所制产品孔径分布均匀，机械强度高，收缩率小且不易变形。采用该法制备的产物，其气孔基本属于开口孔，这有利于气体或液体的透过。不足之处在于，气孔分布均匀性差，所得制品气孔率不高（一般低于50%），而且随着造孔剂含量的变动，陶瓷强度会受到较大的影响。

5.1.2.5 直接发泡法

直接发泡法通过在陶瓷浆料中添加一些能够在加热情况下生成大量气泡的物质，热处理时产生气泡并排出，从而形成大量孔隙，最后进行干燥烧结得到多孔陶瓷（见图5-14）。发泡剂包括有机发泡剂、无机发泡剂、物理发泡剂及表面活性剂[36,37]。发泡方式有注气、搅拌产生气泡、液体挥发以及化学反应产生气体。发泡法制备的陶瓷的特点为孔隙率高，最高可达95%。Bao等[38]通过加入挥发剂来进行SiC浆料的发泡从而控制孔隙率，该方法操作较为简单。Fukushima等[39]采用偶氮甲酰胺为发泡剂，聚碳硅烷（PCS）为陶瓷前驱体，混合后的粉料在250～260℃下发泡，200℃下交联固化2h，最后在1000℃裂解得到SiC多孔陶瓷（见图5-15），孔隙率可以达到59%～85%，孔径尺寸在416～1455μm。

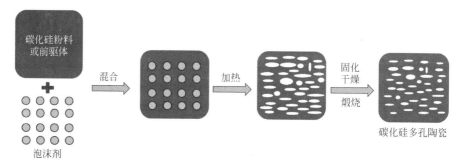

图5-14 采用发泡法制备碳化硅多孔陶瓷流程示意[38]

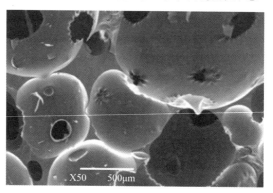

图5-15 采用偶氮二甲酰胺制备的碳化硅多孔陶瓷的微观结构[39]

和其他制备工艺相比，添加造孔剂法和有机泡沫浸渍法等都只能得到网状开孔SiC陶瓷，而发泡工艺是唯一有效的闭孔型多孔SiC陶瓷的制备方法。目前，这种封闭多孔材料在环保、化学、能源工业方面的应用越来越广泛，在隔热和减重结构中作用显著，所以对其进一步地研究、开发、应用和推广将带来很大的经济效益与社会效益。

5.1.3　碳化硅陶瓷支撑体成型技术

常见的碳化硅支撑体的成型方法主要有等静压成型、挤出成型、流延成型、凝胶注模成型等，常见的支撑体的形状有管状、棒状、平板状以及蜂窝状。

5.1.3.1　凝胶注模成型

凝胶注模工艺由美国橡树岭实验室在 20 世纪 90 年代首次提出，其原理是通过原位聚合反应，使浆料直接成坯，然后通过高温烧结制得陶瓷。该工艺的优点在于成型的陶瓷生坯强度高，烧结过程不易坍塌，且操作简单，可制备出形状较为复杂的陶瓷。张灿英等[40]采用凝胶注模工艺，以氧化铝为原料制备出的陶瓷坯体强度高达 14MPa，生坯相对密度高达 68%。Wang 等[41]采用凝胶注模工艺制备出碳化硅陶瓷，效率较高但机械强度较差，强度仅有 3MPa。Mouaze 等[42]将凝胶注模成型和发泡法进行结合，制备的碳化硅陶瓷孔隙率高达 78%～88%。目前现存的凝胶体系大多为有毒的丙烯酰胺体系，且需要加入大量的有机添加剂来调节浆料黏性来提高生坯的强度。在烧结过程中会出现大量问题，如坯体烧成收缩形变大、机械强度较差等。图 5-16 是采用凝胶注模方法制备的两种不同直径和长度的碳化硅膜支撑体产品[43]。

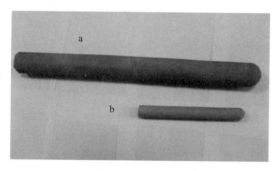

图 5-16　凝胶注模法制备的碳化硅膜支撑体元件[42]
　　（a）$L=500mm$，$\varphi 48mm\times 32mm$；
　　（b）$L=200mm$，$\varphi 24mm\times 16mm$

5.1.3.2　流延成型

流延成型[44]是利用陶瓷泥料在刮刀的作用下在平面上延展成型的工艺。其原理是在粉料中加入大量的有机塑化剂使得粉料变为具有较好黏度的浆料，在流延机上浆料流出的同时被刮刀刮压涂覆在基带上，经干燥、固化后成型。固化后的坯体可以进行加工处理，最后在高温下烧结得到陶瓷成品。流延成型的优点在于设备简单、生产效率高，缺点是该方法只能制备平板陶瓷膜。郭坚等[45]采用该方法制备出体积密度为 $3.32g/cm^3$，热导率高达 178W/(m·K) 的氮化铝陶瓷。周建民等[46]采用流延法制备电子陶瓷，优化了制备工艺。该方法也存在着有机塑化剂添加量较大、对干燥及排蜡要求较高等问题。流延成型目前在制备压电陶瓷薄膜方面比较成熟,在制备碳化硅膜规模化方面还有待进一步开发,主要是由于该成型方法对有机物的选择比较敏感,必须根据所用粉料及所需薄片的厚度合理选择所用有机物的种类和配比。另外,碳化硅颗粒质硬且耐磨,对刮刀会有磨损,相信通过研究人员不断改进方法,流延成型也会成为一种具有非常广阔应用前景的碳化硅膜成型方法。

5.1.3.3 等静压成型

等静压成型是利用液体介质不可压缩和均匀传递压力的特点,对装在模具中的陶瓷粉体进行加压成型。等静压成型的优点在于可以制备出形状复杂的产品,烧成收缩较小,适合生产管式和平板支撑体[47]。Liu 等[48]采用等静压成型工艺制备出外径 60mm 的碳化硅支撑体,在 1300℃下烧结得到,其平均孔径可达 $150\mu m$,孔隙率较小,仅为 36%,抗折强度只有约 15MPa。Fukushima 等[49]以

300nm 的碳化硅为骨料,用等静压成型法制备出高强度的支撑体,强度最高达到 513MPa,抗折强度随着成型压力增大而增大,由于没有加入造孔剂,导致所制备的支撑体孔隙率低于 40%。此碳化硅支撑体微观结构如图 5-17 所示,可以看出,细小颗粒较多,孔径较小。等静压成型基本可以一次近净尺寸成型制备碳化硅膜支撑体,减少了烧结次数,但是等静压成型也存在着一些问题,如脱模比较困难、难以连续生产、自动化水平较低等。

图 5-17 等静压成型法制备的碳化硅支撑体微观结构图[49]

5.1.3.4 挤出成型

挤出成型是塑性成型的一种,是制备较长线材、管材的成型方法之一,是最适合生产等截面制品的低成本工艺。它是指将配制的湿料经过真空炼制得到塑性较好的泥料,通过螺旋挤出或者活塞式挤出得到生坯的工艺。但是它对泥料的要求很高,首先粉料要有足够的细度和圆滑的外形来保证泥料的流动性,其次要加入适量的溶剂和增塑剂来确保泥料的塑性。

挤出成型非常适合连续性生产,效率较高,易于自动化操作,且只需更换不同模具就可以得到不同形状的坯体。缺点是除了对泥料要求苛刻外,还对设备加

工精度要求高，烧成收缩大。

挤出成型可挤制直径在 $1\sim800\,\mathrm{mm}$ 的管状或棒状支撑体、$100\sim200$ 孔/cm^2 的蜂窝状支撑体或者片状支撑体。Isobe 等[50]采用粒径为 $0.7\mu\mathrm{m}$ 的氧化铝材料，以直径 $14\mu\mathrm{m}$ 碳纤维为造孔剂，通过挤出成型制备出多孔氧化铝陶瓷，其三点抗折强度高达 $171\mathrm{MPa}$，孔径为 $14\mu\mathrm{m}$，且孔径具有单向排列的特点。Jiang 等[51]采用高比表面积的氮化硅作为原料挤出制备氮化硅陶瓷，孔径范围在 $15\sim25\mu\mathrm{m}$ 之间，孔隙率高达 67%，气体渗透性系数高达 $1.2\times10^{-12}\,\mathrm{m}^2$。其在微观结构上表现突出，无明显缺陷，具有较高的抗折强度。徐超男等[52]以粒径为 $100\mu\mathrm{m}$ 的碳化硅为骨料，十二烷基苯磺酸钠和氧化锆为烧结助剂，碳粉为造孔剂，采用挤出成型的方式制备了多通道的管式多孔碳化硅陶瓷支撑体，支撑体的抗折强度在 $20\mathrm{MPa}$ 以上。图 5-18 是挤出成型法制备的多通道碳化硅支撑体管生坯和成品。

(a)　　　　　　　　(b)

图 5-18　挤出成型法制备的多通道碳化硅支撑体管生坯（a）和成品（b）[52]

5.1.4　碳化硅陶瓷分离膜层的制备方法

非对称陶瓷膜一般采用浸渍提拉法、旋涂法、喷涂法、化学气相沉积法在支撑体上涂覆具有分离作用的膜层，通过一定的热处理工艺，最后制备成型。

浸渍提拉法[53]常见于溶胶涂膜过程，溶胶是指纳米级（$1\sim100\,\mathrm{nm}$）的分散粒子均匀地分散在另一连续相的分散介质中而形成的透明胶体分散体系。浸渍提拉法主要包括浸渍、提拉和热处理三个步骤。首先将支撑体浸入配制的溶胶中，再将其匀速向上拉出液面。其中，提拉的速度特别关键，提拉速度越快，膜层越薄，膜层所需的制备时间也越长；提拉速度越慢则膜层越厚，溶胶易在支撑体表面团聚形成胶团状颗粒。然后将表面覆有一层均匀液膜的支撑体进行恒温干燥，溶剂迅速蒸发并在支撑体表面形成一层凝胶膜。重复上述步骤，直至得到合适厚度的凝胶层。最后通过不同的烧结程序获得不同孔径范围的分离膜。图 5-19 展示的是制膜液固含量对膜厚的影响。可以看出固含量从 55% 增加到 60% 时，膜厚增加较快，之后趋于平缓。因此采用浸渍提拉法制备碳化硅膜时，应考虑膜厚度和制膜液固含量之间的关系，选择合适的固含量[54]。

旋涂法[55]制备的薄膜厚度在30～2000nm之间精确可控，制备过程主要分为滴胶、喷涂和干燥三个步骤。首先，将涂膜液喷到支撑体表面，支撑体以一定的角速度不停旋转，溶胶均匀地涂覆在支撑体表面，然后在恒温下干燥，溶剂迅速蒸发并在支撑体表面形成一层凝胶膜，最后在设定的烧结程序下烧结后得到完整的分离膜。其中旋转速度和干燥是影响膜层结构和厚度

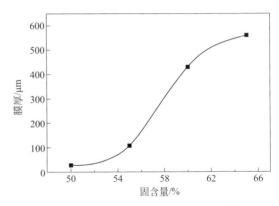

图 5-19　制膜液固含量对膜厚的影响[54]

的关键因素和步骤。旋涂法具有设备简单易于维护、制备过程简单、耗时少、膜层厚度精确可控、性价比高、节能环保等优势。旋涂工艺不仅适合在平板支撑体上覆膜，而且也适合在形状复杂的支撑体（如管状陶瓷支撑体）上制备分离膜层。

化学气相沉积法[56]是通过化学方法在低温下将源物质沉积在支撑体表面或孔道内，借助气相作用在支撑体表面上反应，沉积生成分离膜层。此方法必须满足以下条件：①反应物具有足够高的蒸气压，沉积物必须要有足够低的蒸气压，以保证在整个反应进行中生成的沉积物能保持在加热的支撑体上；②反应生成物除需要的沉积物为固态外，其余都必须为气态。采用该方法制备分离膜层时，沉积时间的控制非常重要。化学气相沉积工艺设备昂贵，不适合大面积分离膜层的制备，原料种类少且价格昂贵，因此其应用于工业生产仍需进行更深入的研究。

喷涂法常见于悬浮液体系。悬浮液是指微米级（0.1～10μm）分散相颗粒均匀分散在具有一定黏度的分散介质中，悬浮液在一定时间内稳定存在。喷涂法是利用压缩空气流经喷嘴时产生的负压将悬浮液吸出，悬浮液随着压缩空气的快速扩散而雾化，雾化的液滴在支撑体表面沉积，形成一层均匀的液膜。其中，分散介质在毛细孔力作用下进入支撑体孔道，而分散相颗粒则在支撑体表面堆积成膜，在设定的烧结程序下烧结后得到分离膜。喷涂工艺设备和运行成本低、操作工艺简单，适合连续化生产，能够在形状复杂的支撑体表面覆膜，而且所制备的膜层致密性好，结合强度高。膜层的孔结构主要受悬浮液分散颗粒粒径及其分布、悬浮液组成、膜层厚度、支撑体结构、烧结程序等因素的影响。其中合适粒径分布的分散相颗粒是喷涂工艺的基础，而获得分散稳定性好的悬浮液，是制备平均孔径小、孔径分布窄、无缺陷分离膜的关键条件之一，也是前提条件。

图 5-20（a）是喷涂时间对碳化硅膜厚度的影响。可见喷涂时间在 10s 以内

时膜厚度增加较快，之后趋于平缓。考虑到膜层厚度对气体透过性能有较大影响，但喷涂时间太短又容易有膜层缺陷，因此一般认为，喷涂时间在 8~10s 之间比较合适。图 5-20（b）是喷涂 8s 时膜层的微观结构图，膜层厚度在 $90\mu m$ 左右[57]。魏巍等[58]通过旋转喷涂的方式，成功制备了管式碳化硅分离膜层，膜层厚度为 $250\mu m$，气体通量为 $45.2m^3/(m^2 \cdot h \cdot kPa)$。图 5-21 是管状碳化硅陶瓷膜外观照片及反映其微观结构的电镜照片。

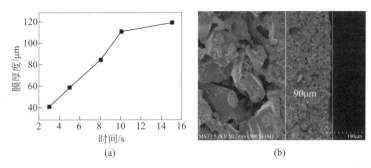

图 5-20 喷涂时间对膜厚的影响（a）和喷涂 8s 后膜层微观结构（b）[57]

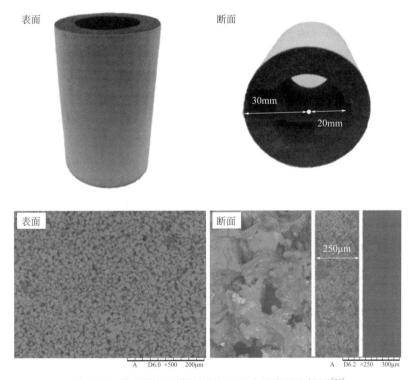

图 5-21 管状碳化硅陶瓷膜宏观照片及微观电镜图[58]

5.1.5　碳化硅陶瓷膜的应用

目前用于工业过程的挂烛式碳化硅陶瓷膜的外形如图 5-22 所示[10]，挂烛式过滤元件为一端封闭、一端开口的具有法兰构型的结构。

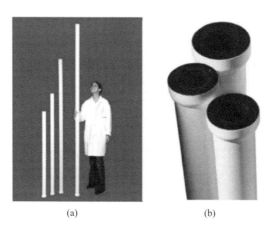

(a)　　　　　　　　　　(b)

图 5-22　挂烛式碳化硅陶瓷膜外观图[10]

(a) 1.5～2.0m 长陶瓷管；(b) 膜管法兰端

国外在碳化硅多孔陶瓷制备及应用研究方面开始较早，美、日、德等发达国家初步实现了碳化硅多孔陶瓷除尘技术在煤化工领域的应用[59]。美国的 Pall 公司开发了一种处理高温废气的碳化硅多孔陶瓷过滤器，过滤管用的是公司自主生产的 DIA-SCHUMALITH 碳化硅陶瓷过滤管，装置采用了先进的文丘里喷射反吹技术[60]。Pall 公司生产的该型碳化硅陶瓷管于 1994 年用于荷兰比赫讷姆当时世界最大的 IGCC 厂，稳定运行了多年，但仍然存在一些问题，比如陶瓷管抗热震性和抗碱金属腐蚀性能差，陶瓷管长时间运行后出现颈部断裂[61]。

Pastila 等[62]采用商业的 SiC 陶瓷高温过滤管，在 870℃高温水蒸气和气态钠的苛刻条件下，考察了长时间过滤除尘对陶瓷微观结构以及强度的影响，结果表明，SiC 过滤管表面微观结构有所改变并导致其强度下降，过滤性能受到影响，其在高温下的过滤效率和抗氧化性能还需要进一步的研究。Lupión 等[63]将袋式除尘与陶瓷过滤的性能作了比较，采用 3 种除尘袋，分别是聚四氟乙烯（PTFE）、聚酰亚胺（P84）和玻璃纤维（FB700），陶瓷膜管用的是 Pall 公司生产的 DIA-SCHUMALITH 型过滤管。综合考虑过滤效果和经济效益后，认为在 235℃以下 PTFE 过滤材料更有竞争力，在高温（>300℃）情况下碳化硅多孔陶瓷膜过滤器更有竞争优势。但是，采用碳化硅多孔陶瓷过滤时的压降更高，气体处理量更低，能耗更大。

近年来，我国在碳化硅多孔陶瓷制备与应用研究方面取得了较快的发展。但与发达国家相比，国内在碳化硅多孔陶瓷制备技术方面的研究开展较晚，从事专业研究和生产的单位较少，产业化水平与国外差距较大。目前，国内对碳化硅多孔陶瓷的研究主要集中在高校和科研院所，如南京工业大学、中国科学技术大学、海南大学、中科院金属研究所、江苏省陶瓷研究所和山东工业陶瓷设计院等。这些单位也都各自开展了新型碳化硅多孔陶瓷及复合材料的设计和制备研究，从早期的氧化铝、氧化锆、氧化钛材料发展至碳化硅复合梯度孔材料，并开展了高温气体过滤方面的应用研究，为推进工业化应用奠定了良好的基础[64]。山东工业陶瓷设计院已成功开发了碳化硅质和莫来石-碳化硅质系列高温陶瓷膜过滤材料和配套的过滤除尘技术。曹俊倡等[65]用碳化硅多孔陶瓷过滤 Shell 煤气化装置中排放出来的飞灰，结果表明，在温度高于 300℃的煤气净化过程中，可以有效脱除粒径在 $0.3\mu m$ 的细颗粒物，净化后的煤气中飞灰含量降至 $1\sim2mg/m^3$。

近年来，南京工业大学利用其自身研发优势，在国家各类项目支持下，经过多年技术攻关，开发出了具有较优性能的高温除尘碳化硅膜。该技术采用原位反应烧结制备双层结构膜，内层为平均孔径较大的支撑体以保证滤管的强度，在支撑体的外表面涂覆一层平均孔径较小的碳化硅膜层，以实现表面过滤（图 5-23）。支撑体孔径比较大，孔隙率一般大于 40%，平均孔径 $40\sim60\mu m$，分离膜层平均孔径在 $1\sim10\mu m$ 范围内可调，可以根据实际粉尘粒径大小选择合适的膜孔径，详细的性能参数如表 5-2 所示[66]。与国外同类产品相比，我国目前开发的碳化硅多孔陶瓷膜材料在高温稳定性能和高温膜元件装备方面还有一定的差距，而且工程化应用方面进展缓慢。应该说，国内目前总体上尚处于实验到中试阶段，离大规模工业化应用还有一段距离，未来需要在高性能、低成本的碳化硅多孔陶瓷的制备和工程应用方面加大研发力度。

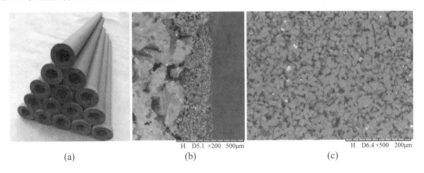

(a)　　　　　　　(b)　　　　　　　(c)

图 5-23　碳化硅陶瓷膜管实物图（a）、断面扫描电镜照片（b）
和膜表面扫描电镜照片（c）

表 5-2 碳化硅质陶瓷膜元件性能参数表[66]

项目	性能参数	项目	性能参数
滤芯材质	碳化硅	抗折强度/MPa	15~20
膜层孔径/μm	1~10	过滤精度/μm	0.3
气孔率/%	>40	最大耐受压力/MPa	10
耐酸性(质量保持)/%	99.9	最高工作温度/℃	1000
耐碱性(质量保持)/%	99.8		

5.2 其他膜材料

5.2.1 陶瓷纤维膜

5.2.1.1 概况

陶瓷纤维膜是指起分离过滤作用的膜层或支撑体材料,是由无机陶瓷短纤维通过铸膜液配置、多次涂膜、烘干、高温烧结而成的一种膜材料。陶瓷纤维和颗粒相比,大幅提高了膜层的耐热震性能和透气性能,也一定程度上解决了传统陶瓷膜材料在气固分离应用上所面临的过滤阻力过高的问题[67]。陶瓷纤维膜的结构形式比较多样,有直接采用陶瓷纤维做成类似布袋一样的过滤材料,主要由碳化硅、氧化铝、莫来石和硅酸铝纤维等制成。如美国 Buell 公司、美国西屋公司以及美国电力公司研究所等用直径 10~12μm 的陶瓷纤维(62% Al_2O_3、24% SiO_2、14% B_2O_3)编织成陶瓷布袋,并在816℃、0.98MPa 的条件下进行过滤试验,过滤风速为 2m/min,除尘效率高达 99.7%,稳定后最高压降达到1489Pa,清灰时用脉冲空气进行反吹[68]。美国 ACUREX 公司采用直径为 3μm的陶瓷纤维编织成毯式过滤材料,两面再蒙上一层不锈钢丝网,在 800℃、0.98MPa 的条件下试验,过滤速度达到 6m/min,除尘效率可达 99.9%,清灰采用脉冲气体反吹,在高温下反吹 5000 次,整个过滤材料强度仍可满足要求[69]。另外,美国 3M 公司早期研制的含铝、硼、硅等元素的陶瓷纤维滤袋具有透气性能更好、质量更轻等优点,过滤气速最高能达到 5m/min,但使用过程中膜容易折断。德国 BWF 公司开发的袋形陶瓷纤维过滤单元 KE-85,耐温可达 850℃。英国 TENMAT 公司开发的刚性陶瓷纤维滤袋耐高温(达 1600℃)、不燃烧,可以过滤直径小于 1μm 的尘粒,尘埃的排放浓度可降到 1mg/m³ 以下,适用于冶金工业、垃圾焚烧和火力电厂等,具有过滤阻力低、清灰效果好和运行维护方便等优点。

5.2.1.2 制备方法

陶瓷纤维膜通常采用真空抽吸成型工艺制备。首先，在高速搅拌器中将陶瓷纤维和硅溶胶等混合，进行高速分散和剪切纤维，搅拌期间不停向混合物中添加质量分数 0.5%（基于浆液总质量）的羧甲基纤维素钠溶液。搅拌结束后，将浆液倒入底部有过滤网的模具中，再通过真空抽吸去除浆液中的多余液体，纤维和一小部分液体积聚在模具中形成坯体。对坯体进行 24h 干燥，最后高温烧结而成。Zhang 等[70]采用莫来石纳米纤维代替莫来石微米纤维，以凝胶注模法制备莫来石纳米纤维多孔陶瓷。所制备的莫来石纳米多孔陶瓷的密度（0.202g/cm³）仅为莫来石微米多孔陶瓷密度（0.266g/cm³）的 3/4，莫来石纳米多孔陶瓷的抗折强度（0.837MPa）也比莫来石微米多孔陶瓷（0.515MPa）高；所获得的材料具有双孔径分布，分别为 1~5μm 和 5~15μm。该制备工艺见图 5-24。

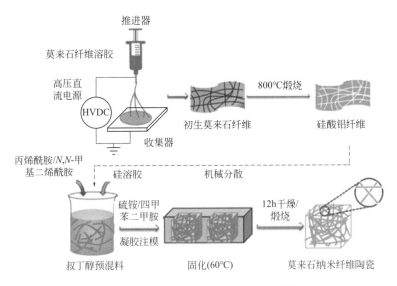

图 5-24 莫来石纤维膜制备流程图[70]

以上介绍的陶瓷纤维做成的各种形状的过滤材料虽然过滤阻力比较低，过滤气速也比碳化硅陶瓷过滤材料要高，但用陶瓷纤维制备的滤管或纤维袋强度不高，使用过程遇到温度波动较大、含 HF 气体成分且水汽含量较高的工况时，管子容易出现断裂，这是目前普遍存在的问题。近年来，有学者提出采用多孔陶瓷作为载体，在表面涂覆陶瓷纤维膜来过滤高温含尘气体。以这种方式制备的滤材具备较高的机械强度，且表面膜层又可保证材料具有很高的过滤精度。美国 3M 公司采用碳化硅作为支撑体材料，表面负载硅酸铝纤维膜层[71]；美国杜邦公司开发了以氧化铝为纤维膜层，以碳化硅多孔陶瓷为支撑体的过滤材料；B&W 公司开发了氧化铝纤维-氧化铝多孔陶瓷过滤材料[72]。所开发的滤材，其纤维膜层孔隙率基本都在 75％以上，机械强度主要取决于多孔支撑体，多孔支撑体的孔隙率一般为 30％～40％，抗折强度一般都在 15MPa 以上。

5.2.1.3　应用情况

目前，高温陶瓷纤维膜应用比较成功的是德国 Schumacher 公司开发的以碳化硅、硅酸铝纤维为主要原料生产的 Cerafill 2H10 陶瓷纤维复合膜，膜层气孔率达到 90％以上，可以在 950℃下长期使用，透气阻力一般为陶瓷膜的 1/3～1/2[73]。另外，早在 20 世纪 70 年代日本旭硝子株式会社就开发了堇青石高温陶瓷纤维膜过滤元件，并在化铁炉等冶炼炉行业进行推广应用。日本旭硝子株式会社生产的管式多孔陶瓷膜（LOTEC-V）平均孔径为 40～65μm，高度方向无梯度，支撑体由 β-堇青石粉末加少量烧结助剂直接烧结而成，其耐高温性能优异，可处理 1000℃的高温粉尘烟气，但由于孔隙率只有 16％～22％，过滤阻力较大，抗折强度也只有 15～18MPa，应用范围较小。

陶瓷纤维膜除了传统的终端表面过滤形式外，美国西屋公司在 1988 年开发了氧化铝-莫来石纤维复合陶瓷膜，研制出错流式片状陶瓷。日立金属株式会社野口敦弘等研制出一种由堇青石构成的具有多个流路的圆柱形陶瓷蜂窝结构体（如图 5-25 所示）。陶瓷蜂窝结构体的周壁为多孔质构造，相邻的周壁通过含有微粒的排放气体。目前这一构造的微粒捕集用陶瓷蜂窝过滤器主要用在柴油机微粒过滤器（DPF）上[74]。蜂窝式过滤元件的结构优势在于其净化气体通道和含尘气体通道平行，组装方便，结构最为紧凑，但与

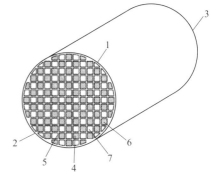

图 5-25　蜂窝式结构陶瓷过滤元件[74]
1—外周壁；2—流入侧端面；3—流出侧端面；
4—网眼密封部；5—内周壁；
6—出气通道；7—进气通道

管式陶瓷膜相比清灰过程比较复杂，在高含尘体系中应用时，该形式的过滤器结构容易堵灰，造成压降持续上升。

5.2.1.4　国内发展情况

国内对陶瓷纤维材料的研究和开发比较滞后，目前主要侧重于金属纤维过滤材料和玻璃纤维材料的研究，对陶瓷纤维过滤材料方面的研究较少，高性能陶瓷纤维材料和过滤管制备技术都严重依赖国外跨国公司，如美国奇耐和英国 TEMMAT 等。近年来，清华大学、南京工业大学和山东工业陶瓷设计院等都开展了

利用陶瓷纤维作为过渡层或者膜层的研究，且取得了一系列的进展。清华大学李俊峰等[75,76]以碳化硅多孔陶瓷为支撑体，在表面涂覆一层硅酸铝纤维过渡层，然后在纤维过渡层上再喷涂一层更细的颗粒堆积的膜层。通过纤维层有效防止了颗粒的内渗，降低了膜层厚度和过滤压降，其结构如图 5-26 所示。

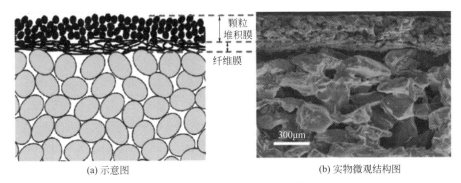

(a) 示意图　　　　　　　　　　(b) 实物微观结构图

图 5-26　陶瓷纤维复合膜结构[75,76]

南京工业大学 Liu 等[77]利用氧化铝陶瓷纤维与硅灰石纤维长度、直径不同等特征，采用两步成形的方法制成具有复合结构的纤维多孔陶瓷样品，并对影响材料性能的各种因素进行了分析和探讨。采用扫描电子显微镜（SEM）和金相显微镜对陶瓷纤维管的微观结构进行了分析和测量。研究发现，所制备的陶瓷纤维管气孔率高达到 78%，即使在 4m/min 流速时的阻力也仅为 228Pa，但是材料的抗折强度较低，即使烧结温度达到 1000℃，抗折强度也仅为 9.7MPa，抗折强度随烧结温度的变化如图 5-27 所示。

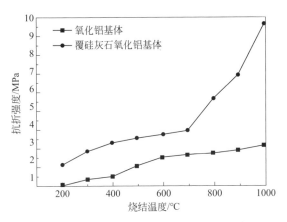

图 5-27　抗折强度随烧结温度的变化[77]

在膜层防内渗方面，南京工业大学邢卫红等[78]采用碳化硅晶须修饰支撑体表面大孔，然后在表面喷涂一层 50～150μm 的膜层，通过高温烧结后，中间过渡层经过固相反应牺牲掉，最后只留下两层，而且膜层颗粒不内渗，使得膜材料的过滤阻力进一步降低（＜800Pa）。

山东工业陶瓷设计院 Xue 等[79,80]以堇青石、连续高硅氧纤维和莫来石纤维为主要原料，采用硅-硼体系高温结合剂，制备了连续纤维增强的陶瓷纤维过滤材料，烧成温度为 850℃时制成的纤维过滤材料气孔率不低于 70%，机械强度不低于 5MPa，1m/min 风速下过滤阻力不大于 200Pa，纤维过滤材料具有较好的断裂韧性。表 5-3 给出的是堇青石质陶瓷纤维膜元件参数性能。

表 5-3　堇青石质陶瓷纤维膜元件性能参数表

项目	性能参数	项目	性能参数
滤芯材质	堇青石/陶瓷纤维	抗折强度/MPa	4～6
膜层孔径/μm	20、30	过滤精度/μm	1.0
气孔率/%	38～42	最大工作压力/MPa	0.1
耐酸性(质量保持)/%	99.8	最高工作温度/℃	650
耐碱性(质量保持)/%	99.5		

近年来，中国石油大学 Miao 等[81]采用不同的干燥方法和煅烧温度成功制备了硅酸铝纤维基陶瓷过滤元件。研究表明，通过 3 种干燥方法制备的过滤器元件的微观结构存在差异，并且微观结构显著影响过滤元件的过滤强度和初始压降。与鼓风干燥和真空干燥相比，微波干燥抑制了黏结剂的迁移。微波干燥制备的过滤器元件具有均匀分布的黏合剂，并且中间部分的孔结构与边缘部分的孔结构基本相同（图 5-28），从而改善了结构的均匀性，提高了机械强度。

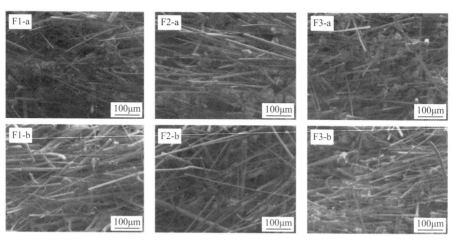

图 5-28　通过不同干燥方法制备的过滤器元件的形态[81]
F1—鼓风干燥；F2—真空干燥；F3—微波干燥；a—边缘部分；b—中间部分

在实际应用过程中，由于工业高温尾气中大多含有腐蚀性气体，如 SO$_2$ 和碱金属蒸气等，会对滤材表面的膜层和支撑体造成腐蚀，导致过滤效率下降，过滤精度降低，缩短材料的使用寿命，这极大地限制了氧化物陶瓷（纤维）在高温气体净化领域的应用，因此目前氧化物陶瓷膜材料大多应用于液固分离领域。

陶瓷纤维膜过滤材料作为第二代先进高温气体净化材料，显示出了巨大的优越性和应用前景[82]。但基于目前高性能连续纤维材料种类的局限性及高制造成本，其在热气体净化领域的应用还没有达到人们所预期的普及程度。另外，受高浓度短纤维浆料分散性影响，过滤材料性能均一性控制仍然是一个亟待克服的技术难题。另外，纤维浆料浇注成型过程中因真空抽滤造成的材料内外部结构、性能差异也是一个不容忽视的技术问题。若真正大面积推广应用，还需要在低价连续纤维开发、复合膜层制备工艺优化等方面进一步做大量的研究工作。

5.2.2 粉末烧结金属膜

粉末烧结金属膜材料是采用金属或合金粉末为原料，通过成型和高温烧结而成的具有刚性结构的多孔材料，其特点是内部含有大量连通或半连通的孔隙，孔隙结构由规则和不规则的粉末颗粒堆垛而成，孔隙的大小和分布以及孔隙度大小取决于粉末粒度组成与制备工艺。常见烧结金属粉末多孔材料的材质有青铜、不锈钢、铁、镍、钛、钨、钼以及难熔金属化合物等。如以 310 不锈钢、Inconel600（Fe-Cr-Ni）、蒙乃尔（Ni-Cu-Fe-Mn）、哈氏合金（Ni-Cr）等制备而成的金属膜，具有过滤面积大、过滤精度高、压力损失低、密封性能好、耗材少等优点。

粉末烧结金属膜载体的制备一般采用模压成型与烧结、等静压成型、松装烧结、粉末轧制、粉末增塑挤压、粉浆浇注等传统工艺。根据材质不同，烧结温度范围跨度较大（750～2000℃）。表面的多孔金属膜材料制备通常采用固态粒子烧结法、相分离法、薄膜沉积法等。固态粒子烧结法的使用较为常见，其工艺包括悬浮液制备、涂膜、干燥和烧结等。制备时影响膜孔径和孔径分布的因素有金属粉料体系、粉体颗粒形状与尺寸、粒度分布、黏结剂黏度、添加剂及烧结温度。悬浮液制备工艺环节采用的粉末有钛粉、不锈钢粉、纳米二氧化钛粉。对于纳米二氧化钛粉末，选用水或酒精即可分散均匀；对于钛粉、不锈钢粉末，要选用黏度大的分散剂，可选用聚乙烯醇胶体作为分散剂。涂膜工艺一般有刷涂、浸渍、抽滤、喷涂、离心等方法，最后进行干燥和烧结得到金属膜产品。

应用于高温烟气净化领域的粉末烧结金属膜材料为孔径梯度复合结构，主要由基体和膜层组成。基体是不锈钢金属多孔材料，膜层一般选用与基体易于复合的金属间化合物，也可选用在多孔金属基体上复合陶瓷的多孔金属膜。表 5-4 给出了典型高温过滤金属膜的性能参数，与陶瓷膜比较可以发现，金属材料的机械强度要明显高于陶瓷膜材料。

表 5-4　典型粉末烧结金属膜材料的基本性能参数[83]

过滤材料	平均孔径/μm	渗透性/[L/(min·cm²·Pa)]	孔隙率/%	强度/MPa	延伸率	过滤效率/%
AT&M-FeAl	10.1	2.45×10^{-4}	45.3	120	0.5~2	>99.9
AT&M-310S	22.5	3.55×10^{-3}	35	160	>30	>99.5
FeAl	10	2.25×10^{-4}	30	122	−1	>99.9
Hastlloy	10	2.0×10^{-4}	23	240	>8	>99.9
Schumacher-T10(陶瓷)	10	1.25×10^{-4}	38	13	<1	>99.9

近年来，许多专家致力于开发多孔金属中空纤维膜，以提高多孔金属膜的填充密度与分离效率，这样既可以发挥多孔金属膜强度高、耐高温等优势，又可以兼具中空纤维膜比表面积大、利用率高等特点[84]。因此，多孔金属中空纤维膜是目前金属膜研究中的一个热点。Rui 等[85]考察了在不锈钢中空纤维膜的烧结过程中，所处的气体环境（空气、CO_2、N_2、He、H_2）对膜微观结构与性能的影响。结果发现，空气与 CO_2 环境会降低膜的机械性能，N_2 与 He 环境会降低膜的耐腐蚀性能，只有在 H_2 环境下得到的膜才同时具备优良的机械强度、韧性和稳定性。Chi 等[86]采用相转化和化学气相沉积（CVD）工艺制备了带有石墨烯涂层的镍中空纤维（G-Ni-HF）膜。研究发现，无石墨烯保护的镍中空纤维膜在硝酸中数小时后出现溶解，而有石墨烯保护的 G-Ni-HF 膜保持完整。图 5-29 是中空纤维金属 Ni 膜的横截面和纤维结构图［由图（d）和（e）可以看到其表面有一层保护膜］。

在高温气固分离膜方面，西北有色金属研究院和安泰科技股份有限公司是国内最早开始对烧结金属微孔膜进行研究的单位，这两家单位已形成商业化的多孔金属膜产品，孔径为 0.05~0.10μm。但是粉末烧结金属膜在国内仍然处于初期阶段，国外的 GKN 和 Hyflux 两家公司已基本完成粉末烧结金属膜在中国的布局。在应用过程中，粉末烧结金属膜材料还存在一定的问题，如超过 600℃时会出现随着温度升高强度下降的现象，这主要是因为金属膜容易氧化，导致膜孔径出现变化，过滤精度下降；强度和耐腐蚀性低于陶瓷材料。此外，还有研究发现金属多孔材料在过滤过程中因流量升高和温度上升，阻力会出现快速上升，当温度达到 600℃时，阻力达到 3000Pa，这些问题的解决需要科研工作者进一步的深入研究[87]。

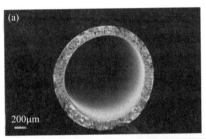

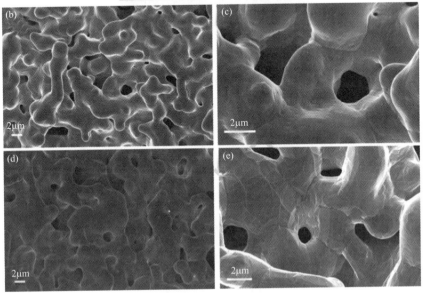

图 5-29 （a）中空 Ni 金属纤维膜横截面的 SEM 照片；（b，c）原始的 Ni-HF 膜表面；
（d，e）G-Ni-HF 膜表面[86]

5.2.3　金属间化合物膜

金属元素间、金属元素与类金属元素间以整数比（化学计量数比）组成的化合物称为金属间化合物。他们通过共价键和金属键结合，并保留金属的特性，如金属光泽、金属导热及导电性等。金属间化合物膜就是利用金属元素间的偏扩散引起的柯肯达尔（Kirkendall）效应从而烧结制备出的多孔膜材料及其元件，通过原子尺度的偏扩散反应合成技术，可在微米、亚微米级别实现膜孔径的精确控制，实现金属间化合物膜制备技术全过程的环保生产和精确控制。金属间化合物膜具有良好的高温化学稳定性、高温热稳定性、高温机械物理性能和高温过滤性能等。

金属间化合物膜为非对称结构，和陶瓷膜结构类似，分为支撑层和分离层，孔径范围为 0.5～50μm，直径 60mm，最长可达 2500mm。由于金属膜厚度薄，壁厚只有 1.5～3mm，因此金属间化合物膜通量大，阻力低（最低达到 1000Pa），可在 450～650℃工作，实现高精度过滤，净气含尘小于 5mg/m³。目前国内成都易态科技有限公司依托中南大学科研团队成功开发了工业化产品，并且在煤化工、矿热炉、铁合金、磷化工等高温烟气治理领域成功应用。

Liu 等[88] 采用高效低成本的原位反应法，首次以钛粉和石英管（SiO₂）为原料制备了 Ti-Si 金属间化合物多孔膜，代替化学气相沉积或固相烧结等方法，其制备过程是将 Ti 粉装入石英管中，再通过冷等静压方式成型，最后脱模烧结而成，膜孔径小于 0.5μm，厚度 2μm，孔径分布均一，其制备工艺如图 5-30 所示，产物的微结构如图 5-31 所示。该法制备的 Ti-Si 膜成本低，简单易于放大，未来在过滤器、热交换器和离子电池领域将有广阔的应用前景。

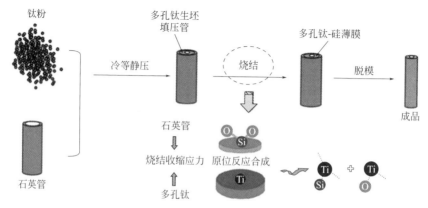

图 5-30 原位烧结法制备 Ti-Si 金属间化合物膜工艺图[88]

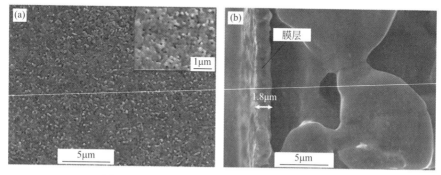

图 5-31 Ti-Si 金属间化合物膜的 SEM 图像[88]
(a) 表面；(b) 横截面

在金属间化合物应用方面，目前成都易态科技公司生产的 Fe-Al 金属膜产品已经在黄磷尾气处理上成功应用。黄磷生产过程中，采用焦炭在电炉中还原磷矿，产生的气态黄磷与磷炉煤气一同排出电炉。炉气直接进入洗气塔，炉气中的黄磷在热水中分层净化，粉尘颗粒物沉降，因炉气中含有大量粉尘，产生大量磷泥，耗费水资源。易态科技使用 Fe-Al 金属膜对黄磷炉气净化，提高了黄磷纯度及回收率，避免了磷泥的产生，解决了工艺冗长、能耗高等困扰该行业的瓶颈问题[89]。

5.2.4 陶瓷/不锈钢复合膜

陶瓷/不锈钢复合膜是由陶瓷膜负载于不锈钢基材表面而成，兼具陶瓷膜精度高与金属膜强度大的特点，过滤精度可达 50nm。膜材料可为 TiO_2、Al_2O_3、ZrO_2、YSZ 等，膜厚 $100\sim200\mu m$[90,91]。陶瓷/不锈钢复合膜开发难度大，其根本原因是金属与陶瓷性质迥然不同，亲和力弱，热膨胀系数差异较大。与负载型不锈钢膜相比，陶瓷/不锈钢复合膜还需要解决陶瓷层强度和烧结应力难题。因此，制备陶瓷/不锈钢复合膜时，需要在陶瓷涂层工艺实施之前，先在不锈钢基材上沉积一层不锈钢微粉作为过渡层，不进行过渡层烧结而直接进行陶瓷涂层。在烧结过程中，不锈钢微粉能像"轮滑"一样有效缓冲陶瓷层的烧结收缩力。另外，不锈钢过渡层与陶瓷层有更大的接触面积，也提高了陶瓷附着力，这样就解决了陶瓷层易起皮、强度差的难题。图 5-32 是制备的 TiO_2/不锈钢复合膜产品及其微观结构的照片。

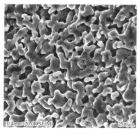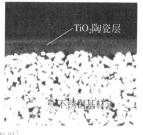

图 5-32 TiO_2/不锈钢复合膜[90,91]

Zhu 等[92]通过冷等静压成型和高温烧结工艺制备了 Ni-BaZr$_{0.1}$Ce$_{0.7}$Y$_{0.2}$O$_{3\delta}$ 不对称金属陶瓷膜（Ni-BZCY ACM），烧结工艺为 900℃，预烧结 30min，然后在 1400℃的 H_2/Ar 气氛下烧结 5h，最终得到 Ni-BZCY 不对称金属/陶瓷复合膜。图 5-33 给出的是膜层厚度为 $39.6\mu m$ 的 Ni-BZCY 不对称金属/陶瓷复合膜断面结构 SEM 照片和 H_2 渗透通量随温度的变化情况。在潮湿条件下，随着温度从 700℃升高到 900℃，H_2 渗透通量从 6.52×10^{-8} 增加到 1.48×10^{-7}mol/$(cm^2 \cdot s)$，而在干燥条件下则从 2.25×10^{-8} 增加到 5.93×10^{-8}mol/$(cm^2 \cdot s)$。潮湿条件下 H_2 的渗透通量是干燥状态下的 $2.5\sim2.9$ 倍。

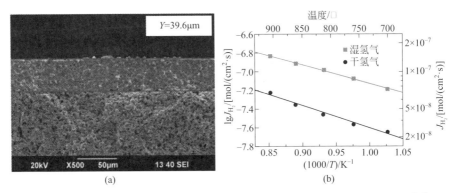

图 5-33　Ni-BZCY 不对称膜的断面 SEM 照片（a）和氢气渗透通量图（b）[92]

参 考 文 献

[1] Dachamir H，Marco D L，Michaela W，et al. Silicon carbide filters and porous membranes：A review of processing，properties，performance and application[J]. Journal of Membrane Science，2020，610：118193-118207.

[2] Lupion M，Rodriguez G M，Alonso F B，et al. Investigation into the influence on dust cake porosity in hot gas filtration[J]. Powder Technology，2014，264：592-598.

[3] Lehtovaara A. Ceramic filter behavior in gasification[J]. Bio-resource Technology，1993，46：113-118.

[4] Startin A，Elliott G. Treating industrial hot gases with ceramic filters[J]. Filtration & Separation，2001，11，39-40.

[5] 邱继峰. 高温陶瓷过滤器本体设计及反向脉冲清洗瞬态流动模型分析[D]. 西安：西安交通大学，2003.

[6] 朱建军. 陶瓷膜材料的高温稳定性研究[D]. 南京：南京工业大学，2013.

[7] 李世普. 特种陶瓷工艺学[M]. 武汉：武汉工业大学出版社，1990.

[8] 范益群，漆虹，徐南平. 多孔陶瓷膜制备技术研究进展[J]. 化工学报，2013，64(1)：107-115.

[9] 李辰冉，谢志鹏，康国兴，等. 国内外碳化硅陶瓷材料研究与应用进展[J]. 硅酸盐通报，2020，39(5)：1353-1370.

[10] Steffen H. Hot gas filtration：A review[J]. Fuel，2013，104：83-94.

[11] Kim Y S，Min K S，Shim J I，et al. Formation of porous SiC ceramics viarecrystallization[J]. Journal of the European Ceramic Society，2012，32：3611-3615.

[12] Li Y S，Yan Y J，Yin J，et al. Processing，microstructures and mechanical properties of aqueous gelcasted and solid-state-sintered porous SiC ceramics[J]. Journal of the European Ceramic Society，2014，34：3469-3478.

[13] 蒋兵，王勇军，李正民. 多孔碳化硅陶瓷制备工艺研究进展[J]. 中国陶瓷，2012(11)：

1-3.

[14] She J H, Deng Z Y, Doni J D, et al. Oxidation bonding of porous silicon carbide ceramics [J]. Journal Materials Science, 2002, 37: 3615-3622.

[15] Ding S Q, Zeng Y P, Jiang D L. Thermal shock resistance of in situ reaction bonded poroussilicon carbide ceramics[J]. Materials Science and Engineering A, 2006, 425: 326-329.

[16] Bai C Y, Deng X Y, Li J B, et al. Fabrication and properties of cordierite-mullite bonded porous SiC ceramics[J]. Ceramics International, 2014, 40: 6225-6231.

[17] Liu Q, Ye F, Hou Z P, et al. A new approach for the net-shape fabrication of porous Si_3N_4 bonded SiC ceramics with high strength[J]. Journal of the European Ceramic Society, 2013, 33: 2421-2427.

[18] Han F, Zhong Z X, Zhang F, et al. Preparation and characterization of SiC whisker-reinforced SiC porous ceramics for hot gas filtration[J]. Industrial & Engineering Chemistry Research, 2015, 54: 226-232.

[19] Han F, Zhong Z X, Yang Y, et al. High gas permeability of SiC porous ceramics reinforced by mullite fibers [J]. Journal of the European Ceramic Society, 2016, 36: 3909-3917.

[20] Han F, Xu C N, Wei W, et al. Corrosion behaviors of porous reaction-bonded silicon carbide ceramics incorporated with CaO[J]. Ceramics International, 2018, 44(11): 12225-12232.

[21] Xu C N, Xu C, Han F, et al. Fabrication of high performance macroporous tubular silicon carbide gas filters by extrusion method[J]. Ceramics International, 2018, 44(15): 17792-17799.

[22] Yang Y, Han F, Xu W Q, et al. Low-temperature sintering of porous silicon carbide ceramic support with SDBS as sintering aid[J]. Ceramics International, 2017, 43(3): 3377-3383.

[23] Yang Y, Xu W Q, Zhang F, et al. Preparation of highly stable porous SiC membrane supports with enhanced air purification performance by recycling NaA zeolite residue[J]. Journal of Membrane Science, 2017, 541: 500-509.

[24] Ohji T, Fukushima M. Macro-porous ceramics: Processing and properties[J]. International Materials Reviews, 2012, 57(2): 115-131.

[25] 王锋, 高兆芬, 徐甲强, 等. 凝胶浇注结合固相烧结制备具有多级孔结构的碳化硅陶瓷 [J]. 无机材料学报, 2016(3): 305-310.

[26] 姚秀敏, 梁汉琴, 刘学建, 等. 碳源及添加比例对固相烧结碳化硅陶瓷微观结构及性能的影响[J]. 无机材料学报, 2013(9): 1009-1013.

[27] Fukushima M, Zhou Y, Yoshizawa Y. Fabrication and microstructural characterization of porous silicon carbide with nano-sized powders[J]. Materials Science Engineering: B, 2008, 148: 211-214.

[28] Yao X, Tan S, Huang Z, et al. Effect of recoating slurry viscosity on the properties of

reticulated porous silicon carbide ceramics[J]. Ceramics International，2006，32：137-142.

［29］Zhu X W，Jiang D L，Tan S H. Preparation of silicon carbide reticulated porous ceramics [J]. Materials Science and Engineering：A，2002，323：232-238.

［30］Singh M，Salem J A. Mechanical properties and microstructure of biomorphic silicon carbide ceramics fabricated from wood precursors[J]. Journal of the European Ceramic Society，2002，22(14)：2709-2717.

［31］Vogli E，Sieber H，Greil P. Biomorphic SiC-ceramic prepared by Si-vapor phase infiltration of wood[J]. Journal of the European Ceramic Society，2002，22：2663-2668.

［32］董国祥，漆虹，徐南平. 活性炭掺杂对多孔氧化铝陶瓷支撑体结构及性能的影响[J]. 硅酸盐学报，2012，40(6)：844-850.

［33］Yoon B H，Park C H，Kim H E，et al. In situ synthesis of porous silicon carbide（SiC）ceramics decorated with SiC nanowires[J]. Journal of the American Ceramic Society，2007，90：3759-3766.

［34］Fukushima M，Nakata M，Zhou Y，et al. Fabrication and properties of ultrahighly porous silicon carbide by the gelation-freezing method[J]. Journal of the European Ceramic Society，2010，30：2889-2896.

［35］Du J C，Zhang X H，Hong C Q，et al. Microstructure and mechanical properties of ZrB_2-SiC porous ceramic by camphene-based freeze casting[J]. Ceramics International，2013，39：953-957.

［36］皮小萌，许林峰. 直接发泡法制备莫来石多孔陶瓷的研究[J]. 陶瓷，2017(7)：50-54.

［37］李秋霞. 直接发泡法制备氧化铝多孔陶瓷[J]. 耐火与石灰，2009(4)：52-54.

［38］Bao X，Nangrejo M R，Edirisinghe M J. Synthesis of silicon carbide foams from polymeric precursors and their blends[J]. Journal of Materials Science，1999，34(11)：2495-2505.

［39］Fukushima M，Colombo P. Silicon carbide-based foams from direct blowing of Polycarbosilane[J]. Journal of the European Ceramic Society，2012，32(2)：503-510.

［40］张灿英，戚凭，李镇江，等. 氧化铝基陶瓷凝胶注模成型工艺的研究——（Ⅰ）悬浮体的制备及流变特性[J]. 无机材料学报，1999(4)：623-628.

［41］Wang X，Xie Z P，Huang Y，et al. Gelcasting of silicon carbide based on gelation of sodium alginate[J]. Ceramics International，2002，28(8)：865-871.

［42］Mouazer R，Thijs I，Mullens S，et al. SiC foams produced by gel casting：Synthesis and characterization[J]. Advanced Engineering Materials，2004，6(5)：340-343.

［43］卞强. 非对称多孔碳化硅陶瓷膜的制备研究[D]. 南京：南京工业大学，2013.

［44］谢雨洲，彭超群，王小锋，等. 流延成型技术的研究进展[J]. 中国有色金属学报，2015(7)：1846-1857.

［45］郭坚，孙永健，张洪武，等. 流延成型用AlN无苯浆料的制备及其性能研究[J]. 电子元件与材料，2015(8)：69-72.

［46］周建民，王亚东，王双喜，等. 制备电子陶瓷基片用的流延成型工艺[J]. 硅酸盐通报，2010(5)，1114-1118.

[47] Eklund A. Hot and cold isostatic pressing of ceramic[J]. Ceramic Industry, 2016,166：21-24.

[48] Liu Y F，Liu K Q，Zeng Z Y，et al. Microstructure analysis of SiC ceramic support by isostatic processing[J]. Key Engineering Materials, 2015, 633：45-48.

[49] Fukushima M，Zhou Y，Miyazaki H，et al. Microstructural characterization of porous silicon carbide membrane support with and without alumina additive[J]. Journal of the American Ceramic Society, 2006, 89(5)：1523-1529.

[50] Isobe T，Tomita T，Kameshima Y，et al. Preparation and properties of porous alumina ceramics with oriented cylindrical pores produced by an extrusion method[J]. Journal of the European Ceramic Society，2006, 26(6)：957-960.

[51] Jiang G，Yang J. Extrusion of highly porous silicon nitride ceramics with bimodal pore structure and improved gas permeability[J]. Journal of the American Ceramic Society，2018,101(2)：520-524.

[52] 徐超男. 挤出成型法制备管式多孔碳化硅陶瓷支撑体的研究[D]. 南京：南京工业大学，2018.

[53] Zou D，Qiu M H，Chen X，et al. One-step preparation of high-performance bilayer α-alumina ultrafiltration membranes via co-sintering process[J]. Journal of Membrane Science，2017, 52(4)：141-150.

[54] 沈云进，卞强，范益群，等. 多孔碳化硅及氧化铝/碳化硅复合膜的制备与性能[J]. 膜科学与技术，2013, 33(1)：22-26.

[55] 王东，刘红缨，贺军辉等. 旋涂法制备功能薄膜的研究进展[J]. 影像科学与光化学，2012，30(2)：27-29.

[56] Sea B K，Kusakabe K，Morooka S. Separation of hydrogen from steam using a SiC-based membrane formed by chemical vapor deposition of triisopropylsilane［J］. Journal of Membrane Science，1998, 14(6)：73-82.

[57] 卞强，范益群. 凝胶注模法制备多孔碳化硅支撑体[J]. 膜科学与技术，2014，34(1)：29-33.

[58] 魏巍. 高温除尘碳化硅分离膜的制备与性能研究[D]. 南京：南京工业大学，2017.

[59] Heidenreich S，Simeone E，Haag W，et al. Hot gas filtration for syngas cleaning in biomass gasification[J]. Gefahrstoffe Reinhaltung der Luft，2011, 71(6)：281-285.

[60] Salinger M，Heidenreich S. Ceramic hot gas filters for IGCC coal gasification-experiences and new developments[C]. Advanced gas cleaning technology. Tokyo：2005.

[61] Heidenreich S，Wolter C. Hot gas filter contributes to IGCC power plant's reliable operation[J]. Filtration and Separation，2004，41(5)：22-24.

[62] Pastila P，Helanti V，Nikkia A P，et al. Environmental effects on microstructure and strength of SiC-based hot gas filters[J]. Journal of the European Ceramic Society，2001, 21(9)：1261-1268.

[63] Lupión M，Francisco J，Navarrete B，et al. Assessment performance of high-temperature filtering elements[J]. Fuel，2010，89(4)：848-854.

[64] 任祥军，程正勇，刘杏芹. 陶瓷膜用于气固分离的研究现状和前景[J]. 膜科学与技术，2005，25(2)：65-68.

[65] 曹俊倡，薛友祥，李小勇，等. 碳化硅质高温陶瓷膜材料在 Shell 煤气化装置中的应用[J]. 现代技术陶瓷，2013，34(1)：51-53.

[66] Wei W，Zhang W Q，Jiang Q，et al. Preparation of non-oxide SiC membrane for gas purifi-cation by spray coating[J]. Journal of Membrane Science，2017，540：381-390.

[67] 王耀明. 高温烟气净化用孔梯度陶瓷纤维膜的设计制备及特性[D]. 武汉：武汉理工大学，2007.

[68] Kanaoka J，Chikao R，Kishima L W，et al. Observation of the process of dust accumulation on a rigid ceramic filter surface and the mechanism of cleaning dust from the filter surface[J]. Advanced Powder Technology，1999，10(4)：417-426.

[69] 姬宏杰，杨家宽，肖波. 陶瓷高温除尘技术的研究进展[J]. 工业安全与环保，2003，29(2)：17-20.

[70] Zhang Y，Wu Y J，Yang X K，et al. High-strength thermal insulating mullite nanofibrous porous ceramics[J]. Journal of the European Ceramic Society，2020，40：2090-2096.

[71] White L R，Sancki S M. High-temperature filtration using ceramic filter[J]. 3M Company，1981，93(3)：265-275.

[72] 邢毅，况春江. 高温过滤材料的研究[J]. 过滤与分离，2004，14(2)：1-4.

[73] Wither C J. Imrovement in the performance of ceramic media for filtration of hot gases[J]. Filtration and Separation，1988，25(2)：100-103.

[74] 野口敦弘，曾我航. 陶瓷蜂窝过滤器及其制造方法：CN106714930B[P]. 2019-04-12.

[75] 李俊峰. 高温过滤用碳化硅多孔陶瓷结构设计与性能研究[D]. 北京：清华大学，2011.

[76] 邓湘云，白成因，李建保等. 一种复合碳化硅陶瓷纤维过渡层的涂覆方法：ZL201210510731.1[P]. 2014-07-09.

[77] Liu W，Cui Y S，Jin J，et al. Preparation and properties of fibrous ceramic composite tube for purifying high temperature dust gas[J]. Chinese Journal of Environmental Engineering，2012，6(9)：3248-3252.

[78] 邢卫红，仲兆祥，魏巍，等. 一种碳化硅分离膜的制备方法：CN 106083060A[P]. 2018-08-17.

[79] XueY X，Wang X，Zhang J M，et al. Preparation of continuous fiber reinforced ceramic fiber filtration material[J]. Advanced Ceramics，2019，40(6)：432-440.

[80] Wang Y M，Xu Y X，Meng X Q，et al. Preparation and characterization of filtering tube of ceramic composite with pore-gradient structure[J]. Journal of Synthetic Crystals，2007，36(5)：1079-1084.

[81] Miao L F，Wu X L，Ji Z L，et al. Effects of heat-treatment conditions in the preparation of aluminum silicate fiber-based ceramic filter element for hot-gas filtration[J]. Ceramics International，2020，46：18193-18199.

[82] Judkins R R，Stinton D P，Smith R G，et al. Development of ceramic composite hot-gas

filters[J]. Journal of Engineering for Gas Turbines and Power, 1996, 118(3): 495-499.

[83] 向晓东. 烟尘纤维过滤理论、技术及应用[M]. 北京，冶金工业出版社，2007.

[84] 胡文政，高昌录，孙秀花. 耐高温膜材料研究进展[J]. 水处理技术，2019，45(8): 10-15.

[85] Rui W J, Zhang C, Cai C, et al. Effects of sintering atmospheres on properties of stainless steel porous hollow fiber membranes[J]. Journal of Membrane Science, 2015, 489: 90-97.

[86] Chi Y S, Li T, Chong J Y, et al. Graphene-protected nickel hollow fibre membrane and its application in the production of high-performance catalysts[J]. Journal of Membrane Science, 2019, 597: 117617-117636.

[87] 张婉婧，魏小林，李腾. 工业炉窑高温含尘烟气金属丝网除尘技术研究[J]. 洁净煤技术，2020.

[88] Liu Z J, Liu Z M, Ji S, et al. Fabrication of Ti-Si intermetallic compound porous membrane using an in-situ reactive sintering process[J]. Materials Letters, 2020, 271: 127786-122791.

[89] 高麟，汪涛，刘兵. 黄磷过滤预处理装置及其构成的黄磷净化系统：ZL204824175U[P]. 2015-12-02.

[90] Wei L, Huang Y, et al. Preparation of porous TiO_2/stainless-steel membranes by carbon assisted solid-state particle sintering[J]. Journal of Inorganic Materials, 2015, 30(4): 427-431.

[91] Wei L, Yu J, Hu X J, et al. Buffering of the sintering stress for fabrication of microporous Al_2O_3/stainless-steel membranes[J]. Journal of Inorganic Materials, 2014, 29 (4): 433-437.

[92] Zhu Z W, Meng X G, Liu W, et al. Study on hydrogen permeation of Ni-BaZr$_{0.1}$Ce$_{0.7}$Y$_{0.2}$O$_3$ asymmetric cermet membrane[J]. International Journal of Hydrogen Energy, 2019, 43: 4959-4966.

第6章

气相污染物净化膜

6.1 VOCs 分离膜

VOCs，即挥发性有机物，是指熔点低于室温，且在 101.3kPa 标准压力下，饱和蒸气压超过 13.3Pa 或者沸点低于或等于 250℃ 的有机物的统称。常见的成分为烃类、卤代烃类、醇类、酯类、酮类、芳香类化合物等[2]。VOCs 来源复杂，大体上可分为自然源和人为源[3]。前者包括森林火灾、火山喷发、植被与农作物呼吸等，后者则包括机动车排放、生物质燃烧、工业生产排放等[3]。在工业过程中，有机溶剂的挥发和泄漏是不可避免的。仅 2015 年，我国工业源排放的 VOCs 就超过三千万吨[4]。这些 VOCs 的排放不仅在工业生产过程中带来巨大的经济损失和安全隐患，还会对环境和人体造成危害。排放的 VOCs 在阳光照射下与大气中的氮氧化合物反应，产生高活性的自由基，生成臭氧、过氧硝基酰、醛类等光化学烟雾，造成二次污染[5]，还会形成二次有机气溶胶（SOA），不仅影响大气能见度，还对人体有致癌致畸的危害[6]。

为满足国家法律法规对 VOCs 排放的要求，研究者开发了多种技术来消除或减少 VOCs 排放。根据其治理策略的不同可以分为源头控制、工艺控制及末端治理三大类[7]。

源头控制是最理想的控制技术，通过对工业使用的原料或添加的溶液溶剂进行筛选，使用绿色溶剂（如水）来替代传统的有机溶剂进行生产，从而达到降低排放的目的[4]。这种方法在时下仍然存在较大的障碍，部分工艺对原材料的选择还不足以支撑使用绿色溶剂。

工艺控制是指升级改造现有工艺路线或设备，在生产过程中减少 VOCs 排放[4]。该方法开发周期长，开发成本高，不具有普适性，因此在国内治理市场所占比例低于10%。

末端治理技术是指在 VOCs 的排放已经成为既定事实的情况下，利用附加的工艺对已经排放的 VOCs 进行处理，从而避免 VOCs 排放到环境中造成进一步污染的方法。末端治理技术无需改变现有工艺条件，仅需在工艺末端 VOCs 排放处集成即可；同时，其技术的多样性可以很好地满足 VOCs 排放控制的需求。基于我国现阶段管理水平以及工业生产现状，处理 VOCs 的手段仍主要是末端治理技术[4]，市场占有率超过60%。

末端治理技术又可细分为两大类，即销毁技术和回收技术，前者包含催化燃烧、生物降解、光催化分解与等离子体破坏[8,9]等，后者包括吸附、吸收、冷凝及膜分离技术[10-13]。其中膜分离技术由于具有分离选择性高、易集成、绿色环保，能耗低等优点，被认为是最具发展潜力的分离技术之一，已被广泛应用在化工、医药、能源、印刷等领域[14-16]，在替代传统分离技术，升级改造传统工艺方面发挥了重要的作用。国内有关膜分离技术的主要研究机构有南京工业大学[17-19]、大连理工大学[20,21]和清华大学[22-24]等。这些研究单位积极与公司合作，从膜材料的研发、膜的放大制备、膜分离耦合工艺的改进等方面做了大量工作，在对膜法 VOCs 分离技术开发和推广中起到了重要的作用。

本章对 VOCs 分离膜的材料种类、膜的制备方法、膜性能参数、分离传质模型、分离工艺流程及组件设计以及工业化应用实例进行介绍，为工业源 VOCs 的控制和治理提供基础数据和参考。

6.1.1 VOCs 分离膜材料种类

膜材料性能是影响分离膜工业化应用的关键。膜法 VOCs 分离技术根据分离机理的不同可以将膜大致分为2种：遵循分子筛分机理的微孔聚合物膜和遵循溶解扩散机理的致密聚合物膜。前者依据分子尺寸的大小进行分离，大分子 VOCs 被膜截留，小分子氮气或空气优先透过分离膜，从而实现分离，因此可以称其为 VOCs 截留型分离膜；后者依据优先吸附亲和性的不同进行分离，大分子组分优先透过膜，小分子氮气或空气被截留，因此可以称之为 VOCs 优先透过分离膜[25]。

6.1.1.1 VOCs 截留型分离膜

分子筛是一种常见的具有均一孔道结构的多孔结晶硅铝酸盐材料[26]。一般认为其为结构单元中心含有若干个相同类型的金属离子，并由若干氧化硅、氧化铝分子以及少量的结合水组成的笼状分子[26]。分子筛的骨架一般由 SiO_4^{4-} 和 AlO_4^{5-} 四面体组成，他们通过共享氧原子而构成分子筛的网状结构。分子筛由于具有较高的机械强度和稳定的化学性质，是制膜的热门材料之一。周永贤等[27]在 α-Al₂O₃ 陶瓷管表面制备出了密实的、连续均匀且无孔无裂纹存在的 13X 分子筛膜层，能将氮气中微量的二甲醚、甲醇、丙醛 3 种 VOCs 杂质脱除至 $100\mu L/L$ 以下。分子筛笼状孔道的直径相对固定，还受到了无机阴离子的尺寸限制，针对某些动力学直径接近空气的分子，无法实现有效的分离[28]。此外，分子筛膜的制备成本较高，在大规模推广使用过程中仍存在一些困难，这些因素都限制了其在 VOCs 分离领域的使用。

MOFs（金属有机骨架）材料是以过渡元素离子或金属簇作中心，通过有机配体以配位键的形式结合在一起形成的有规律的拓扑结构或规则孔道的有机无机杂化材料[29]。与分子筛难以调控孔道尺寸不同，MOFs 可以通过改变合成方式和调整中心金属离子，制备出孔道尺寸均一、结构多样、比表面积高的 VOCs 分离膜[28]。Wu 等[30]利用溶剂热法在 ZrO₂ 上制备了 ZIF-8 膜，并用于汽油蒸气的回收。正己烷透过率为 $7.16\times10^{-8}\,mol/(m^2\cdot s\cdot Pa)$，在跨膜压差为 0.05MPa、气体回收率为 29.3%、正己烷体积分数为 30% 的条件下，氮气/正己烷的分离因子为 2.46。尽管在实验室条件下 MOFs 膜分离回收 VOCs 效果很好，但是 MOFs 膜目前尚难以大规模制备，并且成膜容易存在晶界缺陷，限制了其在工业上的应用[28]。

微孔聚合物是一种多孔的有机聚合物，它通过刚性的扭曲大分子链在空间中无序堆叠而成，这种无序的链段堆积使得聚合物中存在固有的微孔结构[31]。可以通过对这部分微孔结构的调整，或对聚合物的改性，制备出具有合适孔径、可以用于截留 VOCs 的分离膜。但是这种形态的微孔聚合物在进行 VOCs 的分离时，链段与 VOCs 之间的高亲和性和溶胀作用使其失去了通过孔道进行截留 VOCs 的作用，反而呈现出优先透过 VOCs 而截留小分子的性质[25]。

为了实现 VOCs 截留，减小溶胀性，研究人员提出了从结构和材料两方面优化的方案。用三维网状结构代替传统的链式结构，可以有效提高聚合物的刚性，减弱 VOCs 分子对膜的溶胀作用，提高筛分选择性；同时，选取亲水材料或带有亲水基团的有机物，以降低 VOCs 分子在膜表面的吸附。基于此，Zhou 等[18]以三取代的 2,6,14-三氨基三蝶烯为单体，与不同碳链长度的酰氯进行酰胺化反应，制备了一系列网状三蝶烯基聚酰亚胺膜，用于氮气和 VOCs 的分离，如图 6-1 所示。通过优化网状孔和聚合物堆积孔的尺寸，使制备得到的微孔聚合物对环己烷、正己烷、正庚烷都有较高的截留率，同时还有超过 2000Barrer 的氮气渗透系数。这表明了微孔聚合物膜在回收油气方面有巨大的潜力。但是微孔聚合物膜自身稳定性的问题也限制了其工业化的使用，因此，如何提升微孔聚合物的稳定性也是目前研究的热点之一。

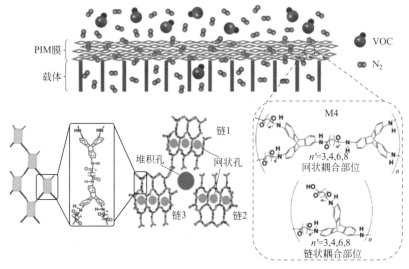

图 6-1　基于三蝶烯单体制备的聚酰亚胺（PIM）膜[18]

6.1.1.2　优先透 VOCs 聚合物膜

优先透 VOCs 膜材料多用橡胶态聚合物，这类聚合物具有较高的气体渗透性能，但是选择性和机械性能相对来说较为一般。聚二甲基硅氧烷（PDMS）是具有—$Si(CH_3)_2O$—结构通式的聚合物，在 VOCs 分离膜中是使用最为广泛的膜材料之一[32]。由于 Si—O—Si 键键长、键角均比 C—C—C 键和 C—O—C 键大，这就使非键合原子之间距离增大，分子间相互作用力减弱，这种特性决定了聚二甲基硅氧烷的气体渗透率很高[33]。由于聚二甲基硅氧烷具有较好的稳定性、延展性、热稳定性、化学稳定性、高的气体渗透率以及优良的耐溶剂性，因此备受人们的关注[34]。基于陶瓷支撑体的管式外膜具有较高的气体渗透性，较高的机械强度和优良的化学稳定性。在管式外膜的基础上，开发管式内膜，可进一步提升膜的机械性能，降低膜在运输过程中的损坏率。针对不同的应用体系和不同的工艺生产状况，国内已开发了适合不同工业过程的 PDMS 中空纤维膜和平板膜，如图 6-2 所示。这些不同构型的 PDMS 复合膜可以应对不同进料状况的 VOCs 废气，从而达到降低工业源 VOCs 排放、有效回收 VOCs 的目的。

聚二甲基硅氧烷也存在一定的问题，比如抗溶胀性能一般，气体分离选择性一般，透气速率有限等。为了有效地提升 PDMS 的成膜性能，研究人员对其进行了一定程度的改性。改性方法有侧链改性和主链改性两种[33]。侧链改性采用体积较大的基团或极性基团取代聚二甲基硅烷分子侧链上的—CH_3；主链改性是在主链—Si—O—上引入较大的基团，或用—Si—CH_2—代替—Si—O—。侧链改

| (a) 管式外膜 | (b) 管式内膜 | (c) 中空纤维膜 | (d) 平板膜 |

图 6-2　不同构型的 PDMS 复合膜

性和主链改性提高了聚合物的玻璃化温度和分子链段堆积密度，从而提高了其化学稳定性、热稳定性、渗透性和选择性。不少研究者都通过这样的手段制得了新型橡胶态聚合物材料，如聚辛基甲基硅氧烷（POMS）[33]，聚苯基甲基硅氧烷（PPMS）[35]等，在分离各种 VOCs/N_2 体系方面取得了较好的效果。

尽管通过改性等操作可以提升膜分离 VOCs 气体的渗透性和选择性，但是传统聚合物膜都存在气体渗透系数和选择性相互制衡的现象（Robinson 现象）。相比之下，无机材料（如沸石、MOFs、碳材料等），凭借其特殊的孔道结构，较普通聚合物在选择性上有更高水平，因此可以通过向聚合物中引入无机多孔填料来制备一种混合基质膜，以提高膜的渗透性。

Yuan 等[36]通过 5,6-二甲基苯并咪唑（DMBIM）对 ZIF-8 颗粒进行疏水改性，并将其引入 PDMS 膜之中，制备了有较高分离性能的混合基质膜。ZIF-8-DMBIM 负载量为 10% 时，PDMS 混合基质膜分离性能最好。在分离丙烷/氮气时，与纯 PDMS 相比，选择性提高 116%，渗透性提高 91%。尽管混合基质膜表现出很好的分离性能，但是在工业放大制备的过程中，由于掺入的颗粒易聚集，导致掺杂颗粒无法均匀分散，这对混合基质膜的宏观性能影响较大。如何获得理想的颗粒-聚合物界面以及在纤维表层中均匀分散纳米颗粒仍然是研究的重点之一。

除了 PDMS 外，聚醚共聚酰胺（PEBA）也是一种在分离回收 VOCs 工艺中表现出色的聚合物膜材料。PEBA 是指分子式中含有—CO—PA—COO—PE—O—链段的聚合物。其中—PA—表示刚性的聚酰胺链段，它具有较强的极性，而—PE—则表示柔性的聚醚链段[37]。具有刚性的聚酰胺链段可以提高聚合物的机械性能，且赋予其耐溶胀的特性；柔性的聚醚链段会增加聚合物的自由体积，有利于气体分子的透过。在两种链段的共同作用下，调整刚性链段和柔性链段的比例，针对不同体系，PEBA 膜都可以展现良好的蒸气渗透性能[38,39]。黄维秋等[40] 利用 PEBA 膜分离庚烷/氮气混合气，考察了 PEBA 膜在多种操作条件下对正己烷/氮气和正庚烷/氮气体系的分离性能。实验结果表明，正庚烷在 PEBA 膜中的渗透系数达到 $5 \times 10^{-8} mol/(m^2 \cdot s \cdot Pa)$，正己烷的渗透系数达到 $1.6 \times 10^{-8} mol/(m^2 \cdot s \cdot Pa)$，显示了 PEBA 膜对 VOCs 良好的亲和性，也说明了 PEBA 在分离油气过程中有较好的选择性。PEBA 膜的性质受到聚酰胺和聚醚链段的影响，聚酰胺链段的比例过高，会使得制备膜的反应温度较高，无法通过传统涂覆的手段制备通量较大的薄膜；而若聚醚链段的比例较高，会使得聚合物受溶胀的影响较大，在分离过程中分离效果下降。因此针对不同的分离体系开发不同种类的 PEBA 也是如今一个受到广泛关注的研究方向。

6.1.2　VOCs 分离膜制备方法

以 PDMS 制备的 VOCs 分离膜，以其良好的分离效果和化学稳定性受到了广泛的关注。在图 6-3 中展示了 PDMS 膜常见的制备方法。将 PDMS 聚合物单体、催化剂和交联剂溶解在有机溶剂中，在加热的条件下反应至一定程度后，通过旋涂或者刮涂的方法涂覆在有孔的支撑体上。在室温下静置一段时间后，通过提高温度使溶剂进一步挥发，PDMS 涂层进一步固化[41]。韩秋等[42] 通过这样的涂覆法在 PVDF 支撑体上涂了一层 PDMS 聚合物，制备的 PDMS/PVDF 复合平板膜对正戊烷、正己烷、正庚烷与氮气体系具有较好的分离效果。在室温下，运行三个月后，脂肪烃/氮气的分离因子依然大于 100，VOCs 的通量超过 $22.5 mol/(m^2 \cdot h)$。通过红外光谱表征可以看出复合膜的特征峰并没有变化，表明膜材料的化学结构没有受到有机溶剂的影响。这种涂覆方法制备的 PDMS 膜稳定性较好，与支撑体结合力较强，有工业放大制备的潜力。

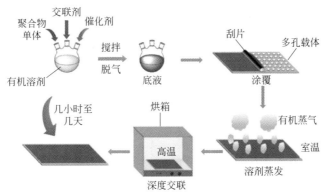

图 6-3　PDMS 复合膜的典型制备工艺[43]

在此基础上，研究人员还开发了另一种比较有代表性的能够使 PDMS 快速固化、反应可控且无溶剂的制膜工艺。Qin 等[44]在前人通过光固化丙烯酸-硫醇水凝胶的基础上，令甲基丙烯酸酯-聚二甲基硅氧烷（MA-PDMS）在紫外线照射下实现聚合与交联。该过程即使在大气环境中也很容易实现，通过这种方法可以连续地大规模制备 PDMS 膜，如图 6-4 所示。但是这种方法适用的聚合物有限，只能对自由基反应的 PDMS 使用。要实现其他种类的 PDMS 快速交联，仍然需要进一步的开发。

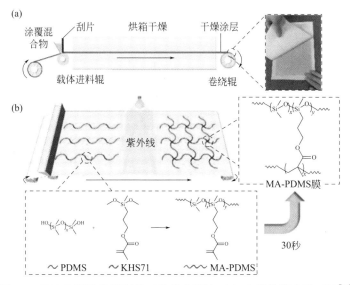

图 6-4　PDMS 膜的常规制备工艺热交联法（a）和紫外聚合法（b）[44]

利用陶瓷支撑体的优良性质可以制备出稳定性好、机械强度高、分离性能好的膜，因此，陶瓷管式膜的制备方法一直受到研究者们的关注。常见的制备管式膜的方法是浸渍提拉法，将陶瓷膜管浸入铸膜液中停留一段时间后取出，将铸膜液涂覆在陶瓷管上，随后进行与平板膜近似的烘干工艺。Li 等[45]通过浸渍提拉法在陶瓷中空纤维上涂了一层 PEBA 膜（图 6-5）。通过调整 PEBA 涂层的黏度和浓度，可以获得稳定且分离效果优异的 PEBA 陶瓷中空纤维复合膜。该膜在200 个小时的测试中，分离性能稳定，且对丁醇有较好的选择性，该工作为 PEBA中空纤维膜的工业化推广应用打下了基础。

6.1.3　VOCs 分离膜性能参数

为了比较不同的分离膜之间的分离效果，常用以下几个参数来反映膜或膜材料的性能和分离能力。通量（J）是指在单位时间内通过单位膜面积的待分离

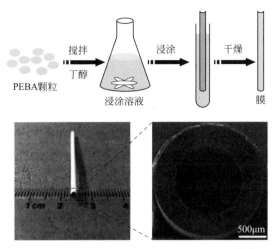

图 6-5　基于浸渍提拉法制备的中空纤维膜[45]

组分的质量，其计算公式如下。

$$J = \frac{M}{At} \qquad (6\text{-}1)$$

式中，M 表示透过膜的物质的质量；A 表示分离过程所使用的膜面积；t 表示分离过程经过的时间。

分离因子（β）也是一个重要的评价分离效率的参数。分离因子是指膜分离前后浓度占比的变化情况，其计算公式如下。

$$\beta = \frac{w_{f,A}/w_{f,B}}{w_{p,A}/w_{p,B}} \qquad (6\text{-}2)$$

式中，w 表示组分的质量分数；下标中的 A、B 表示待分离物质中的不同组分；f 和 p 分别表示进料侧和渗透侧。

溶解度系数（S）表示膜对某组分的溶解能力的大小，溶解度系数与该组分的溶解度及膜的种类有关。通常，高沸点易液化气体（临界温度较高）在膜中较易溶解，溶解度系数也较大。扩散系数（D）表示气体分子在膜中扩散能力的大小，扩散系数与溶解的气体和膜中的结构有关。通常分子量越小的分子，在膜中扩散的速度就越快，扩散系数也越大。

渗透系数（P）用来表示气体透过膜的难易程度，同时也体现气体对膜的溶解扩散能力，一般是指单位时间、单位膜面积、单位推动力下的渗透通量。由于渗透过程一般认为是溶解过程和扩散过程的结合，因此认为渗透系数等于扩散系数和溶解系数的乘积，如下式所示。为了简化单位，定义 Barrer 为常用的渗透系数单位。

$$P = SD \qquad (6\text{-}3)$$

$$P_i = \frac{J_i}{\frac{\Delta p}{L}} = \frac{J_i L}{P_{i_f} - P_{i_p}} \quad (6\text{-}4)$$

$$Barrer = 10^{-10} cm^3(STP) \cdot cm \cdot cm^{-2} \cdot s^{-1} \cdot cmHg^{-1} \quad (6\text{-}5)$$

式中，J_i 表示组分 i 的通量；L 表示膜的厚度；P_i 表示组分 i 所受到的分压。

分离选择性（α）是用来表示膜材料对于不同种类的气体之间亲和性的差异，一般是两种组分通过膜时的渗透系数之比。渗透系数可以由溶解系数和扩散系数相乘得到。同样的，选择性也可以由溶解选择性（α_S）和扩散选择性（α_D）计算得到，具体的计算公式如下。

$$\alpha = \frac{P_A}{P_B} = \alpha_S \alpha_D \quad (6\text{-}6)$$

$$\alpha_S = \frac{S_A}{S_B} \quad (6\text{-}7)$$

$$\alpha_D = \frac{D_A}{D_B} \quad (6\text{-}8)$$

渗透性 $\frac{P_i}{L}$ 是指单位时间，单位压差下通过单位膜面积的气体量。为了简化单位，引入 GPU 作为渗透性的单位。

$$GPU = 10^{-6} cm^3(STP) \cdot cm^{-2} \cdot s^{-1} \cdot cmHg^{-1} \quad (6\text{-}9)$$

6.1.4 VOCs 分离膜传质模型

膜法分离过程是典型的速率分离过程，即根据被分离物质在膜内的吸附扩散速率的差异而实现相互分离。其中，影响吸附扩散速率的因素包括被分离物质的分子尺寸、亲疏水性、相对挥发度、分子结构以及膜材料结构和理化性质等[46-48]。因此，根据被分离物质与膜材料相互作用的不同，膜法 VOCs 分离机理主要分为针对多孔膜的分离机理（如分子筛分机理）和致密膜的溶解扩散分离机理[49]。

6.1.4.1 多孔膜传质机理

多孔膜分离机理可以根据被分离物质分子自由程或分子大小与膜孔径的相互关系分为努森扩散、表面扩散、毛细冷凝和分子筛分等几种，如图 6-6 所示[50]。

多孔膜孔径小于气体分子的平均自由程时，气体分子在膜中通过时与孔道壁发生碰撞进行传质，这样的运动行为属于努森扩散[51]。但采用这种分离机理的膜分离性能较低，膜分离过程的理论选择性来自分子动力学直径和分子量这些分子本身的性能，膜本身在该过程中的影响较小。

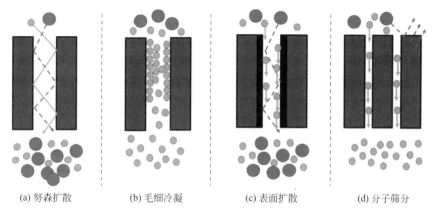

| (a) 努森扩散 | (b) 毛细冷凝 | (c) 表面扩散 | (d) 分子筛分 |

图 6-6　多孔膜分离机理示意图

当气体分子被吸附在多孔介质表面时，在膜表面浓度梯度作用下将导致分子移动，这种运动行为属于表面扩散[52]。与膜表面亲和性较高的分子优先被吸附，占据孔道，从而可以减少无优先吸附选择性分子的吸附，达到实现分离的目的。当越来越多的分子吸附在膜表面，就会发生多层扩散和毛细管冷凝，进一步阻碍或堵塞膜孔，降低其他气体的扩散，进一步提高分离性能。控制这些过程本身较为困难，因此对这部分的分离机理研究较少。

随着膜孔径与被分离物质尺寸差距的进一步缩小，即膜孔径尺寸介于大分子和小分子的动力学直径之间时，大分子被截留，而小分子得以通过，这种机理称为分子筛分机理[46]。基于筛分机理，通过控制膜的表面性质可以提高膜的吸附选择性；通过调整孔径的大小，可以调整膜的扩散选择性；通过选择合理的制膜条件，可以实现较高的分离选择性。实际的分离操作过程简单易控，是未来VOCs分离膜的重点研究方向，难点仍然在于如何有效控制膜孔径尺寸和减少因VOCs对膜的溶胀作用而导致的筛分作用的减弱。

6.1.4.2　致密膜传质机理

与多孔膜不同，致密膜的分离机理一直以溶解-扩散机理来描述。如图 6-7 所示，依靠待分离物质与膜优先吸附扩散速度的不同而实现分离。待分离物质从溶液主体通过扩散作用在膜的表面被吸附，吸附的物质在膜中扩散，在渗透侧解析从而被收集到[53]。溶解-扩散的模型只是简单地介绍了膜分离的过程，对分离过程中的操作条件（如温度、浓度、跨膜驱动力等因素）的影响没有加以详细的说明。

随着膜材料的发展，对活性层的表征也逐渐受到研究者的关注。通过分析分离层与进料物流之间的相互作用，不仅可以对合成过程提供指导，也可以更好地

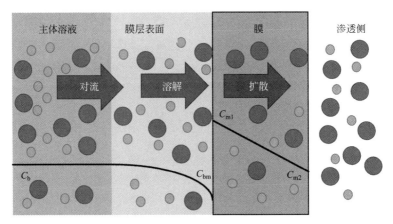

图 6-7　溶解-扩散原理示意图

模拟计算整个过程，为工业化提供理论计算的基础。渗透过程通常分为三个阶段，即溶解、扩散和解析。在 VOCs 分离的过程中，溶解往往是定速步骤，对分离过程影响较大，也得到了广泛的研究。VOCs 在玻璃态聚合物和橡胶态聚合物表面溶解过程是不同的。一般认为，VOCs 在橡胶态聚合物表面溶解和扩散的过程可以用菲克定律进行描述，而 VOCs 在玻璃态聚合物表面溶解过程则无法用菲克定律进行描述。VOCs 在玻璃态聚合物表面溶解时，受到两个因素影响[54-56]。第一个影响是溶解过程中聚合物结构的缓慢变化。聚合物链段缓慢膨胀导致链之间出现张力，在聚合物中产生压降，使得更多分子会被聚合物吸收。第二个影响是聚合物不同部分的负载不同使得聚合物不同部分的溶胀程度不同，从而导致产生了不同程度的溶胀势能或溶胀应力，致使其吸附行为与菲克扩散过程不同[57]。

由于扩散过程在 VOCs 分离过程中的影响较小，且相关参数难以测定，因此对其研究较少。一般认为，分子在膜中的扩散是指分子在膜中的自由体积中进行扩散。这种理论模型假定聚合物的非晶区是一个有分子链段存在的有序区域，分子链段以相互平行的束状形式存在着[58,59]。该理论还假设了分子运动是以一种特定的链堆积方式或沿着平行聚合物链的方式。分子运动过程可以分为两部分。一部分是分子以相对较快的速度从高分子链段的空间中进行跳跃，这个过程所需要的活化能很低；第二部分是指聚合物链段移动使得分子能够在链段之间转移，这个部分所需要的活化能较大，该能量等于链段分离所需要的最小能量。

解析过程是分离过程中影响最小的部分，目前研究者对解析的具体过程的研究仍然较少，且尚未完整描述相关参数的影响。在解析过程中，膜传递的基础是跨膜驱动力，温度、浓度、电极电势、压力都可以成为跨膜驱动力。在 VOCs 分离膜中，一般认为压力驱动是最为常见的形式。驱动方式主要有真空驱动和吹扫气驱动[53]，由于在工业应用过程中，通过吹扫气驱动会稀释 VOCs 浓度，不利于下游侧 VOCs 冷凝回收，因此真空驱动是目前工业应用中通常采用的形式。低真空度能耗较高，且对真空泵寿命有一定影响。为了降低能耗，一般采用真空度为 2000Pa 以上的真空，但由于此时跨膜驱动力的下降，膜性能急剧下降，目前还没有理论来深入解释这一现象。宗传欣[60]与 Li 等[61]探究了真空度变化对膜性能的影响，研究表明，VOCs 饱和蒸气压远比氮气的饱和蒸气压低，因此 VOCs 对下游侧真空的降低更敏感，使 VOCs 通量下降幅度远大于氮气通量的下降幅度，从而造成真空度对膜性能的影响较大。

6.1.5　VOCs 分离膜工艺流程及膜组件设计

在膜分离过程中，膜性能的高低影响着膜法 VOCs 处理的工业化应用成本。但是开发新材料制备高性能的膜所需要的时间长、成本高，短时间内难以实现。因此，针对膜过程对组件进行优化设计以提升传质性能是提高分离效果、降低处理成本的首选。另外，通过对处理气体进行合理的工艺流程设计，可以最大程度优化膜分离的效果，从而达到降低膜面积和减少成本的目的。

为了对气体或液体流经膜表面的传质过程进行优化，笔者课题组在不同长度的陶瓷膜管上进行了相关测试，并配套开发了不同长度的膜组件，如图 6-8（a）所示。通过优化膜的制备过程和组件设计，使得不同长度的膜组件在分离乙醇/水的混合体系时分离因子和通量保持不变。与已经商业化的 PDMS 膜相比，其性能显示出了较大的竞争力。

在开发了可大规模制备陶瓷膜管技术的基础上，九思高科技有限公司开发了长度为 100cm，膜填充面积为 $1m^2$ 的膜组件，如图 6-8（b）所示。随着膜组件整合了更多的膜管，流体在膜管中的传质行为也逐渐受到了研究者的关注。为了提升多孔道组件或膜管在分离中的传质行为，就要减少流体在组件内的死区和提高传质分离效果。Liu 等[62]通过对多孔道的膜管进行 CFD 的模拟和对照实验，对管道排布和进料条件进行了优化。通过对陶瓷负载 PDMS 复合膜的中空纤维膜的 CFD 模拟研究，对模块内部流场分布作分析，得出了通过控制填料密度和截面布置可以有效地优化模块设计的结论，如图 6-9 所示。通过填充 7 束高填充密度的中空纤维膜，获得了高性能的中空纤维模块，其在分离生物燃料领域有较好的应用前景。

除了对膜组件进行优化外，在工业生产过程中，VOCs 的回收工艺还取决于 VOCs 的性质、种类、浓度、流速、物料价值等。针对不同工况下 VOCs 的情况进行工艺流程设计也是膜工艺开发的重要环节。一般认为 VOCs 的体积分数超过 0.1%，且具有一定回收价值时，膜工艺能起到较好的效果。通过膜工艺耦合吸附、压缩冷凝、催化燃烧等工艺可以应对工业生产过程中不同的工况和处理需求。

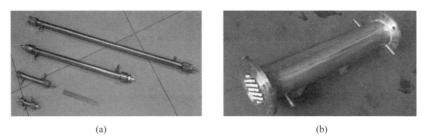

(a)   (b)

图 6-8 不同长度，不同面积的管式膜配套组件

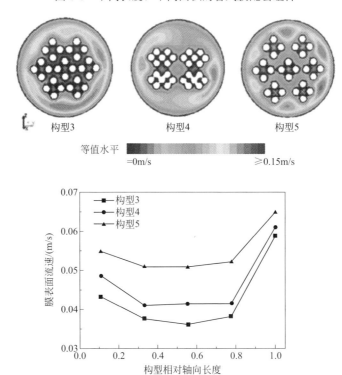

构型3   构型4   构型5

等值水平 =0m/s   ≥0.15m/s

图 6-9 不同构型组件的溶液分布情况

南京工业大学在此基础上开发了中试装置，针对环己烷回收过程进行了相关的测试，如图 6-10 所示。通过测试不同膜面积应对不同体积分数的环己烷进料后发现，随着膜面积的增加，截留侧的环己烷体积分数越低，回收的量越多，但是操作成本也随之上涨。此外，在冷凝端口考察了不同冷凝温度下环己烷的回收情况，结果如图 6-11 所示。可见，随着温度的降低，环己烷饱和体积分数相应降低。当温度为-50℃时，环己烷饱和体积分数降至 0.1% 左右。这意味着冷凝所需要的能耗非常高。而通过膜浓缩之后，将膜渗透侧的环己烷冷凝至体积分数 2%~5% 后与原料气混合进行循环回收，此时冷凝器所需要的温度约为-20~0℃，与只通过冷凝来冷却相比，能耗显著降低。

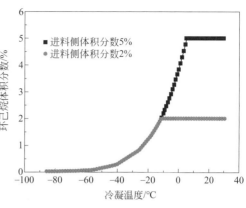

图 6-10　实验室中试装置实物图

图 6-11　冷凝器温度对环己烷
蒸气饱和体积分数的影响

6.1.6　VOCs 分离膜的工业化应用

　　膜技术作为一种流程简单、可集成性高、回收效率高、能耗低的绿色回收技术，随着研究的不断深入和扩展，已经逐渐开发出适用于石油化工、涂布印刷、生物制药等行业的膜和配套的流程工艺，在分离回收常见的有机溶剂如苯、甲苯、丙酮、醇类、烃类等 VOCs 时显示出了较好的分离效果[63,64]。国外针对膜法 VOCs 回收和分离技术开发起步很早，发展至目前已经较为成熟。表 6-1 列出了近年来国外的公司对膜技术工业化应用的实例。

表 6-1　工业化膜法回收 VOCs 开发厂商[65]

国家	公司	主要处理对象
德国	Sulzer Chemtech	汽油蒸气
新西兰	Pervatech BV.	乙酸乙酯
美国	MTR	CFC2,环氧乙烷
瑞士	Cm-Celfa Membranetrenntechnik AG	乙腈,1-丁醇
日本	日东电工	甲苯

　　中国科学院长春应用化学研究所、兰州化学物理研究所、大连化学物理研究所以及南京工业大学膜科学技术研究所等单位积极与化工企业合作，利用开发的气体分离膜，根据现场状况耦合不同工艺处理不同工况的废气。

　　中国科学院大连化学物理研究所利用硅橡胶/聚酰胺聚醚共聚物平板膜进行了 VOCs/N₂ 分离效果的考察。利用选择性能更好的聚酰胺聚醚共聚物作底膜，用硅橡胶涂层制成复合膜，采用螺旋卷式膜分离器回收聚乙烯生产过程中排放的乙烯和丁烯单体，在与吉化公司的中试合作试验中取得了较好的结果[66]。在此基础上，中国石化中原石油化工也采用了商业化的硅橡胶-聚酰胺聚醚共聚物复合膜，通过卷式膜分离组件用于聚乙烯生产的尾气回收过程。通过膜分离与压缩冷凝工艺的耦合回收正丁烯和异戊烷，创造了 480 万元/年的利润[67]。

南京工业大学膜科学技术研究所在 2014 年联合南京九思高科技有限公司（九思高科）推出基于陶瓷的 PDMS 复合膜与配套的相关膜组件。通过对膜组件的优化和工艺改进，开发了用于渗透汽化和蒸汽渗透的聚合物/陶瓷复合膜中试装置，如图 6-12 所示。该装置是通过串联或者并联若干个膜组件，并将进料端与收集端与控制系统集成而建立的，将它用于评估测试过程中待处理废气量与所需要的膜面积之间的关系。该装置不仅可以通过调控膜面积而最大限度地发挥膜的分析选择性，还能根据不同的处理要求，评估计算最小膜面积，节约投资成本[68]。

图 6-12　膜法 VOCs 回收装置

以医药行业为例，国内某医药厂约 $800m^3/h$ 的富含正己烷的废气，原先采用吸附技术回收废气中的正己烷，不仅回收效率低，而且回收的正己烷的纯度也较低。针对这一问题，南京工业大学膜科学技术研究所和九思高科联合开发了以 PDMS/陶瓷复合膜为核心的正己烷回收耦合工艺。通过在进气端设置 $-30℃$ 冷凝器，对高浓度的正己烷废气作预处理，回收部分正己烷，将剩余的低浓度正己烷蒸气通入膜组件中。通过膜的富集作用，将渗透侧的正己烷冷凝，剩余气体可实现达标排放，而截留侧未达标的气流则循环到膜组件中进行进一步的回收，直至达到排放标准为止。该工艺可回收废气中 90% 以上的正己烷蒸气，每天回收 2.5t 以上的正己烷，效率远高于原先的吸附工艺。

此外，在石化、煤化工、仓储等行业，储罐进料和装卸车产生大量的挥发性油气。在这些场合都可以采用冷凝/吸收预处理、膜工艺深度富集并耦合变压吸附或其他末端治理技术，最终使排气烟囱中非甲烷总烃浓度稳定在 $80mg/m^3$ 以下。相关应用单位涉及中石化、陕煤集团和江苏海外集团等大中型国家和地方性企业。到目前为止，已推广了三十余套膜法工业应用的耦合装置[68]。

6.2 膜吸收脱硫膜

6.2.1 膜吸收脱硫膜种类及特点

膜基气体吸收技术[69-71]（membrane gas absorption，MGA）是将膜分离技术与吸收技术相耦合的一种分离技术，充分结合了膜分离的结构紧凑性和化学吸收的高效选择性，是一种具有发展前景的新兴膜分离技术，其原理如图 6-13 所示。

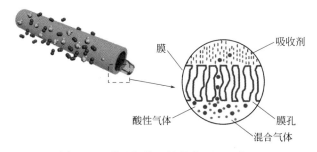

图 6-13　膜基气体吸收技术原理示意图

进入膜接触器中的混合气和吸收液在膜管的两侧流动，膜对气体组分没有分离作用，只是分隔了气液两相，使气液两相不发生互相混合与分散，气液两相在固定的界面上进行接触。混合气体中的酸性气体在浓度梯度的推动下，从气相主体穿过膜材料的微孔到达气液接触界面后被吸收，从而实现了混合气的分离。

相比传统的塔式脱硫设备，膜基气体吸收技术具有以下优点[72,73]。

① 操作灵活：气液两相在膜的两侧流动，并不直接接触，气液两相流体流速可以灵活控制，避免了传统吸收塔的漏液、液泛、雾沫夹带、沟流等问题。

② 结构紧凑：膜接触器装填密度高、比表面积大，处理相同流量的气体，所需设备体积更小。

③ 性能预测：由于气液两相在固定的界面传质，有效接触面积固定，在稳定的操作条件下能够对其性能进行预测。

④ 可线性缩放：模块化设计不仅使其性能能够预测，而且可以根据处理量通过串、并联的方式进行放大与缩小。

但是，膜基气体吸收技术也因为膜的存在而增加了膜相传质阻力，从而提高了总的传质阻力，不利于吸收。因此，降低传质阻力、防止膜污染以及提高使用寿命是膜基气体吸收技术需要改进的方向。

近年来，膜基气体吸收技术应用越来越广泛，在酸性气体（SO_2、H_2S、NO_2）的脱除、CO_2 的捕集、天然气的净化、氨气的回收、氢气的回收等领域的应用备受关注[74]。MGA 的研究主要集中在膜材料的选择、吸收剂的选择、吸收传质过程分析、膜接触器的设计优化等方面。

6.2.2 膜吸收脱硫膜制备方法

有机膜中聚丙烯（PP）[75-77]、聚偏氟乙烯（PVDF）[78-80]、聚四氟乙烯（PT-FE）[81-83]、聚醚醚酮（PEEK）[84]、聚乙烯（PE）[85] 及聚醚砜（PES）[86]、聚砜（PS）[87] 等是研究得比较多的中空纤维膜材料。Qi 和 Cussler 等[88,89] 使用 PP 中空纤维膜接触器通过采用不同的吸收剂吸收 SO_2、NH_3、H_2S、CO_2 等气体。Sun 等[90] 以海水、去离子水、NaOH 溶液作为吸收剂，使用 PP 中空纤维膜组件吸收 SO_2。Jeon 等[91] 用水、NaOH、Na_2SO_3 溶液分别在 PVDF 和 PTFE 两种材料的中空纤维膜接触器下脱除 SO_2，发现 PTFE 膜比 PVDF 膜性能更优异。Khaisri 等[92] 比较了 PTFE、PP、PVDF 三种膜接触器对 CO_2 的吸收性能。实验结果表明三种膜的 CO_2 吸收性能为：PTFE＞PVDF＞PP。MGA 最常见的三种有机膜材料中，PP 价格便宜、化学稳定性较差；PVDF 价格较昂贵、耐较高温度、耐化学腐蚀；PTFE 价格昂贵，化学性质最稳定。

大部分有机膜在长期运行中会出现吸收液进入膜孔使膜孔溶胀的现象，导致操作不稳定、传质性能下降以及膜的使用寿命缩短等[93-97]。因此，有研究者对有机膜进行改性，提高膜材料的稳定性[98,99]。Lv 等[100] 通过表面改性的方法在 PP 膜表面形成一层疏松多孔的涂层来提高膜的表面粗糙度和接触角，从而提高其抗润湿性能。

与有机膜相比，陶瓷膜具有耐高温、耐酸碱、机械强度高、孔径分布窄、易清洗、使用寿命长等优点[101]，近年来陶瓷膜在 MGA 中的研究越来越多。Yu 等[102] 以单乙醇胺（MEA）为吸收剂，分别用疏水改性的氧化锆陶瓷膜和 PP 膜捕集 CO_2，发现陶瓷膜单位面积的成本是 PP 膜的 12.5 倍，但是在相同的吸收 CO_2 通量下，陶瓷膜成本低于 PP 膜，而且陶瓷膜比 PP 膜有更高的稳定性和抗污染能力。Magnone 等[103] 用氟代烷基硅烷化的 Al_2O_3 中空纤维膜吸收 CO_2，发现 CO_2 的吸收通量比传统的聚合物膜高。Luis 等[104-106] 以 N,N-二甲基苯胺为吸收剂，用 Al_2O_3 中空纤维膜脱除 SO_2，并建立了脱硫传质过程的模型。韩士贤等[107] 用清水作为吸收剂，以疏水改性的氧化锆陶瓷膜接触器吸收 SO_2，发现与传统的填料塔相比，陶瓷膜具有更小的传质单元高度。

6.2.3 膜吸收脱硫膜性能参数

通常，总传质系数（K_G）和SO_2去除率（η）是评估气体吸收性能的两个主要指标。考虑到气相中的SO_2占比非常低（$\leqslant 0.1\%$，体积分数），可以忽略流入和流出膜接触器的气体流量差异。因此，可以通过式（6-10）计算SO_2去除率（η）。其中$y_{g,in}$和$y_{g,out}$分别代表进口和出口气体中的SO_2浓度。

$$\eta = \frac{y_{g,in} - y_{g,out}}{y_{g,in}} \times 100\% \tag{6-10}$$

K_G可以用式（6-11）进行计算，其中$x_{l,out}$可以由质量守恒得到。

$$K_G = \frac{Q_g}{A} \frac{y_{g,in} - y_{g,out}}{\dfrac{(y_{g,in} - y_{g,out}^*) - (y_{g,out} - y_{g,in}^*)}{\ln \dfrac{y_{y,in} - y_{g,out}^*}{y_{g,out} - y_{g,in}^*}}} \tag{6-11}$$

$$Q_g(y_{g,in} - y_{g,out}) = Q_l(x_{l,out} - x_{l,in}) \tag{6-12}$$

利用水吸收时可以认为$x_{l,in} = 0$，出口处液体流量可以使用气相平衡公式（6-13）计算。

$$y_{g,in}^* = mx_{l,out} \qquad y_{g,out}^* = mx_{l,in} = 0 \tag{6-13}$$

以上式中，K_G是以气相为基准的总传质系数，m/s；Q_g是气体流量，m^3/s；Q_l是液体流量，m^3/s；A是气液接触面积，m^2；$x_{l,in}$和$x_{l,out}$分别是液相入口和出口处的SO_2摩尔分数；$y_{g,in}^*$和$y_{g,out}^*$分别是与$x_{l,in}$和$x_{l,out}$处于平衡状态的气相SO_2的摩尔分数；m是相平衡常数。

SO_2的传质通量可以由如下公式计算：

$$F = \frac{\eta Q_g c_{g,0}}{A} \tag{6-14}$$

其中F是膜接触器的SO_2传质通量，$mol/(m^2 \cdot h)$；$c_{g,0}$是入口SO_2浓度，mol/m^3。

此外，针对疏水性脱硫膜，对其表面疏水性能的评价十分重要。通常，测量膜表面的接触角是最直接有效的方法。图6-14（a）所示的是利用接触角分析仪测量改性前后陶瓷膜的水接触角。显而易见的是液滴会很快在未改性的膜表面上铺展开。相比之下，改性后的膜其接触角稳定为$134°$，表明膜具有很好的疏水性。

对于脱硫膜，其纯水通量和氮气渗透通量的大小反映了孔道内是否便于液体与气体通过。如图6-14（b）所示，亲水性脱硫膜的通量随着跨膜压差增大几乎呈线性增加，纯水渗透性约为$1800L/(m^2 \cdot h \cdot bar)$。然而，在跨膜压差小于

0.40MPa 时，疏水脱硫膜显示出很大的疏水性并完全不会有水渗透。图 6-14（c）显示了 N_2 渗透性与跨膜压差的关系。与亲水膜相比，HDTMS 改性陶瓷膜的 N_2 渗透性略有下降。N_2 渗透率的降低是由 HDTMS 分子层在孔道内表面上附着所引起的孔径减小导致的。由于 HDTMS 改性层非常薄且不大于 3nm，因此渗透性降低不明显[108,109]，并且在进行表面疏水改性后，改性的膜仍然有良好的透气性。

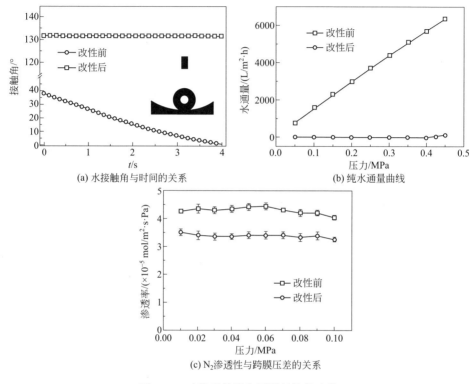

(a) 水接触角与时间的关系 (b) 纯水通量曲线

(c) N_2渗透性与跨膜压差的关系

图 6-14　改性后的膜和原膜的性能比较

6.2.4　膜吸收脱硫膜传质模型

6.2.4.1　疏水性脱硫膜传质模型

通常疏水膜接触器的吸收过程可以分为如下几个步骤：从气相主体扩散到膜表面，气体分子扩散通过膜孔以及从膜液体界面转移到液相主体，在相界面和液相内进行液相扩散和化学反应。因此，建立相应的脱硫传质模型需要考虑 SO_2 的对流和扩散贡献以及 SO_2 与水之间的反应。在吸收过程中，气相与液相逆流流动通过膜接触器。SO_2 的传质发生在三个不同的区域：壳程，膜孔和管程（如图 6-15 所示）。

整个模型的 SO_2 质量守恒方程可以表示为：

$$\frac{\partial c}{\partial t} = R + D\ \nabla^2 c - \nabla_c U_z \quad (6\text{-}15)$$

其中 D 是 SO_2 在水或气体中的扩散系数，m^2/s；U_z 是气体或液体的轴向流速，m/s；R 是

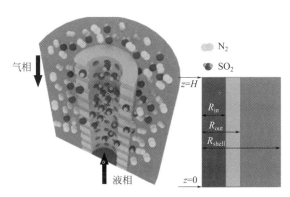

图 6-15 疏水性脱硫膜接触器截面图

SO_2 吸收反应速率，$mol/(m^3 \cdot s)$；t 是时间，s；c 是气相或液相中的 SO_2 摩尔浓度，mol/m^3，可以通过气相中的 SO_2 摩尔分数（y）或液相中的 SO_2 摩尔分数（x）计算得到。

$$c_{SO_2\text{-shell}} = \frac{yP_{gas}}{RT} \quad (6\text{-}16)$$

$$c_{SO_2\text{-tube}} = \frac{xc_{H_2O}}{1-x} \quad (6\text{-}17)$$

其中 $c_{SO_2\text{-shell}}$ 是壳程的 SO_2 浓度，mol/m^3；P_{gas} 是原料气的压力，Pa；T 是气体的温度，K；R 是理想气体常数，$8.314472 J/(mol \cdot K)$；$c_{SO_2\text{-Tube}}$ 是管程的 SO_2 摩尔浓度，mol/m^3；c_{H_2O} 是水的摩尔浓度，mol/m^3。

SO_2 在气相中的传质没有化学反应，遵循菲克定律，因此其连续方程为：

$$D_{SO_2\text{-gas}}\left[\frac{\partial^2 c_{SO_2\text{-shell}}}{\partial r^2} + \frac{1}{r}\frac{\partial c_{SO_2\text{-shell}}}{\partial r} + \frac{\partial^2 c_{SO_2\text{-shell}}}{\partial z^2}\right] - U_{shell}\frac{\partial c_{SO_2\text{-shell}}}{\partial z} = 0 \quad (6\text{-}18)$$

其中 $D_{SO_2\text{-gas}}$ 是 SO_2/N_2 气体混合物中 SO_2 的扩散系数，$1.26 \times 10^{-5} m^2/s$；$U_{shell}$ 是气体轴向流速，m/s。

由于假定同心管中的气流为层流，因此轴向气流速度分布可以计算如下[110]：

$$U_{shell} = -\frac{8U_{ave\text{-shell}}}{(r_{shell}-r_{out})^2}(r-r_{out})(r-r_{shell}) \quad (6\text{-}19)$$

其中 r_{out} 是脱硫膜管的外半径，m；r_{shell} 是膜组件的内半径，m，$U_{ave\text{-shell}}$ 是壳程气体的平均流速，m/s，并且可以由如下方程计算：

$$U_{ave\text{-shell}} = \frac{Q_G}{\pi(r_{shell}^2 - r_{out}^2)} \quad (6\text{-}20)$$

其中 Q_G 是气体流量，m^3/s。

传质方程的边界条件如下：

$$r = r_{shell}, \quad \frac{\partial c_{SO_2\text{-shell}}}{\partial r} = 0 \text{ ,（对称膜）} \tag{6-21}$$

$$r = r_{out}, \quad c_{SO_2\text{-shell}} = c_{SO_2\text{-membrane}} \tag{6-22}$$

$$z = L, \quad c_{SO_2\text{-shell}} = c_0 \tag{6-23}$$

其中 c_0 是进口处的 SO_2 浓度，mol/m^3；$c_{SO_2\text{-membrane}}$ 是膜孔中的 SO_2 浓度，mol/m^3；L 是膜接触器长度，m。

通常，非对称膜是由支撑层和膜层组成的不对称膜。这两层的孔径和厚度不同。在膜层中 SO_2 主要是 Knudsen 扩散，而在支撑层中 SO_2 以 Fick 扩散为主，两层具有不同的扩散系数。可以认为 SO_2 在未润湿的膜孔中的传质仅存在扩散而没有对流和反应参与，其连续性方程如下：

$$D_{SO_2\text{-suppport}} \left[\frac{\partial^2 c_{SO_2\text{-support}}}{\partial r^2} + \frac{1}{r} \frac{\partial c_{SO_2\text{-support}}}{\partial r} + \frac{\partial^2 c_{SO_2\text{-support}}}{\partial z^2} \right] = 0 \tag{6-24}$$

$$D_{SO_2\text{-membrane}} \left[\frac{\partial^2 c_{SO_2\text{-membrane}}}{\partial r^2} + \frac{1}{r} \frac{\partial c_{SO_2\text{-membrane}}}{\partial r} + \frac{\partial^2 c_{SO_2\text{-membrane}}}{\partial z^2} \right] = 0 \tag{6-25}$$

其中 $D_{SO_2\text{-support}}$ 是 SO_2 在支撑体中的扩散系数，m^2/s；$D_{SO_2\text{-membrane}}$ 是 SO_2 在膜层中的扩散系数，m^2/s。

当分子气体通过多孔介质时，存在三种机制：分子扩散，努森扩散和过渡流。气体的传输取决于努森扩散系数 D_{Kn} 的大小，其定义如下：

$$D_{Kn} = \frac{\lambda}{d_p} \tag{6-26}$$

$$\lambda = \frac{k_b T}{\pi \sqrt{2} P \sigma^2} \tag{6-27}$$

其中 λ 是气体分子的平均自由程，而 d_p 是孔的直径。实验中使用气体的平均自由程（$T = 293.15K$，$P = 1.01 \times 10^5 Pa$，$\sigma_{N_2} = 3.67 \times 10^{-10}$）约为 67nm，与孔径大小在同一数量级。由于在管壁上没有机械压力差，因此排除了通过管壁进行黏性传输。有效扩散系数可以是分子扩散率和努森扩散率的组合：

$$\frac{1}{D_{G,eff}} = \frac{1}{D_M} + \frac{1}{D_{Kn}} \tag{6-28}$$

其中 D_M 和 D_{Kn} 分别是分子扩散系数和努森扩散系数。在 293.15K，1atm（$10^5 Pa$）条件下 SO_2 的 D_M 为 $1.23 \times 10^{-5} m^2/s$；$D_{Kn}$ 可以由如下公式计算：

$$D_{Kn} = 48.5 d_p \sqrt{\frac{T}{M_A}} \tag{6-29}$$

其中 d_p 是孔的直径，m；M_A 是 SO_2 的分子量，kg/kmol；D_{Kn} 是努森扩散系数，m^2/s。

对于疏水膜，支撑体和膜层的传质系数取决于膜的孔结构，包括膜的孔隙率

ε 和膜孔曲折因子 τ 以及在膜孔中的扩散。可以由下式计算：

$$\frac{1}{k_m} = \frac{\tau\delta}{\varepsilon D_{G,eff}} \tag{6-30}$$

其中 k_m 是膜层的传质系数，m/s，δ 是膜层的厚度，m；τ 是曲折因子；ε 是孔隙率；$D_{G,eff}$ 是气体扩散系数，m^2/s。

膜层中传质方程的边界条件如下：

$$z = 0 \text{ 或 } L, \frac{\partial c_{SO_2\text{-support}}}{\partial z} = 0 \tag{6-31}$$

$$z = 0 \text{ 或 } L, \frac{\partial c_{SO_2\text{-membrane}}}{\partial z} = 0 \tag{6-32}$$

$$r = r_{in}, c_{SO_2\text{-membrane}} = c_{SO_2\text{-tube}}/m \tag{6-33}$$

$$r = r_{in} + \delta_{membrane}, c_{SO_2\text{-membrane}} = c_{SO_2\text{-support}} \tag{6-34}$$

$$r = r_{out}, c_{SO_2\text{-support}} = c_{SO_2\text{-shell}} \tag{6-35}$$

式中，m 是 SO_2 在水中的溶解度，293.15K 时为 21.91[111]；$\delta_{membrane}$ 是膜层的厚度，m；r_{in} 是脱硫膜管的内半径，m。在边界条件下模拟 SO_2 传输时，膜管的上下两端被认为是封闭的，也就是说 SO_2 不能从膜的两端扩散出来。

SO_2 在水中的扩散过程同样遵循菲克定律。此外，SO_2 与水发生可逆的化学反应。因此，稳态下 SO_2 在管程传输的连续性方程可表示为：

$$R_{SO_2} + D_{SO_2\text{-water}}\left[\frac{\partial c_{SO_2\text{-tube}}}{\partial r^2} + \frac{1}{r}\frac{\partial c_{SO_2\text{-tube}}}{\partial r} + \frac{\partial^2 c_{SO_2\text{-tube}}}{\partial z^2}\right] - U_{tube}\frac{\partial c_{SO_2\text{-tube}}}{\partial z} = 0 \tag{6-36}$$

其中，$D_{SO_2\text{-water}}$ 是 SO_2 在水中的扩散系数，$2\times10^{-9} m^2/s$[112]。

管中流动符合层流，液相中的轴向流速分布为[113]：

$$U_{tube} = 2U_{ave\text{-tube}}\left[1 - \left(\frac{r}{r_{in}}\right)^2\right] \tag{6-37}$$

$U_{ave\text{-tube}}$ 是管程液体的平均流速，m/s，可以根据以下公式计算：

$$U_{ave\text{-tube}} = \frac{Q_L}{\pi r_{in}^2} \tag{6-38}$$

其中 Q_L 是液体体积流量，m^3/s。

传质方程的边界条件如下：

$$r = 0, \frac{\partial c_{SO_2\text{-tube}}}{\partial r} = 0 \text{（对称膜）} \tag{6-39}$$

$$r = r_{in}, c_{SO_2\text{-tube}} = mc_{SO_2\text{-membrane}} \tag{6-40}$$

$$z = 0, c_{SO_2\text{-tube}} = 0 \tag{6-41}$$

SO_2 吸收到水中的过程涉及两步可逆反应，如下所示[114,115]：

$$SO_2 + 2H_2O \underset{}{\overset{k_1}{\rightleftharpoons}} H_3O^+ + HSO_3^- \qquad k_1 = 0.014 \, mol/m^3 \qquad (6-42)$$

$$HSO_3^- + H_2O \underset{}{\overset{k_2}{\rightleftharpoons}} H_3O^+ + SO_3^{2-} \qquad k_2 = 6.24 \times 10^{-8} \, mol/m^3 \qquad (6-43)$$

SO_3^{2-} 的浓度在 pH 值低于 5 时可以忽略[116]。因此，HSO_3^- 和 H_3O^+ 的浓度可以认为在电中性条件下相等，并且 SO_2 反应速率可以计算如下：

$$-R_{SO_2} = k_3 c_{SO_2} - \frac{k_3}{k_1}(c_{HSO_3^-})^2 \qquad (6-44)$$

其中 SO_2 的电离速度 k_3 为 $3.17 \times 10^{-2} \, s^{-1}$。

6.2.4.2 亲水性脱硫膜传质模型

在利用高浓度吸收剂吸收低浓度气体时，亲水性膜接触器具有比疏水性膜接触器更好的吸收效果，因此需要对亲水性膜接触器进行传质模型建立以便优化其结构。以利用 NaOH 吸收低浓度 SO_2 为例，SO_2 被 NaOH 用亲水膜吸收可以分为如下 4 步：

① SO_2 从进料侧气相主体扩散到气膜界面；

② SO_2 在气液界面处发生反应生成 SO_3^{2-}；

③ SO_3^{2-} 在膜孔内扩散；

④ SO_3^{2-} 扩散入液相主体被带出膜接触器。

同时，NaOH 的扩散过程与 SO_2 相反并且到液气界面停止。壳程中的气相与管程中的液相呈逆流流动。亲水膜提供有效固定的液体层。传质过程如图 6-16 的示意图所示。

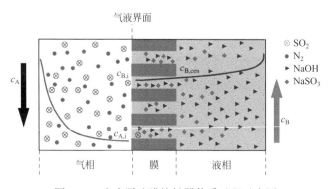

图 6-16 亲水脱硫膜接触器传质过程示意图

在整个传质模型中，SO_2 的稳态质量守恒方程可以表示为[117]：

$$R' + D\nabla^2 c - \nabla c U_Z = 0 \qquad (6-45)$$

其中，D 是 SO_2 在气体或溶液中的扩散系数，m^2/s；U_Z 是气体或液体的轴向流速，m/s；R' 是 SO_2 吸收反应速率，$mol/(m^3 \cdot s)$；c 是气相、液相或膜相

中的 SO_2 摩尔浓度，mol/m^3。

亲水膜传质模型与疏水膜传质模型相比，气相传质与液相传质过程相似，区别在于气相侧与膜层的边界条件：

$$r = r_{shell}, \quad \frac{\partial c_{SO_2\text{-}shell}}{\partial r} = 0 \tag{6-46}$$

$$r = r_{out}, \quad c_{SO_2\text{-}shell} = c_{SO_2\text{-}membrane}/m \tag{6-47}$$

$$z = L, \quad c_{SO_2\text{-}shell} = c_0 \tag{6-48}$$

液相侧与膜层的边界条件：

$$z = 0 \text{ 或 } L, \quad \frac{\partial c_{SO_2\text{-}membrane}}{\partial z} = 0, \quad \frac{\partial c_{OH^-\text{-}membrane}}{\partial z} = 0 \tag{6-49}$$

$$r = r_{in}, \quad c_{SO_2\text{-}membrane} = c_{SO_2\text{-}tube} \tag{6-50}$$

$$c_{OH^+\text{-}membrane} = c_{OH^+\text{-}tube}$$

$$r = r_{out}, \quad c_{SO_2\text{-}membrane} = mc_{SO_2\text{-}shell} \tag{6-51}$$

此外，与疏水脱硫膜不同，亲水脱硫膜的膜孔充满了 NaOH 溶液[118]。因此，亲水性膜的气相界面处的浓度与疏水性膜的浓度不同。因为气相为层流，气体的流动状态会影响气液界面处的 SO_2 浓度。与 SO_2 反应的液相是膜孔中的 NaOH 溶液，NaOH 浓度和 SO_2 浓度会显著地影响传质与反应速率。

化学吸收的界面浓度往往比物理吸收复杂得多。通常，可以引入增强因子来校正这些参数对传质模型的影响。脱硫膜在亲水脱硫的过程中提供稳定的气-液相界面。如图 6-16 所示，界面上的 NaOH 浓度（$c_{B,i}$）远大于 SO_2 浓度（$c_{A,i}$）。远离界面的液体的浓度基本上不受干扰，并且浓度中心线处的液相中，NaOH 浓度（$c_{B,cen}$）与进入膜接触器的液体中的 NaOH 浓度（$c_{B,in}$）相似。在这种情况下，增强因子的近似解可以使用无量纲的 Hatta 数[119]。因此，建立模型需要回归亲水性脱硫膜接触器的增强因子，并且可以通过该增强因子来解决适合该接触器的传质模型。

$$E = \frac{J_{chem}}{J_{phy}} = Ha^* = \sqrt{\frac{k_E D_{SO_2\text{-}membranel} c_{SO_2\text{-}interface}^A c_{OH^+\text{-}interface}^{1-A}}{k_L}} \tag{6-52}$$

其中，J_{chem} 和 J_{phy} 分别是化学吸收和物理吸收的通量；k_L 是液相传质系数；$D_{SO_2\text{-}membrane}$ 是 SO_2 在膜中的扩散系数；$c_{SO_2\text{-}interface}$ 和 $c_{OH^-\text{-}interface}$ 是气液界面处的 SO_2 和 OH^- 的浓度。SO_2 与 OH^- 反应的反应方程式及反应速率常数如下：

$$SO_2 + 2OH^- = SO_3^{2-} + H_2O \qquad k_E = 1.0 \times 10^6 \, m^6/(mol^2 \cdot s) \tag{6-53}$$

式中，k_E 是反应速率常数。由于 OH^- 远远过量，因此 SO_2 的消耗量是 OH^- 的一半。界面处的 OH^- 浓度可用如下公式计算：

$$N_{OH^-} = k_L(c_{OH^-\text{-}liquid} - c_{OH^-\text{-}interface}) \tag{6-54}$$

式中，N_{OH} 是扩散通量，mol/(m²·s)。由于膜孔充满液体，因此膜孔中没有努森扩散。膜层比液相边界层厚得多，所以 k_L 可以表示为：

$$k_L = \frac{D_{OH^--liquid}\varphi}{\tau l_m}$$ (6-55)

式中，$D_{OH^--liquid}$ 是 OH^- 在液体中的扩散系数，m²/s；φ 是孔隙率；τ 是膜孔曲折因子；l_m 是膜厚，m。

同样，可以通过以下公式计算界面处的 SO_2 浓度：

$$N_{SO_2} = -D_{SO_2}\frac{c_{SO_2-gas} - c_{SO_2-interface}}{\delta_{gas}} = k_g(c_{SO_2-gas} - c_{SO_2-interface})$$ (6-56)

式中，k_g 是气相传质系数，m/s；δ_{gas} 是气相边界层的厚度，m。在膜接触器中，舍伍德数（Sh）通常与雷诺数（Re）和施密特数（Sc）有关。当气体和液体在圆形直管中以层流（$Re < 1000$）流动时，舍伍德数可表示为[120,121]。

$$Sh = \frac{k_g L}{D_{SO_2-gas}} = BRe^c Sc^{0.33}$$ (6-57)

式中，L 是膜接触器长度，m；D_{SO_2-gas} 是 SO_2 在 N_2 中的扩散系数，m²/s；B 和 C 是常数[105]。气相传质系数取决于膜接触器的配置和气体的速度。

气液界面处的浓度因膜的加入而明显不同于直接接触。由于缺乏在亲水膜接触器中使用 NaOH 溶液吸收 SO_2 的研究，可通过实验对上述未知常数进行回归，以建立完整的传质方程。

6.2.5 膜吸收与传统技术的比较

湿法脱硫是一种脱硫率高、处理能力大的脱硫方法。国际海事组织（IMO）对船舶尾气的建议中指出：仅在尾气与废气处理（如 SO_2 洗涤器）结合使用且达到排放要求时，船舶才能使用高含硫量船用燃料。洗涤器已经在发电厂中使用了多年，直到最近几年才开始在船舶尾气处理中使用。湿式洗涤器使废气通过液体介质，废气中的 SO_2 与洗涤液有效成分发生化学反应达到脱硫目的。最常见的吸收液是未经处理的海水或经过化学处理的淡水。海水洗涤塔通常为开环式，海水直接从海上抽入并且在处理完成后排入海中，海水仅流过设备一次。在闭环洗涤塔中，处理后的淡水以连续的闭环循环回洗涤塔。在闭环系统中，颗粒物和水经过处理以保持其 pH 值，使其适合在洗涤塔中重复使用。

尾气净化系统（exhaust gas cleaning system，EGCS）是一种简单有效的技术，已在工业应用中使用了很多年。湿式 SO_x 洗涤塔大致包括以下单元：

① 洗涤器气液洗涤单元。洗涤液在此与来自一个或多个燃烧单元的废气紧密接触。该单元通常安装在船中较高的位置；

② 污水处理单元。在向船外排放之前处理洗涤废水；

③ 污泥残渣处理设备。处理从洗涤机中分离出来的污泥残渣；

④ 洗涤塔控制和排放监测系统。

这些组件将通过管道与各种泵、冷却器和水箱互连，具体取决于洗涤器类型。一套污泥残渣处理设备和污水处理单元可为多台洗涤器提供服务。一个监视和控制系统决定这些处理设备要么专用于单个洗涤器，要么多个洗涤器集成共享。船用 SO_2 湿式洗涤器主要可以分为闭环式洗涤器、开环式洗涤器、混合式洗涤器和膜接触器等类型。

膜吸收是快速发展的一种新技术。该技术的驱动力是气液相物质的浓度梯度。在膜吸收过程中，膜对气体是非选择性的，并且仅作为气流和液体之间的屏障。吸收的选择性由吸收剂提供。气体混合物和液体分别在膜接触器中固定气液界面的两侧流动。气体在没有高压的情况下通过膜孔从气体混合物扩散到气液界面，然后在另一侧接触液体吸收剂。之后，可以将富含被吸收气体的溶液送入第二膜接触器中，以使被吸收的气体解吸。同时，将稀溶液回收到吸收剂存储罐中。利用膜接触器可以完成气体的净化与捕集过程[122]。

与传统的喷淋塔实验值进行比较，结果如表 6-2 所示。采用亲水性脱硫膜接触器可以在更小的液气比条件下进行操作。这是由于气、液两相在膜的两侧流动且不会相互干扰，传质阻力小且不会发生液泛等现象。并且其传质系数远高于喷淋塔，这说明亲水性脱硫膜接触器具有强大的应用潜力。除了利用 NaOH 吸收 SO_2 的过程外，通过调节膜的厚度或加快吸收反应的速率来增强传质，使不同被吸收气体和吸收剂的亲水性脱硫膜可以获得比传统疏水膜更高的传质系数。

表 6-2　喷淋塔与膜接触器比较[123]

参数	喷淋塔	膜接触器
二氧化硫浓度/(μL/L)	1000	1000
气速/(m/s)	0.65	0.65
二氧化硫去除率/%	80	79.87
液气比(L/G)	4	4
高/m	0.755	0.6
截面积/m^2	0.138	0.0011
传质系数 $K_g a$/[$\times 10^6$ kmol/($m^3 \cdot s \cdot Pa$)]	1.734	1094.9

参 考 文 献

[1] 国家标准化管理委员会. 建筑用墙面涂料中有害物质限量：GB 18582—2020[S]. 北京：中国标准出版社，2020.

[2] 张小苑. VOC 的危害及回收与处理技术[J]. 绿色环保建材，2017，9：261-262.

[3] 赵琳，张英锋，李荣焕，等. VOC 的危害及回收与处理技术[J]. 化学教育，2015，36：1-6.

[4] 王宇飞，刘昌新，程杰，等. 工业 VOCs 经济手段和工程技术减排对比性分析[J]. 环境科学，2015，36(4)：1507-1512.

[5] Skov H，Hansen A B，Lorenzen G，et al. Benzene exposure and the effect of traffic pollution in Copenhagen, Denmark[J]. Atmospheric Environment，2001，35(14)：2463-2471.

[6] 林立，鲁君，马英歌，等. 国内外 VOCs 排放管理控制历程[J]. 环境监测管理与技术，2011，5：16-20.

[7] 王海林，聂磊，李靖，等. 重点行业挥发性有机物排放特征与评估分析[J]. 科学通报，2012，19(57)：1739-1746.

[8] Drioli E，Stankiewicz A I，Macedonio F. Membrane engineering in process intensification：An overview[J]. Journal of Membrane Science，2011，380(1)：1-8.

[9] 李婕，关宁. 活性炭吸附回收挥发性有机物的研究进展[J]. 化工环保，2008，28(1)：24-28.

[10] 冯岩岩，徐森，刘大斌，等. 冷凝法回收有机溶剂的优化设计[J]. 化学工程，2012，40(1)：35-42.

[11] 王建宏，陈家庆，曹建树. 加油站膜分离烃类 VOCs 回收技术分析[J]. 膜科学与技术，2009，3：97-102.

[12] Huang G，Li S，Liu L，et al. Ti_3C_2 MXene-modified Bi_2WO_6 nanoplates for efficient photo-degradation of volatile organic compounds[J]. Applied Surface Science，2020，503：144183.

[13] Li X，Zhang L，Yang Z，et al. Adsorption materials for volatile organic compounds (VOCs) and the key factors for VOCs adsorption process：A review[J]. Separation and Purification Technology，2020，235：116213.

[14] He X，Hägg M. Membranes for environmentally friendly energy processes[J]. Membranes，2012，2(4)：706-726.

[15] 刘春平. 石化企业中间罐区 VOCs 治理工艺选择与流程优化[J]. 化工环保，2019，39(3)：273-277.

[16] Ambrosi A，Cardozo，Nilo Sérgio Medeiros，et al. Membrane separation processes for the beer industry：A review and state of the Art[J]. Food & Bioprocess Technology，2014，7(4)：921-936.

[17] Yang W，Zhou H，Zong C，et al. Study on membrane performance in vapor permeation of VOC/N_2 mixtures via modified constant volume/variable pressure method[J]. Separation and Purification Technology，2018，200：273-283.

[18] Zhou H，Tao F，Liu Q，et al. Microporous polyamide membranes for molecular sieving of nitrogen from volatile organic compounds[J]. Angewandte Chemie International Edition，2017，56(21)：5755-5759.

[19] Liu G，Hou D，Wei W，et al. Pervaporation separation of butanol-water mixtures using polydimethylsiloxane/ceramic composite membrane[J]. Chinese Journal of Chemical Engineering，2011，19(1)：40-44.

[20] Wang H, Dai Y, Ruan X, et al. Highly efficient tetrafluoroethylene recovery for batch polymerization system: Membrane preparation and process development[J]. Journal of Membrane Science, 2018, 549(1): 403-410.

[21] Ruan X, Wang H, Dai Y, et al. Polyimide membrane system for tetrafluoroethylene recovery: Industrial plant, optimal operation and economic analysis[J]. Separation and Purification Technology, 2017, 188: 468-475.

[22] Xue J, Wang S, Han X, et al. Chitosan-functionalized graphene oxide for enhanced permeability and antifouling of ultrafiltration membranes[J]. Chemical Engineering & Technology, 2018, 41(2): 270-277.

[23] He X, Wang T, Li Y, et al. Fabrication and characterization of micro-patterned PDMS composite membranes for enhanced ethanol recovery[J]. Journal of Membrane Science, 2018, 563: 447-459.

[24] Li X, Cai W, Wang T, et al. AF2400/PTFE composite membrane for hexane recovery during vegetable oil production[J]. Separation and Purification Technology, 2017, 181: 223-229.

[25] Thomas S, Pinnau I, Du N, et al. Hydrocarbon/hydrogen mixed-gas permeation properties of PIM-1, an amorphous microporous spirobisindane polymer[J]. Journal of Membrane Science, 2009, 338(1-2): 1-4.

[26] Barrer R M. Zeolites and Their Synthesis[J]. Zeolites, 1981, 1(3): 130-140.

[27] 周永贤, 王鹏飞, 张毅民, 等. 13X分子筛膜制备及其在低碳烯烃净化中的应用[J]. 精细化工, 2018, 35(12): 1993-1998.

[28] Li W. Metal-organic framework membranes: Production, modification, and applications[J]. Progress in Materials Science, 2019, 100: 21-63.

[29] Li J, Sculley J, Zhou H. Metal-organic frameworks for separations[J]. Chemical Reviews, 2011, 112(2): 869-932.

[30] Wu Q, Xu R, Li J, et al. Preparation of ZIF-69 membranes for gasoline vapor recovery[J]. Journal of Porous Materials, 2015, 22(5): 1195-1203.

[31] Ghanem B S, Msayib K J, Mckeown N B, et al. A triptycene-based polymer of intrinsic microposity that displays enhanced surface area and hydrogen adsorption[J]. Chem Commun, 2007, 1: 67-69.

[32] Barrer R M, Chio H T. Solution and diffusion of gases and vapors in silicone rubber membranes[J]. Journal of Polymer Science Polymer Symposia, 2007, 10(1): 111-138.

[33] 黄冬琳. 应用膜技术分离回收挥发性有机物[D]. 大连: 大连理工大学, 2006.

[34] Birnhack L, Keller O, Tang S C N, et al. A membrane-based recycling process for minimizing environmental effects inflicted by ion-exchange softening applications[J]. Separation and Purification Technology, 2019, 223: 24-30.

[35] 聂飞, 贺高红, 赵薇, 等. 疏水 SiO_2/PTFPMS 杂化复合膜的制备及其气体分离性能[J]. 化工学报, 2014, 65(8): 3019-3025.

[36] Yuan J W，Li Q Q，Shen J，et al. Hydrophobic-functionalized ZIF-8 nanoparticles incorpo-rated PDMS membranes for high-selective separation of propane/nitrogen[J]. Asia Pacific Journal of Chemical Engineering，2017，12(1)：110-120.

[37] 冯世超，任吉中，李晖，等. 聚醚共聚酰胺膜的制备与分离性能[J]. 膜科学与技术，2013，33(4)：53-58.

[38] Liu L，Chakma A，Feng X，et al. Separation of VOCs from N₂ using poly(ether block amide) membranes[J]. The Canadian Journal of Chemical Engineering，2009，87：456-465.

[39] Djebbar M K，Nguyen Q T，Clément R，et al. Pervaporation of aqueous ester solutions through hydrophobic poly（ether-block-amide）copolymer membranes［J］. Journal of Membrane Science，1998，146(1)：125-133.

[40] 王卫卿，黄维秋，沈泳涛，等. 聚醚嵌段酰胺膜在有机蒸气回收中的应用[J]. 化工新型材料，2012，2：34-36.

[41] Baker R W. Membrane Technology and Applications［M］. New Jersey：John Wiley & Sons，Ltd.，2004.

[42] 韩秋，周浩力，金万勤，等. PDMS/PVDF 复合膜分离 VOC/N₂ 的性能研究[J]. 膜科学与技术，2015，1：75-81.

[43] Li S，Li P，Si Z，et al. An efficient method allowing for continuous preparation of PDMS/PVDF composite membrane[J]. AIChE Journal，2019，65(10)，e16710.

[44] Si Z，Li J，Ma L，et al. The ultrafast and continuous fabrication of a polydimethylsiloxane membrane by ultravioletinduced Polymerization[J]. Angewandte Chemie，2019，58(48)：17175-17179.

[45] Li Y，Shen J，Guan K，et al. PEBA/ceramic hollow fiber composite membrane for high-efficiency recovery of bio-butanol via pervaporation［J］. Journal of Membrane Science，2016，510：338-347.

[46] Ma Y，Zhang F，Yang S，et al. Evidence for entropic diffusion selection of xylene isomers in carbon molecular sieve membranes［J］. Journal of Membrane Science，2018，564：404-414.

[47] Liu Y，Zhang B，Liu D，et al. Fabrication and molecular transport studies of highly c-Oriented AFI membranes[J]. Journal of Membrane Science，2017，528：46-54.

[48] Aminabhavi T M，Khinnavar R S，Harogoppad S B，et al. Pervaporation separation of organic-aqueous and organic-organic binary mixtures[J]. Polymer Reviews，1994，2(34)：139-204.

[49] Schofield R W，Fane A G，Fell C J D. Gas and vapour transport through microporous membranes. Ⅱ. Membrane distillation［J］. Journal of Membrane Science，1990，53(1-2)：185.

[50] 宗传欣，周浩力，金万勤，等. 膜法 VOCs 气体分离技术研究进展[J]. 膜科学与技术，2020，40(1)，284-293.

[51] Zito P F，Caravella A，Brunetti A，et al. Knudsen and surface diffusion competing for gas

permeation inside silicalite membranes[J]. Journal of Membrane Science，2017，523：456-469.

［52］Way J D，Roberts D L. Hollow fiber inorganic membranes for gas separations[J]. Separation Science and Technology，1992，27(1)：29-41.

［53］Vallieres C，Favre E，Arnold X，et al. Separation of binary mixtures by dense membrane processes：influence of inert gas entrance under variable downstream pressure conditions [J]. Chemical Engineering Science，2003，58(13)：2767-2775.

［54］Davis E M，Minelli M，Giacinti Baschetti M，et al. Non-fickian diffusion of water in poly-lactide[J]. Industrial & Engineering Chemistry Research，2014，52(26)：8664-8673.

［55］Berens A R. Transport of plasticizing penetrants in glassy-polymers[M]. ACS Symposium Series，1990.

［56］Visser T，Wessling M. When do sorption-induced relaxations in glassy polymers set in? [J]. Macromolecules，2007，40(14)：4992-5000.

［57］Bohning M，Springer J. Sorptive dilation and relaxational processes in glassypolymer gas systems：I. Poly(sulfone) and poly(ether sulfone)[J]. Polymer，1998，39(21)：5183-5195.

［58］Pandey P，Chauhan R S. Membranes for gas separation[J]. Progress in Polymer Science，2001，26(6)：853-893.

［59］Ruffolo D，Pianpanit T，Matthaeus W H，et al. Random ballistic interpretation of nonlinear guiding center theory[J]. Astrophysical Journal Letters，2012，747(2)：L34.

［60］宗传欣，周浩力，金万勤，等. 聚二甲基硅氧烷-陶瓷复合膜的正己烷-N_2 分离性能[J]. 南京工业大学学报(自然科学版)，2019，41(5)：649-655.

［61］Li Q，Liu G，Huang K，et al. Preparation and characterization of Ni$_2$(mal)$_2$(bpy) homo-chiral MOF membrane[J]. Asia-Pacific Journal of Chemical Engineering，2016，11(1)：60-69.

［62］Liu D，Liu G，Meng L，et al. Hollow fiber modules with ceramic-supported PDMS composite membranes for pervaporation recovery of bio-butanol[J]. Separation and Purification Technology，2015，146：24-32.

［63］张林，陈欢林，柴红，等. 挥发性有机物废气的膜法处理工艺研究进展[J]. 化工环保，2002，2：75-80.

［64］邢丹敏，曹义鸣，李晖. 膜法有机蒸汽回收系统在工业中的应用[J]. 膜科学与技术，2000，20(4)：43-46.

［65］Petrusová Z，Machanová K，Stanovský P，et al. Separation of organic compounds from gaseous mixtures by vapor permeation[J]. Separation and Purification Technology，2019，217：95-107.

［66］李晖，刘富强，曹义鸣，等. 膜法分离有机蒸气/氮气混合气的过程研究[J]. 膜科学与技术，2000，2：39-42.

［67］于正一，井新利，花开胜，等. 采用膜分离技术从气相法聚乙烯装置的尾气中回收烃类

［J］. 化工进展，2007，5：731-734.

［68］ Jin W，Liu G，Xu N. Organic-inorganic composite membranes for molecular separation ［M］. Singapore，World Scientific Publishing，2017.

［69］ Mansourizadeh A，Ismail A F. Hollow fiber gas-liquid membrane contactors for acid gas capture：A review［J］. Journal of Hazardous Materials，2009，171(1-3)：38-53.

［70］ Zhao S F，Feron P M，Deng L Y，et al. Status and progress of membrane contactors in post-combustion carbon capture：A state-of-the-art review of new developments［J］. Journal of Membrane Science，2016，511：180-206.

［71］ 程桂林，程丽华，张林，等. 膜接触器分离气体研究进展［J］. 化工进展，2006，25：901-906.

［72］ Drioli E，Criscuoli A，Curcio E. Membrane contactors：fundamentals，applications and potentialities［M］. Amsterdam：Elsevier，2011.

［73］ 吕月霞. 聚丙烯中空纤维膜接触器分离 CO_2 的研究［D］. 上海：华东理工大学，2011.

［74］ 崔金海，戚俊清. 膜吸收技术的研究及应用进展［J］. 化工装备技术，2005，26：13-17.

［75］ Demontigny D，Tontiwachwuthikul P，Chakma A. Using polypropylene and polytetrafluoro-ethylene membranes in a membrane contactor for CO_2 absorption［J］. Journal of Membrane Science，2006，277(1-2)：99-107.

［76］ Lin S，Tung K，Chen W，et al. Absorption of carbon dioxide by mixed piperazine-alkano-lamine absorbent in a plasma-modified polypropylene hollow fiber contactor［J］. Journal of Membrane Science，2009,333(1-2)：30-37.

［77］ Lin S，Hsieh C，Li M，et al. Determination of mass transfer resistance during absorption of carbon dioxide by mixed absorbents in PVDF and PP membrane contactor［J］. Desalination，2009，249(2)：647-653.

［78］ Atchariyawut S，Feng C，Wang R，et al. Effect of membrane structure on mass-transfer in the membrane gas-liquid contacting process using microporous PVDF hollow fibers［J］. Journal of Membrane Science，2006，285(1-2)：272-281.

［79］ Mansourizadeh A，Ismail A F，Matsuura T. Effect of operating conditions on the physical and chemical CO_2 absorption through the PVDF hollow fiber membrane contactor［J］. Journal of Membrane Science，2010，353(1-2)：192-200.

［80］ Jin P R，Huang C，Li J X，et al. Surface modification of poly(vinylidene fluoride) hollow fibre membranes for biogas purification in a gas-liquid membrane contactor system［J］. Royal Society Open Science，2017，4(11)：17.

［81］ Chen S，Li S，Chien R，et al. Effects of shape，porosity，and operating parameters on carbon dioxide recovery in polytetrafluoroethylene membranes［J］. Journal of Hazard Materials，2010,179(1-3)：692-700.

［82］ Tang H Y，Zhang Y，Wang F，et al. Long-Term Stability of Polytetrafluoroethylene (PT-FE) hollow fiber membranes for CO_2 capture［J］. Energy & Fuels，2016,30(1)：492-503.

［83］ Wang F S，Kang G D，Liu D D，et al. Enhancing CO_2 absorption efficiency using a novel

PTFE hollow fiber membrane contactor at elevated pressure[J]. AlChE Journal, 2018, 64 (6): 2135-2145.

[84] Li S G, Pyrzynski T J, Klinghoffer N B, et al. Scale-up of PEEK hollow fiber membrane contactor for post-combustion CO_2 capture[J]. Journal of Membrane Science, 2017, 527: 92-101.

[85] Mosadegh-Sedghi S, Brisson J, Rodrigue D, et al. Morphological, chemical and thermal stability of microporous LDPE hollow fiber membranes in contact with single and mixed aminebased CO_2 absorbents [J]. Separation and Purification Technology, 2012, 96: 117-123.

[86] Li K, Teo W K. Use of permeation and absorption methods for CO_2 removal in hollow fibre membrane modules[J]. Separation and Purification Technology, 1998,13(1): 79-88.

[87] Gomez-Coma L, Garea A, Irabien A. Carbon dioxide capture by [emim][Ac] ionic liquid in a polysulfone hollow fiber membrane contactor[J]. International Journal of Greenhouse Gas Control, 2016,52: 401-409.

[88] Qi Z, Cussler E L. Microporous hollow fibers for gas-absorption: 1. Mass-transfer in the liquid[J]. Journal of Membrane Science, 1985,23(3): 321-332.

[89] Qi Z, Cussler E L. Microporous hollow fibers for gas-absorption: 2. Mass-transfer across the membrane[J]. Journal of Membrane Science, 1985,23(3): 333-345.

[90] Sun X, Meng F, Yang F. Application of seawater to enhance SO_2 removal from simulated flue gas through hollow fiber membrane contactor[J]. Journal of Membrane Science, 2008, 312(1-2): 6-14.

[91] Jeon H, Ahn H, Song I, et al. Absorption of sulfur dioxide by porous hydrophobic membrane contactor[J]. Desalination, 2008,234(1-3): 252-260.

[92] Khaisri S, Demontigny D, Tontiwachwuthikul P, et al. Comparing membrane resistance and absorption performance of three different membranes in a gas absorption membrane contactor[J]. Separation and Purification Technology, 2009,65(3): 290-297.

[93] Mosadegh-Sedghi S, Rodrigue D, Brisson J, et al. Wetting phenomenon in membrane contactors-Causes and prevention[J]. Journal of Membrane Science, 2014,452: 332-353.

[94] Zhang H Y, Wang R, Liang D T, et al. Theoretical and experimental studies of membrane wetting in the membrane gas-liquid contacting process for CO_2 absorption[J]. Journal of Membrane Science, 2008,308(1-2): 162-170.

[95] Lv Y, Yu X, Tu S T, et al. Wetting of polypropylene hollow fiber membrane contactors [J]. Journal of Membrane Science, 2010,362(1-2): 444-452.

[96] Rangwala H A. Absorption of carbon dioxide into aqueous solutions using hollow fiber membrane contactors[J]. Journal of Membrane Science, 1996,112(2): 229-240.

[97] Wang R, Zhang H Y, Feron P H M, et al. Influence of membrane wetting on CO_2 capture in microporous hollow fiber membrane contactors[J]. Separation and Purification Technology, 2005,46(1-2): 33-40.

[98] Zhang Y，Wang R，Zhang L Z，et al. Novel single-step hydrophobic modification of polymeric hollow fiber membranes containing imide groups：Its potential for membrane contactor application[J]. Separation and Purification Technology，2012，101：76-84.

[99] Rahbari S M，Ismail A F，Matsuura T，et al. Long-term study of CO_2 absorption by PVDF/ZSM-5 hollow fiber mixed matrix membrane in gas-liquid contacting process[J]. Journal of Applied Polymer Science，2017，134(14)：9.

[100] Lv Y，Yu X，Jia J，et al. Fabrication and characterization of superhydrophobic polypropylene hollow fiber membranes for carbon dioxide absorption[J]. Applied Energy，2012，90(1)：167-174.

[101] 徐南平，邢卫红，赵宜江. 无机膜分离技术与应用[M]. 北京：化学工业出版社，2003.

[102] Yu X，An L，Yang J，et al. CO_2 capture using a superhydrophobic ceramic membrane contactor[J]. Journal of Membrane Science，2015，496：1-12.

[103] Magnone E，Lee H J，Che J W，et al. High-performance of modified Al_2O_3 hollow fiber membranes for CO_2 absorption at room temperature[J]. Journal of Industrial and Engineering Chemistry，2016，42：19-22.

[104] Luis P，Garea A，Irabien A. Sulfur dioxide non-dispersive absorption in N,N-dimethylaniline using a ceramic membrane contactor[J]. Journal of Chemical Technology and Biotechnology，2008，83(11)：1570-1577.

[105] Luis P，Garea A，Irabien A. Modelling of a hollow fibre ceramic contactor for SO_2 absorption[J]. Separation and Purification Technology，2010，72(2)：174-179.

[106] Luis P，Garea A，Irabien A. Environmental and economic evaluation of SO_2 recovery in a ceramic hollow fibre membrane contactor[J]. Chemical Engineering and Processing，2012，52：151-154.

[107] 韩士贤，高兴银，符开云，等. 疏水性单管陶瓷膜接触器在 SO_2 吸收中的应用[J]. 化工学报，2017，68：2415-2422.

[108] Yu X，An L，Yang J，et al. CO_2 capture using a superhydrophobic ceramic membrane contactor[J]. Journal of Membrane Science，2015，496：1-12.

[109] Li Y N，Hao Y C，Ye H，et al. Single-sided superhydrophobic fluorinated silica/poly (ether sulfone) membrane for SO_2 absorption[J]. Journal of Membrane Science，2019，580：190-201.

[110] Steimke J L. Natural-convection heat-transfer for a concentric tube thermosiphon[J]. Journal of Heat Transfer-Transactions of The Asme，1985，107(3)：583-588.

[111] Hikita H A S，Tsuji T. Absorption of sulfur dioxide into aqueous sodium hydroxide and sodium sulfite solutions[J]. AIChE Journal，1977，26：1291.

[112] Dutta B K，Pandit A，Ray P. Absorption of sulfur dioxide in citric acid-sodium citrate buffer solutions[J]. Industrial & Engineering Chemistry Research，1987，26：1291.

[113] Versteeg G F，Van Dijck L A J，Van Swaaij W P M. On the kinetics between CO_2 and alkanolamines both in aqueous and non-aqueous solutions. An overview[J]. Chemical

Engineering Communications，1996，144：113-158.

[114] Karoor S，Sirkar K. Gas absorption studies in microporous hollow fiber membrane modules[J]. Industrial & Engineering Chemistry Research，1993，32：674.

[115] Roberts D L，Friedlander S K. Sulfur-dioxide transport through aqueous-solutions theory [J]. AIChE Journal，1980，26(4)：593-602.

[116] Shirazian S，Rezakazemi M，Marjani A，et al. Development of a mass transfer model for simulation of sulfur dioxide removal in ceramic membrane contactors[J]. Asia-Pacific Journal of Chemical Engineering，2012，7(6)：828-834.

[117] Molina C T，Bouallou C. Carbon dioxide absorption by ammonia intensified with membrane contactors [J]. Clean Technologies and Environmental Policy，2016，18（7）：2133-2146.

[118] Luis P，Garea A，Irabien A. Zero solvent emission process for sulfur dioxide recovery using a membrane contactor and ionic liquids[J]. Journal of Membrane Science，2009，330 (1-2)：80-89.

[119] Kumar P S，Hogendorn J A，Feron P H M，et al. Approximate solution to predict the enhancement factor for the reactive absorption of a gas in a liquid flowing through a microporous membrane hollow fiber[J]. Journal of Membrane Science，2003，213(1-2)：231-245.

[120] Cote P，Bersillon J L，Huyard A，et al. Bubble-free aeration using membranes - process analysis[J]. Journal Water Pollution Control Federation，1988，60(11)：1986-1992.

[121] 马玉慧，叶卉，张玉忠. 聚醚砜中空纤维膜接触器脱硫性能研究[J]. 膜科学与技术，2016，36：60-67.

[122] Li J L，Chen B H. Review of CO_2 absorption using chemical solvents in hollow fiber membrane contactors[J]. Separation and Purification Technology，2005，41(2)：109-122.

[123] Zidar M. Gas-liquid equilibrium-operational diagram：Graphical presentation of absorption of SO_2 in the $NaOH$-SO_2-H_2O system taking place within a laboratory absorber[J]. Industrial & Engineering Chemistry Research，2000，39(8)：3042-3050.

第 7 章

多功能气体净化膜

多功能气体净化膜，顾名思义，是指同时具有多种功能、用于气体净化的膜材料。通过对分离膜进行修饰改性，引入催化或吸附活性组分，可实现分离膜截留颗粒污染物（如灰尘、花粉、霉菌或细菌）的同时对有害气体（如甲醛、甲苯、NO_x 等）进行去除，最终实现气、固相污染物的同步净化。多功能气体净化膜作为一种新兴的膜分离技术，虽然起步较晚，但由于其协同净化理念新颖，迅速成为研究的热点。和常规的气相污染物净化技术相比，多功能气体净化膜不仅净化效率更高，其应用成本也更低，且使用寿命更长，是未来气相污染物净化的发展方向。本章根据气相污染物成分的不同，结合目前国内外的研究现状，对多功能气体净化膜材料及其发展情况进行详细介绍。

7.1 氮氧化物催化降解膜材料

钢铁冶炼、火力发电、汽车尾气及城市垃圾的焚烧等会产生大量对生态环境和人类健康有害的气体污染物，如一氧化碳、硫氧化物、氮氧化物等[1-3]。在一些工业发达的国家，如日本、德国等，气体净化技术已经实现了工业化，并取得了显著的成效。近年来随着国家对环境治理要求的提高，我国各科研单位、工业生产部门纷纷开始减排技术及相应材料研究。

氮氧化物（NO_x）是较难治理又危害极大的气体污染物，NO_x 在阳光的作用下会引起光化学反应，形成光化学烟雾，从而造成严重的大气污染[4,5]。此外，高含量硝酸雨的产生及臭氧含量减少等问题也与 NO_x 有关。因此，针对氮氧化物排放控制的研究日益增加。

氮氧化物根据排放源的不同分为固定源和移动源两种，其中固定源是指钢铁、火力发电、水泥、燃煤锅炉等工业生产中产生的废气，移动源主要是指各种车辆在使用过程中产生的发动机尾气。然而，实际生产过程中氮氧化物的产生常伴有大量的粉尘等细小颗粒污染物，单一的脱硝技术很难同时实现对粉尘和氮氧化物的去除。催化膜作为气体净化膜的一种，利用膜层截留粉尘，膜材料中的催化剂对氮氧化物进行催化降解，实现除尘脱硝一体化[6,7]。本节根据氮氧化物排放源的不同，介绍催化膜在含尘氮氧化物去除中的应用。

7.1.1　固定源 NO_x 催化降解膜

尾气脱硝技术是指通过各种物理、化学过程使得烟气中的 NO_x 还原分解成 N_2 和其他物质，或者以脱除含 N 物质的方式去除 NO_x 的各种技术措施[8]。近几十年来，全世界已经开发出了多种 NO_x 控制技术并应用于燃煤电厂等固定源脱硝。现有的固定源脱硝技术可分为两大类：燃烧过程控制改进技术和尾气控制净化技术。燃烧过程控制改进技术通过调整燃料和空气混合状况，降低燃烧温度和燃烧初期湍流度，从而减少炉内 NO_x 的生成量；而尾气净化控制技术则是在末端采用各种物理化学手段将炉膛内已经形成的 NO_x 减量化或无害化。通常情况下，采用各种低氮燃烧技术最多能降低约 50% 的 NO_x 排放。当对燃烧设备的 NO_x 排放要求较高时，单纯采用燃烧改进措施往往不能满足现有的排放标准，故需要采用尾气控制净化技术来进一步减少 NO_x 的排放[9]。

现有的高温烟气处理系统中，烟气的除尘、脱硝是分开进行的，经脱硝系统出来的烟气需要经换热器降温后才能进入除尘器进行除尘，使得设备占地面积和能耗都很大，同时也容易导致如下问题[9]：若先进行烟气脱硝，然后除粉尘，则烟气中的细小颗粒物会沉积在催化剂表面，导致催化剂快速失活，使得脱硝催化剂寿命缩短；此外，这样的多步操作工艺流程长，环保设施投资、能耗和占地都很大，其持续性发展缺乏动力。催化膜通过将催化和膜分离进行耦合，可利用小孔径膜层截留工业烟气中的粉尘，以分离膜中的纳米催化剂降解氮氧化物，实现尾气的清洁排放（图 7-1）。

最早研究的催化膜是通过将贵金属催化剂和钒基催化剂负载在陶瓷膜支撑体中制得的。Lee 等[10]通过真空浸渍煅烧法制备了 V_2O_5 负载的堇青石催化膜，其孔隙率达 61.6%，压缩强度达 12.3MPa，对粉尘和 NO_x 的去除率分别为 99.6% 和 80%。通过酸处理提高活性组分的比表面积可使 NO_x 去除率提升至 90%。Nacken 等[6]将 SiC-Al_2O_3 多孔陶瓷膜浸渍在 V_2O_5-WO_3-TiO_2（V-W-Ti）溶液中制备催化膜，在过滤速度 2cm/s，300℃ 条件下，NO 的选择性催化还原（SCR）转化率达 96%，粉尘截留率达 99% 以上。Fino 等[11]将陶瓷膜浸渍 MnO_x 与 CeO_2 改性的 V-W-Ti 催化剂，然后微波干燥、煅烧制备得到 MnO_x-CeO_2-V_2O_5-WO_3-TiO_2 催化膜。制备的催化膜对 NO 和苯的转化率均达 80% 以

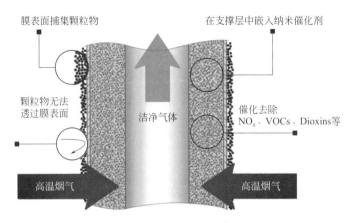

膜表面捕集颗粒物

在支撑层中嵌入纳米催化剂

颗粒物无法
透过膜表面

洁净气体

催化去除
NO_x、VOCs、Dioxins等

高温烟气

高温烟气

图 7-1　催化膜降解示意图

上，且粉尘截留率维持在 99%。Yuan 等[12]制备了 V_2O_5-WO_3/TiO_2 蜂窝陶瓷催化过滤器，在粉尘浓度为 $15g/m^3$ 的烟气中进行脱硝试验。结果表明，脱硝效率随着粉尘在催化剂面的沉积而下降（从初始值 96.51% 下降到 140min 时的 80.59%）。Abubakar 等[13]通过浸渍煅烧法制备了 V_2O_5-MoO_3/TiO_2 基催化袋式过滤器，用于在 200～250℃温度范围内同时去除颗粒物和 NO。图 7-2 为不同放大倍数的原始滤膜和 V_2O_5-MoO_3/TiO_2 催化滤膜的电镜照片。催化剂中 V、Mo 含量的增加可以提高催化剂的低温活性。当过滤速度为 0.5m/min 时，在 200～250℃下，NO 转化率在 80% 以上，除尘效率达 99.9%，具有良好的工业应用可行性。Kim 等[14]制备了 Pt-V_2O_5-WO_3/TiO_2/SiC 催化膜并用于 NO 催化降解。研究表明，加入 Pt 后，NO 的转化温度明显降低，从 260～340℃降至 160～240℃。Chen 等[9]首先通过水热合成法在 SiC 陶瓷膜支撑体中生长一层 SAPO-34 分子筛，然后通过浸渍煅烧法负载 Pt 纳米粒子，制备得到 Pt/SAPO-34@SiC 催化膜并考察其除尘脱硝性能（图 7-3）。结果表明，通过生长 SAPO-34 分子筛，SiC 陶瓷膜的比表面积有了很大提升，因而对 Pt 的负载量提升了两个数量级，达到了 1.89%。在除尘脱硝一体化实验中，Pt/SAPO-34@SiC 催化膜对 NO 的氧化率和还原率分别达 72.5% 和 92.3%，而对 $PM_{0.3}$ 的截留率维持在 99.99% 以上，实现了除尘脱硝一体化。此外，Pt/SAPO-34@SiC 催化膜经 H_2 气氛处理后可以恢复其催化活性。

　　虽然钒基催化剂对氮氧化物具有较好的降解性能，但由于其具有毒性，对人体危害极大，且在环境中很难无害化处理，因此在工业应用中受到限制。过渡金属由于其较好的催化活性，且价格低廉，对环境友好，是制备脱硝催化膜的理想选择。Park 等[15]通过真空抽吸然后煅烧的方法制备了 $CuMnO_x$/PSA 催化膜，其在 200℃下对 NO_x 的降解率达 94%，但其对粉尘的截留率只有 90%。此外，

图 7-2　不同放大倍数的原始滤膜（A，B）和 V_2O_5-MoO_3/TiO_2
催化滤膜（C，D）的扫描电镜照片[13]

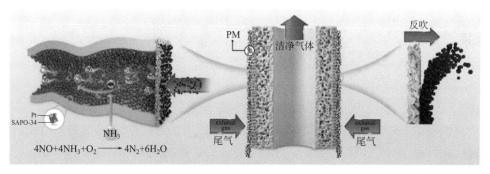

图 7-3　Pt/SAPO-34@SiC 催化膜的粉尘和氮氧化物协同治理示意图[9]

当有 150mg/L 的 SO_2 存在时，$CuMnO_x$ 催化剂会发生硫中毒，NO_x 降解率迅速衰减至约 20%。Chen 等[16]首先将 PPS 浸渍在 $FeCl_3$ 溶液中，然后再浸渍于 $KMnO_4$ 溶液中，利用 $FeCl_3$ 与 $KMnO_4$ 之间的氧化还原反应制得 MnO_2-Fe_2O_3/PPS 催化膜（图 7-4）。研究发现，MnO_2-Fe_2O_3/PPS 催化膜在 180℃ 时具有 99.2% 的 NO_x 降解率，且其对粉尘的截留率达 92%。当有 SO_2 存在时，由于 Fe_2O_3 的存在抑制了催化剂的硫中毒，催化膜的 NO_x 降解率仍有 85%。Yang 等[17]通过真空抽吸然后煅烧的方法制备了 Mn-La-Ce-Ni-O_x/PPS 催化膜，该催化膜在 200℃ 时具有 85% 的 NO_x 转化率，粉尘截留率达 90%，且其 N_2 选择性达 100%，这归因于 Ni 丰富的表面酸性中心有利于提高 NH_3-SCR 反应的 N_2 选择性。Yang 等[18]采用泡沫涂层法制备了 Mn-Ce-Nb-O_x/P84 催化膜并系统地研究了在优化参数下制备的 Mn-Ce-Nb-O_x/P84 催化膜对 NO 和颗粒物的去除性能

（图 7-5）。结果表明，采用泡沫涂层法制备的 Mn-Ce-Nb-O$_x$/P84 催化膜在 140～220℃下对 NO 和颗粒物具有优异的催化和截留性能。当催化剂负载量为 450g/m^2 时，催化膜在 200℃时的 NO 去除率可达 95.3%。此外，MnCe-Nb-O$_x$/P84 催化膜的 PM$_{2.5}$ 的去除率高达 99.98%。Mn-Ce-Nb-O$_x$ 催化膜的抗硫性能也十分优异，在 150μL/L 的 SO$_2$ 存在下，NO 的去除率仍保持在 85% 以上。Walberer 等[19]制备了以 Cu-ZSM 为催化活性组分的陶瓷催化过滤器，并在实验室规模下对热电厂产生的粉尘、NO$_x$ 与 SO$_2$ 进行协同脱除。通过在陶瓷膜表面修饰一层 Ca（OH）$_2$ 层，可实现对 SO$_2$ 的有效吸附和粉尘的有效去除，进而支撑体中的催化剂可对氮氧化物进行催化降解。结果表明，在 200℃下，粉尘去除率达 95%，NO$_x$ 转化率稳定在 80% 左右，SO$_2$ 转化率为 86.9%。Pan 等[9]通过两步浸渍法制备了 MnO$_x$/TiO$_2$/SiC 催化膜，用于粉尘和氮氧化物的协同脱除。图 7-6 为 MnO$_x$/TiO$_2$/SiC 催化膜的粉尘、氮氧化物协同去除机理图。研究表明，气溶胶形态的 TiO$_2$ 相较纳米粒子形态的 TiO$_2$ 更有利于提升 MnO$_x$ 的 NO 降解性能。他们系统考察了氧含量、停留时间、氨氮比以及粉尘粒径、粉尘浓度、过滤速度对催化膜的催化和过滤性能的影响，发现粉尘对催化膜的 NO 降解性能影响较低。在除尘脱硝一体化试验中，MnO$_x$/TiO$_2$/SiC 催化膜的 NO 降解率达 90%，对粒径大于 100nm 的粉尘截留率超过 99.97%。

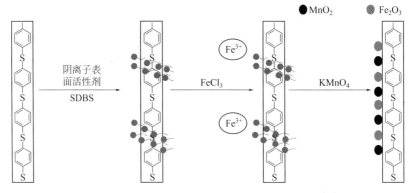

图 7-4　MnO$_2$-Fe$_2$O$_3$/PPS 催化膜的制备示意图[16]

　　陶瓷催化膜和纤维催化膜都具有较好的粉尘截留率和氮氧化物降解率。相比较而言，陶瓷催化膜展示出更高的粉尘截留率和热稳定性。然而，目前催化膜采用的浸渍煅烧法不仅步骤繁琐、能耗高，其在长期运行过程中还会发生因催化剂流失导致的转化速率下降的问题，不利于催化膜的推广使用。此外，对催化膜的研究和工业应用案例较少，大部分研究者只关注催化膜对一种或者两种特定气相污染物的治理性能，而忽视了催化膜对多污染物的协同处理性能研究。在未来，催化膜开发应更多地以治理真实体系为目标，探究催化膜的实际协同处理性能。

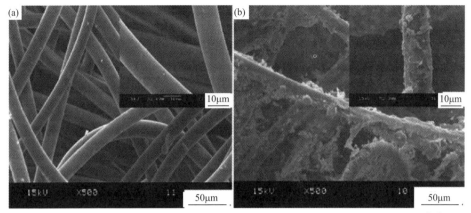

图 7-5　P84 纤维膜（a）和 Mn-Ce-Nb-O_x/P84（b）纤维催化膜的微观形貌图[18]

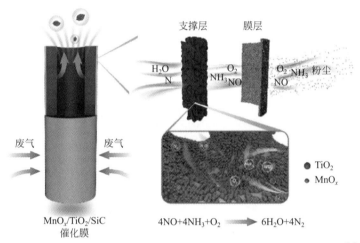

支撑层　膜层

H_2O　O_2　O_2 NH_3 粉尘
N　NH_3 NO　NO

废气　废气

● TiO_2
• MnO_x

MnO_x/TiO_2/SiC
催化膜

$4NO+4NH_3+O_2 \longrightarrow 6H_2O+4N_2$

图 7-6　MnO_x/TiO_2/SiC 催化膜的粉尘和氮氧化物协同去除机理图[9]

7.1.2　移动源 NO_x 催化降解膜

近年来机动车数量的持续增加，给人们带来方便的同时也带来了严重的环境污染。根据最新的汽车环境管理年度报告，我国机动车年排放颗粒物达 44.2 万吨[20]。正常运行条件下，机动车尾气中产生的 90% 的颗粒物由烟尘、重金属氧化物和铅氧化物组成，其尺寸小于 $1\mu m$（$PM_{1.0}$），能够通过呼吸进入人体，危害人们的身体健康[21,22]。除颗粒物外，车辆燃料燃烧过程中产生的废气污染也被认为是主要的环境问题之一。汽车尾气中的氮氧化物（NO_x）是对环境和人体健康危害最大的气体之一，在中国每年的排放量达 5629000 吨[20]。因此，对汽车尾气中的 PM 和 NO_x 的去除迫在眉睫。

目前主流的汽油车尾气污染物的净化技术包括 NO_x 存储-还原技术[23]（NSR）和三效催化还原技术[24]（SCR）。

NO_x 存储-还原催化技术是先让 NO_x 吸附在催化剂表面，并以硝酸盐或亚硝酸盐的形式存储在催化剂上，然后在短暂的富燃条件下，还原剂将 NO_x 还原为 N_2 等气体，并使催化剂表面恢复为初始状态的技术。然而 NSR 技术在运行过程中易受硫中毒、积碳及热老化的影响而迅速失活，这限制了 NSR 技术的发展和工业化。

三效催化技术基于汽油颗粒过滤器（GPF）和三效催化剂（TWCs），通过交替地密封蜂窝状多孔陶瓷过滤器，迫使废气流通过过滤器通道壁，从而捕获和过滤颗粒。由于存在一氧化碳和未燃烧的碳氢化合物，TWCs 可以有效地将 NO_x 转化为 N_2。三元催化转化器如图 7-7 所示。然而，由于现有的 TWCs 以贵金属为主，包括铂（Pt）[25]、铑（Rh）[26]和钯（Pd）[27]等，高昂的成本限制了其大规模应用。此外，由于在 GPF 中需要频繁进行过滤器再生，GPF 和 TWCs 都容易因突然或意外的温度升高而遭受不可逆转的损害[28]。

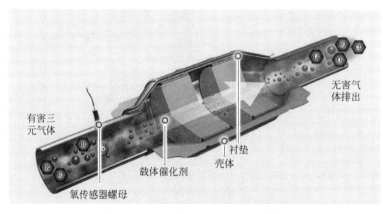

图 7-7　三元催化转化器结构示意图

在移动源尾气催化净化材料的研究中，主要以多孔金属膜催化材料和多孔陶瓷膜催化材料为主，如图 7-8 所示。Tang 等[20]提出通过将催化剂和金属纤维膜结合制备多功能催化膜来解决汽油车尾气污染问题（图 7-9）。在汽车尾气过滤环境中，废气温度高达 600℃。在这种情况下，有机纳米纤维由于其自身物理性质限制而无法正常使用。无机纳米纤维，包括陶瓷纤维和合金纤维，在这种工作条件下表现出优异的性能。Tang 等通过电纺 NiAc/PVP 前驱体溶液，然后原位真空热处理，制得了大面积（80mm×80mm）的 Ni 纳米纤维。这种 Ni 纳米纤维具有较高的机械强度，因为 Ni 纤维之间是熔融黏结的，而非简单的纤维搭建。图 7-10 为 Ni 纳米纤维的制备示意图和实物图。制备得到的镍纳米纤维具有较大的比表面积（201m^2/g），有利于 NO 气体的吸附。此外，大面积 Ni 纳米纤维作为过滤器，在风速为 5.3cm/s 时对 300nm 颗粒物的过滤效率达 99.86%。同时，Ni 纳米纤维在较高温度下也能作为催化剂将 NO 还原为 N_2，并能够重复利用，在减少汽车尾气污染方面具有很大的潜力。金属催化膜在汽车进行冷启动时净化效果较好，但因为其成型工艺比较繁琐复杂，生产成本也比较高，且抗热冲击性不及蜂窝陶瓷，因此它的发展在很大程度上受到了限制。

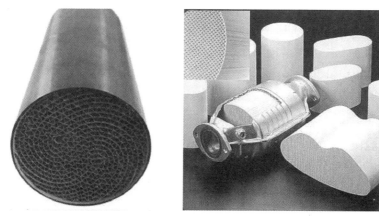

多孔金属催化膜   多孔陶瓷催化膜

图 7-8　移动源氮氧化物催化膜

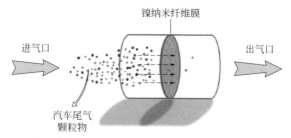

图 7-9　Ni 纳米纤维膜对汽车尾气中粉尘和氮氧化物同时去除示意图

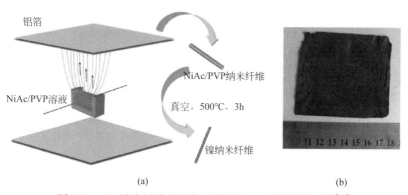

(a)   (b)

图 7-10　Ni 纳米纤维的制备示意图（a）和实物图（b）[21]

多孔陶瓷催化膜中应用最多的是堇青石陶瓷催化膜[29,30]。堇青石催化膜所具有的优势是：较大的比表面积，较小的气体阻力比，较高的机械强度，较薄的催化活性涂层等。另外，堇青石原材料容易得到，价格比较便宜，因此得到较为广泛的使用。汽车排放的有害物质中有 $60\%\sim80\%$ 是由于冷启动前的 $60s$ 燃料燃烧得不充分而排放出的，所以降低冷启动后 $1\sim3min$ 内的尾气排放物尤为关键。新型催化膜的研发如纤维多孔陶瓷催化膜和 SiC 泡沫陶瓷催化膜等，在一定程度上解决了这一问题。多孔陶瓷纤维催化膜主要是利用陶瓷纤维为原料制备的，常用的制备工艺是真空抽滤法。这种陶瓷结构大都以开口气孔为主，其孔隙率在 90% 以上。但受长度和编制性能的影响，其成本比较高，很大程度上限制了其发展。SiC 多孔陶瓷催化膜由于其耐热和耐腐蚀性较好，热导率较高，且其抗震性能比堇青石催化膜还要好，因此更适合在温度变化剧烈的场合中使用。利用导电型载体进行电预热，就可以在很短的时间内对催化剂进行起燃，有效减少冷启动前几分钟内有害物质的排放。

当前汽车尾气治理工艺仍以三效催化为主，催化膜在汽车尾气净化中的研究较少，其主要原因在于经催化膜截留后的粉尘如何去除的问题尚未解决。此外，汽车尾气中成分复杂，未燃烧的烃类、VOCs 需要经高温氧化去除，而 NO_x 等则往往采用选择性催化还原脱除。催化膜虽能实现除尘脱硝一体化，但如何同时处理多组分气体仍是挑战，值得探究。

7.2 气固相污染物协同净化膜

随着工业化进程的加快以及近年来机动车的逐渐普及，空气中的可吸入颗粒物以及挥发性有机化合物（VOCs）、汞蒸气、臭氧（O_3）等污染物浓度大幅度增加。大量流行病学研究表明，长期暴露于直径小于 $2.5\mu m$ 的可吸入颗粒物（$PM_{2.5}$）的环境中与心血管疾病之间有着密切的联系。而 VOCs 具有强挥发性、亲脂性、持久性和毒性等物理和化学性质，极易通过呼吸道或者皮肤进入人体而产生极大危害；同时 VOCs 也是导致大气环境恶化的主要因素（臭氧、有机气溶胶、光化学烟雾等形成的关键前驱体）。VOCs 和 NO_x 之间的连续反应也会导致大气氧化性增强，经过复杂的反应，空气污染状况日益加剧，最终形成"雾霾"天气。同时，VOCs 的监测和检测对我国来说仍处于初期研究阶段，各种相关标准规范和技术也处于制定和开发中，这给我国的环境治理工作带来了严重的挑战。近年来，$PM_{2.5}$ 与 VOCs 等污染气体协同处理膜材料一直是国际研究热点。

7.2.1 PM$_{2.5}$ 与甲醛协同处理纳米纤维膜

甲醛和颗粒物（如 PM$_{2.5}$）是室内空气污染最致命的污染源。世界卫生组织报告说，空气污染导致约 700 万人过早死亡，其中 430 万人归因于室内空气污染。室内空气污染正对人体健康构成日益严重的威胁，并对社会经济造成极大的负面影响。甲醛是许多家装材料和化合物的重要前体，室内甲醛含量通常比室外水平高 10～100 倍。为了控制 PM$_{2.5}$ 和甲醛，传统方法通常是使用活性炭层＋HEPA 过滤器。但是活性炭层将扩大过滤单元的尺寸，而且使用两个独立的过滤系统会增加使用成本。因此，探索一种同时去除甲醛和 PM$_{2.5}$ 的新型膜材料特别有意义[31-33]。

Zhao 等[34]制备了纤维素纳米纤维膜（CNF）。该膜拥有多层次的亚微米级的通道，可快速过滤空气，也能够高效截留 PM$_{2.5}$。CNF 具有开放空位，能够对甲醛进行高效吸附。经实验研究，该纤维素纳米纤维膜对 PM$_{2.5}$ 截留效率超过 95%，对甲醛的吸附能力为 47.71mg/g，能够将甲醛浓度降低至 0.1mg/m^3 以下（国际室内甲醛浓度的安全标准）。此外，CNF 厚度仅为 5μm，在 200Pa 下气体流速一般为 4.6cm/s，气体通量大。因此，这种纳米纤维膜在雾霾天气频发地区具有非常大的市场前景。

Hu 等[35]首先通过静电纺丝法制备了多级孔聚苯乙烯纳米纤维膜（PS HPNM），再将层状晶体的 MnO$_2$ 填充到 PS HPNM 膜的孔中，扩大了 PS HPNM 膜的比表面积，制备出负载 MnO$_2$ 的多级孔纳米纤维膜（MnO$_2$/PS HPNM），在低气流阻力下进行有效的 PM$_{2.5}$ 过滤和甲醛气体去除，其可吸入颗粒物的捕集效率高达 99.77%；由于膜的介孔促进了甲醛气体与 MnO$_2$ 之间的接触，使得其对甲醛的去除效率达到 88.2%。此外，PS HPNM 膜形成的大孔确保了洁净气体的渗透，保证了较低的气流阻力（82Pa）。负载 MnO$_2$ 的聚苯乙烯多级孔纳米纤维膜为 PM$_{2.5}$ 与甲醛协同处理提供了新思路。

Zhu 等[34]首先通过静电纺丝制备二氧化硅（SiO$_2$）纳米纤维膜，再通过对扩散法在其上生长 ZIF-8 纳米晶体，成功开发了具有串珠状结构的多功能 ZIF-8@SiO$_2$ 复合膜（图 7-11）。得益于 ZIF-8 纳米晶体的负载，ZIF-8@SiO$_2$ 复合膜呈现出高比表面积和表面官能团的结构，从而提高了 PM 去除效率，并且展现了较强的甲醛捕获能力。合成时间为 0.5h 的 ZIF-8@SiO$_2$ 复合膜对香烟具有优异的过滤性能，而合成时间 2h 的 ZIF-8@SiO$_2$ 复合膜对甲醛吸附的效率较高。ZIF-8@SiO$_2$ 复合膜的开发可推动应用于个人保护和环境管理的气体净化材料的发展。

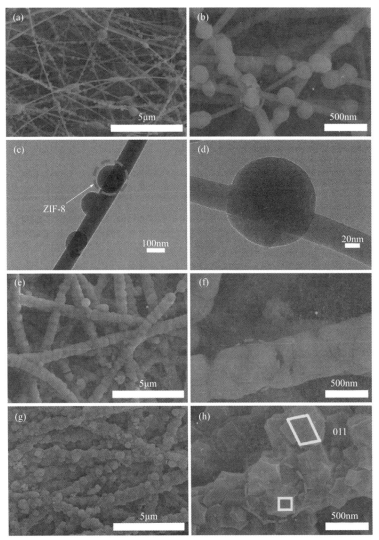

图 7-11 不同合成时间制得的 ZIF-8@SiO₂ 复合膜的 SEM 图像以及相应的高倍率图像：
0.5h（a，b），1h（e，f），2h（g，h）；（c）和（d）是合成时间 0.5h 的 ZIF-8@SiO₂
复合膜的 TEM 图像（ZIF-8 纳米晶体用虚线圆圈标记）[34]

7.2.2 PM$_{2.5}$与苯系物协同处理陶瓷催化膜

苯系物（BTEXs）是指苯、甲苯、乙苯、二甲苯等一系列的易挥发性化合物，是环境中的主要有毒有机污染物之一，被国际卫生组织确认为具有高毒性的致癌物质。长期吸入苯系类物质将损害神经系统引发白血病、障碍性贫血、诱导染色体变异等多种疾病，孕妇若长期处在含苯系物的环境下将导致新生儿先天性缺陷及畸形。

Li 等[36]通过溶胶-凝胶法将氧化锌（ZnO）纳米颗粒涂覆在碳化硅陶瓷膜上，形成二次载体，然后将 Pt 纳米颗粒负载在 ZnO 层上，成功制备了一种新型的 Pt/ZnO/SiC 催化膜。通过 X 射线衍射、扫描电子显微镜、透射电子显微镜和 X 射线光电子能谱分别表征了所制备膜的微观结构、晶体形态、组成和元素价。膜的微观形貌如图 7-12 所示。研究发现，ZnO 二次载体层具有改善 Pt 纳米颗粒分散性并且显著增强其催化性能的作用。使用甲苯作为模拟体系气相污染物，在温度为 210℃时，在 Pt/ZnO/SiC 陶瓷催化膜上以 0.72m/min 的过滤速度完成了转化率高达 100％的甲苯转化，同时该催化膜对 PM 也具有较高的过滤效率。

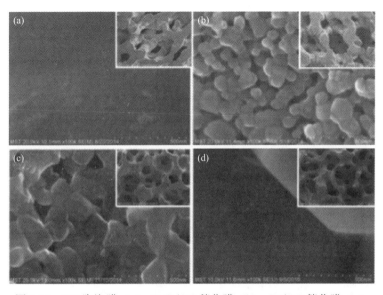

图 7-12　SiC 陶瓷膜（a）；ZnO/SiC 催化膜（b）；Pt/SiC 催化膜（c）；
Pt/ZnO/SiC 陶瓷催化膜（d）的 SEM 图像[36]

三甲苯主要来自石化行业排放的尾气。三甲苯有三种同分异构体，分别是均三甲苯、连三甲苯、偏三甲苯。三甲苯属于有毒物质，会对空气和水体造成严重污染，且其为易燃易爆气体，在工厂中遇明火极易发生爆炸。Li 等[37]通过溶胶-凝胶法将氧化钛（TiO₂）纳米颗粒涂覆在碳化硅陶瓷膜上，形成二次载体，然后将 Pt 纳米颗粒浸渍在 TiO₂ 层上，成功制备了 SiC@TiO₂/Pt 催化膜。该催化膜对均三甲苯和 PM 均表现出优异的催化过滤性能，其作用机理如图 7-13 所示。当温度为 262℃，过滤速度为 1m/min 时，该催化膜能够实现 100％均三甲苯的转化。此外，当入口粉尘浓度为 240mg/m³ 时，粉尘去除效率高于 99.98％。

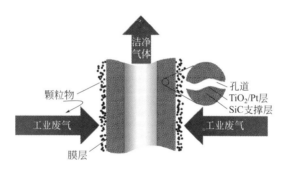

图 7-13 SiC@TiO$_2$/Pt 催化膜工作原理示意图

7.2.3 PM$_{2.5}$ 与 CO$_2$/SO$_2$/O$_3$ 等协同处理催化膜

7.2.3.1 PM$_{2.5}$ 与 CO$_2$ 协同处理催化膜

由于工业化的快速发展，机动车尾气以及化石燃料的燃烧导致严重的空气污染问题。其中，汽车尾气排放是有毒污染物气体和颗粒物污染物的主要来源之一。尤其是在城市地区，由于人口密度大、排放集中，严重影响了城市空气质量。长期和短期暴露于高浓度的 PM$_{2.5}$ 和 CO$_2$ 中都会导致中风、肺部感染、哮喘和其他心血管疾病。因此，能够对 PM$_{2.5}$ 与 CO$_2$ 进行协同处理的膜材料逐渐成为研究热点。

Ramachandran 等[38]制备了乙二胺功能化的四苯基卟啉镁（MgTPP），并采用静电纺丝的方法将其加载到聚醚酰亚胺（PEI）纳米纤维上。评价了所开发的

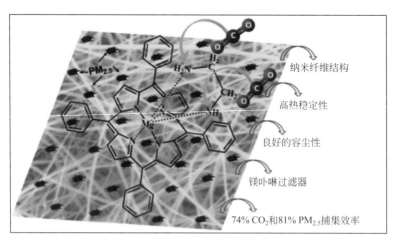

图 7-14 多功能 PM$_{2.5}$ 和 CO$_2$ 捕集的纳米纤维膜[38]

纳米纤维膜对 CO_2 和 $PM_{2.5}$ 捕集的能力（图 7-14）。通过红外光谱可以验证螯合剂乙二胺是否负载到了纤维结构上，引入的氨基链可以有效地捕获 CO_2 分子。氨基修饰的 MgTPP/PEI 纳米纤维的平均直径为 $1.2\sim1.4\mu m$，具有较好的热稳定性，最高耐温 411℃。同时，制备的纳米纤维膜具有较强的亲水性能，对 CO_2 和 $PM_{2.5}$ 的捕集效率分别为 74％和 81％。

7.2.3.2　$PM_{2.5}$ 与 SO_2/O_3 协同处理 MOF 催化膜

颗粒物（PM）和有毒气体［如二氧化硫（SO_2）和臭氧（O_3）］是造成空气污染的主要污染物，当其浓度超过安全范围时会导致肺部和脑血管疾病。PM，尤其是超细颗粒，可以沉积在大脑中，从而增加患神经炎症和阿尔茨海默病的风险。SO_2 和 O_3 对呼吸道和肺部造成强烈刺激。有大量证据支持 SO_2 和 O_3 在高浓度下通过诱导支气管收缩和嗜酸性粒细胞增多而加剧哮喘和肺部炎症。根据世界卫生组织（WHO）的空气质量标准，SO_2、O_3 和 $PM_{2.5}$ 的浓度应保持在 $125\mu g/m^3$、$160\mu g/m^3$ 和 $25\mu g/m^3$ 以下。

金属有机骨架（MOF）由于具有超高的孔隙率、出色的气体储存和分离能力以及功能性表面而备受关注。但是，由于 MOF 是不稳定的晶体，因此很难将其制成薄膜，限制了其潜在的应用范围。目前，有文献报道将 MOF 添加到聚合物纺丝溶液中以制备同时具有 PM 过滤和污染气体吸附能力的 MOF 膜。但是，制备过程很困难，MOF 由于被聚合物封装也降低了吸附能力。尽管已经进行了许多研究，并且在制备有毒气体选择性吸附膜材料方面已经取得了很大的进展，但是低浓度有毒气体选择性吸附仍然处于研究瓶颈状态。

Wang 等[39]通过水热工艺在聚丙烯腈（PAN）静电纺丝膜的表面上制备 MIL-53(Al)-NH_2，以制备基于 MOF 的纳米纤维膜。图 7-15 为基于 MOF 的纳米纤维膜的微观形貌图。根据 SO_2 的弱酸性和 O_3 的强氧化能力，选择了 2-氨基对苯二甲酸作为有机配体，它具有碱性基团和还原性基质，可通过化学作用实现选择性吸附。在 PAN 纤维膜上生长的 MIL-53(Al)-NH_2 具有对 PM、SO_2 和 O_3 的出色吸附能力。MOF 表面生长的纳米纤维膜对于 PM 的去除效率达到 99.99％。更重要的是，在较低的分压和复杂的气体组成条件下，MOF 纳米纤维膜能够选择性地吸附 SO_2，将高浓度 SO_2 从 7300nL/L 降至 40nL/L。此外，MOF 纳米纤维膜对 O_3 的净化能力高于对 SO_2 的净化能力，能够将高浓度 O_3 从 3000nL/L 迅速降至 7nL/L，达到远低于国家空气质量标准（81nL/L）所规定的水平。表面生长 MOF 的纤维膜能够选择性地吸附有毒的大气气体，而不受其他气体（例如 CO_2 和 O_2）的影响。

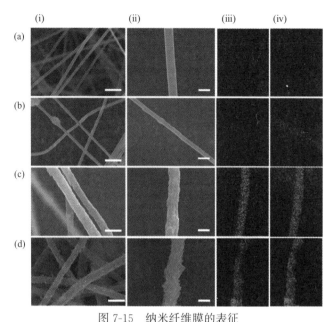

图 7-15　纳米纤维膜的表征

PAN（a）、30％MIL-53(Al)-NH$_2$@PAN（b）、60％MIL-53（Al）NH$_2$@PAN（c）、

MGP（d）的 SEM 图像。

比例尺分别代表 2μm（ⅰ）和 500nm（ⅱ）。X 射线 EDS 用于检测 Al^{3+}（ⅲ）和 O（ⅳ）[39]

7.3　抗菌气体净化膜材料

室内空气中可能含有生物气溶胶，这些气溶胶由真菌、细菌、病毒、真菌孢子和致敏花粉及其片段（包括各种抗原）等组成。

7.3.1　气体净化膜中抗菌剂分类

通过添加抗菌剂制备或改性获得抗菌型气体净化膜材料是目前最主要的方式。抗菌剂主要分为无机抗菌剂、有机抗菌剂、天然抗菌剂等[40]，根据抗菌剂的分类特点，气体净化膜的种类也各不相同。

7.3.1.1　无机抗菌剂

无机抗菌剂是指利用银、钛、锌、铜等金属及其离子的抑菌或杀菌能力制得的抗菌剂，是目前应用最为广泛的抗菌剂类型，主要包括银系列、钛系列和锌系列三大类。无机抗菌剂具有耐热性及可加工性好、环保性高、安全性高等优点，虽然无机抗菌剂的抗菌时效不佳,但是对于生命健康来说,长效和安全才是人们追求的目标。

笔者课题组[41]以 ZnO 纳米棒包裹 PTFE 纳米纤维,随后负载纳米银颗粒,制备了具有高效抗菌、除颗粒物和净化甲醛的多功能气体净化膜。该膜表现出优异的动态抗菌性能,粉尘截留率超过 99.99%,甲醛降解率达 60%。另外,笔者课题组[41]还开发出了一种新型的具有分级结构的 Ag@MWCNTs/Al$_2$O$_3$ 陶瓷膜。该多功能膜可以同时去除细小颗粒、微生物和 VOCs,室温下甲醛降解率达82.24%,55℃时甲醛降解率达 99.99%,并能完全截留和灭杀室内空气中的微生物。

7.3.1.2 有机抗菌剂

有机抗菌剂是以酚类、苯并咪唑类、季铵盐类、有机酸类等有机物作为抗菌活性成分的抗菌剂。有机抗菌剂具有即效好、操作简便、不易变色、价格相对便宜等优点,但其在抑制有害微生物的同时,对于生物体细胞和系统也有一定的毒性,且耐热性及化学稳定性较差。

Taylor 等[42]在聚氨酯上固化季铵基团作为涂层,涂覆在 HEPA 过滤器上,获得具有抗菌性能的 HEPA 过滤器,对 8 种容易引起感染的细菌菌株进行测试,结果表明,负载聚氨酯涂层的 HEPA 过滤器样品对 8 个菌株均表现出高杀菌活性,证实了该季铵基在改性聚氨酯涂层中发挥了良好的抑菌作用。Ungur 等[43]用不同粒径的氧化铜(CuO)的微粒(粒径 700nm~1μm 和 50nm)对聚氨酯溶液进行改性,通过静电纺丝制备出聚氨酯纳米纤维膜,在模拟过滤条件下测试了这两种聚合物纳米纤维过滤器的效率和稳定性。结果证实,微米级和纳米级的HEPA 过滤器涂层均具有良好的抗菌效率。并且,从技术和经济角度来看,CuO微粒比纳米微粒更适合用于聚氨酯过滤器的抗菌改性。

7.3.1.3 天然抗菌剂

天然抗菌剂种类繁多,多来自天然植物的提取,具有使用安全、无副作用及抗菌率高的特点,但也存在提炼过程困难、耐热性较差等缺陷。常见的抗菌剂提取物有多肽、植物油和香料等。根据研究报道,天然提取物抗微生物活性高,比无机抗菌剂的毒性小、成本低、环境友好且自然界含量丰富。

Choi 等[44]将苦参提取液添加到聚乙烯吡咯烷酮(PVP)溶液中,通过静电纺丝获得了纳米纤维膜,其对颗粒物过滤效率为 99.99%,对表皮葡萄球菌的抗菌活性为 99.98%。

以天然产物提取物制成的抗菌剂稳定性较差,对其耐久性的研究需要进一步深入,特别是在真实环境下的长期测试,例如抗菌活性可能受温度或自然氧化过程的影响[45]。将天然提取物与无机材料结合可以解决耐久性问题。

　　Fang 等[46]用大豆分离蛋白（SPI）/聚乙烯醇（PVA）体系静电纺丝制备了一种可生物降解的多功能气体净化膜，此纳米纤维膜的过滤效率可达 99.99%，并且显示出对大肠杆菌的抗菌活性，具有适当材料成分和微观结构的 SPI/PVA纳米纤维膜可用作新型高性能环保过滤材料。Lv 等[47]以魔芋葡甘露聚糖（KGM）为原料，与水溶性且可生物降解的聚乙烯醇共混，以柠檬酸作为热交联剂，采用电纺丝法制备了负载 ZnO 纳米粒子的 KGM 基纳米纤维膜（图 7-16），该纤维膜不仅具有高效的空气过滤性能，而且具有良好的光催化活性和抗菌活性，对革兰氏阴性菌和革兰氏阳性菌都具有良好的抑制效果。

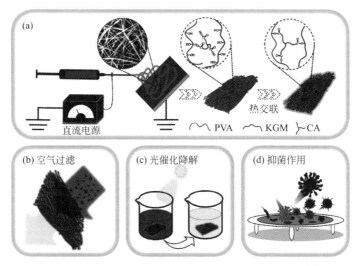

图 7-16　多功能 ZnO@PVA/KGM 电纺纳米纤维膜[47]

7.3.2　抗菌气体净化膜的制备

　　抗菌气体净化膜的制备方法主要分为两种，如图 7-17 所示，一种是采用沉积或涂层法对膜材料进行修饰，即将抗菌剂沉积或者涂覆在膜材料表面；另一种是直接处理法，即在气体净化膜的制备过程中直接将抗菌剂与成膜材料混合或复合。后者所用的抗菌剂多数为无机纳米颗粒或天然产物提取物。

　　沉积法主要包括浸涂、雾化工艺、喷涂、电喷涂（图 7-17）等施工方式[41,42,45]。Hwang 等[48]采用雾化或气溶胶工艺制备抗微生物过滤器。抗菌过滤器是由天然的野鸦椿（euscaphis japonica）纳米粒子通过雾化提取物制成的（需要注意的是，虽然野鸦椿提取物的毒性低于致癌物，仍需要进一步研究确保它对人体健康无害）。Han 等[49]比较了电喷涂沉积在 PET 空气过滤器上的葡萄柚籽提取物（GSE）和蜂胶这两种天然产物的抗菌活性，发现在沉积量为5000～8000μg/cm² 时，GSE 的抑菌效果比蜂胶更好。

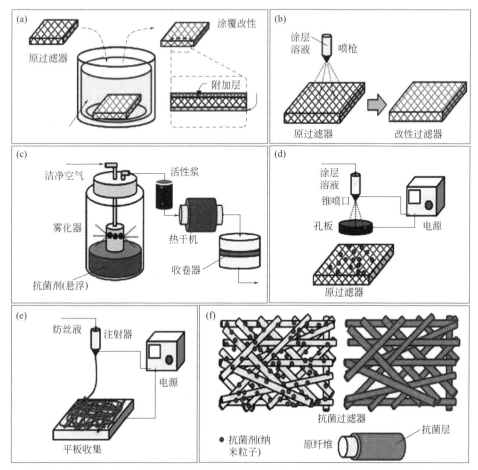

图 7-17　抗菌气体净化膜制备方法[41,42,45]

（a）浸涂；（b）喷涂；（c）雾化工艺；（d）电喷涂；（e）电纺丝；（f）沉积和涂覆抗菌剂

为了防止传质阻力的增加导致过滤器压降上升，通常优先考虑直接处理法将纳米纤维膜与抗菌剂有效结合。可以在电纺丝过程中将抗菌剂沉积或涂覆制成纳米纤维膜，或将抗菌剂直接溶入聚合物溶液中然后通过溶液流延法制成平板膜[50]。Selvam 等[51]采用静电纺丝法制备了多功能纳米复合气体净化膜。将掺有银纳米颗粒（Ag NP）的聚丙烯腈（PAN）纳米纤维置于第一层，掺有铝酸镁纳米颗粒（MA NP）的 PAN 纳米纤维置于第二层，其位于聚丙烯纺黏非织造材料（PP SBN）之间。研究显示，该纳米复合空气滤清器对细菌和 PM$_{2.5}$ 的过滤效率为 99％，对 2-氯乙基乙基硫（2-CEES）的解毒率为 95％。

参 考 文 献

[1] 魏伟. 大气污染原因和环境监测治理技术分析[J]. 科学大众, 2019, 4(4): 109-109.

[2] 刘小华. 基于氮氧化物危害及其防治对策[J]. 低碳世界, 2017, 9: 8-9.

[3] 王晔, 刘桂霞. 石油和化工行业废气治理现状[J]. 中国石油和化工经济分析, 2017(7): 26-27.

[4] 王禹苏, 张蕾, 陈吉浩, 等. 大气中氮氧化物的危害及治理[J]. 科技创新与应用, 2019(7): 137-138.

[5] 邹国柱. 陶瓷窑炉烟气治理及低氮燃烧技术的推广[J]. 佛山陶瓷, 2017, 27(5): 28-29.

[6] Nacken M, Heidenreich S, Hackel M, et al. Catalytic activation of ceramic filter elements for combined particle separation, NO$_x$ removal and VOC total oxidation[J]. Applied Catalysis B-Environmental, 2007, 70(1-4): 370-376.

[7] 赵蕊. 试析脱硫、除尘、脱硝技术在玻璃熔窑烟气治理中的运用[J]. 资源节约与环保, 2015(7): 24.

[8] Lin H F, Abubakar A, Li C M, et al. Development of red mud coated catalytic filter for NO$_x$ removal in the high temperature range of 300～450 degrees[J]. Catalysis Letters, 2020, 150(3): 702-712.

[9] Chen J, Pan B, Wang B, et al. Hydrothermal synthesis of a Pt/SAPO-34@SiC catalytic membrane for the simultaneous removal of NO and particulate matter[J]. Industrial & Engineering Chemistry Research, 2020, 59(10): 4302-4312.

[10] Lee J S, Shin K H, Shin M C, et al. Properties of catalytic filter for the hot gas cleaning[M]. Zurich-Uetikon: Trans Tech Publications Ltd, 2004: 1181-1184.

[11] Fino D, Russo N, Saracco G, et al. A multifunctional filter for the simultaneous removal of fly-ash and NO$_x$ from incinerator flue gases[J]. Chemical Engineering Science, 2004, 59(22-23): 5329-5336.

[12] Yuan G H, Wu H Y, Yang G H, et al. Integrated dust removal and denitration using a dual-layer granular bed filter with SCR catalyst[J]. Water Air and Soil Pollution, 2020, 231(2): 11.

[13] Abubakar A, Li C M, Lin H F, et al. Simultaneous removal of particulates and NO by the catalytic bag filter containing V$_2$O$_5$-MoO$_3$/TiO$_2$[J]. Korean Journal of Chemical Engineering, 2020, 37(4): 633-640.

[14] Kim Y A, Choi J H, Scott J, et al. Preparation of high porous Pt-V$_2$O$_5$-WO$_3$/TiO$_2$/SiC filter for simultaneous removal of NO and particulates[J]. Powder Technology, 2008, 180(1-2): 79-85.

[15] Park Y O, Lee K W, Rhee Y W. Removal characteristics of nitrogen oxide of high temperature catalytic filters for simultaneous removal of fine particulate and NO$_x$[J]. Journal of Industrial and Engineering Chemistry, 2009, 15(1): 36-39.

[16] Chen X H, Zheng Y Y, Zhang Y B. MnO$_2$-Fe$_2$O$_3$ catalysts supported on polyphenylene

sulfide filter felt by a redox method for the low-temperature NO reduction with NH_3[J]. Catalysis Communications，2018，105：16-19.

[17] Yang B，Zheng D H，Shen Y S，et al. Influencing factors on low-temperature NO_x performance of Mn-La-Ce-Ni-O_x/PPS catalytic filters applied for cement kiln[J]. Journal of Industrial & Engineering Chemistry，2015，24：148-152.

[18] Yang B，Huang Q，Chen M D，et al. Mn-Ce-Nb-O_x/P84 catalytic filters prepared by a novel method for simultaneous removal of particulates and NO[J]. Journal of Rare Earths，2019，37(3)：273-281.

[19] Walberer J，Giovanny M，Meiller M，et al. Development and tests of a combined filter for NO_x，particulates，and SO_2 reduction[J]. Chemical Engineering & Technology，2018，41 (11)：2150-2158.

[20] Tang X，Wang X，Yang L，et al. Multifunctional nickel nanofiber for effective air purification：PM removal and NO reduction from automobile exhaust[J]. Journal of Materials Science，2020，55(14)：6161-6171.

[21] Zhou S，Zhou J，Zhu Y. Chemical composition and size distribution of particulate matters from marine diesel engines with different fuel oils[J]. Fuel，2019，235：972-983.

[22] Yu J S，Lee J C，Park S，et al. Preparation and characterization of catalyst-containing SiC fiber filter media[J]. Key Engineering Materials，2005，287：44-50.

[23] 王建强，王远，刘双喜，等. 稀燃发动机 NO_x 存储还原技术研究进展[J]. 现代化工，2011，31(4)：28-33,44.

[24] 于娜娜，鲁静，郭宇鹏，等. 三效催化剂机理及技术进展[J]. 当代化工研究，2011，8 (11)：9-14.

[25] Fan J，Chen Y，Jiang X，et al. A simple and effective method to synthesize Pt/CeO_2 three-way catalysts with high activity and hydrothermal stability[J]. Journal of Environmental Chemical Engineering，2020，8(5)：104236.

[26] Mcatee，Mccullough，Sellick，et al. Characterisation and modelling of the reactions in a three-way pdrh catalyst in the exhaust gas from an ethanol-fuelled spark- ignition engine [J]. Proceedings of the Institution of Mechanical Engineers，Part D：Journal of Automobile Engineering，2019，233(12)：3222-3234.

[27] Vedyagin A A，Kenzhin R M，Tashlanov M Y，et al. Effect of La addition on the performance of three-way catalysts containing palladium and rhodium[J]. Topics in Catalysis，2020，63：1-2.

[28] Yamamoto K，Kondo S，Suzuki K. Filtration and regeneration performances of SiC fiber potentially applied to gasoline particulates[J]. Fuel，2019，243(62)：28-33.

[29] Nascimento L F，Serra O A. Wash coating of cordierite honeycomb with ceria-copper mixed oxides for catalytic diesel soot combustion[J]. Process Safety & Environmental Protection，2016，101：134-143.

[30] Begum S，Misran H，Aminuddin A. Developing of honeycomb shaped cordierite ceramic

from indigenous raw materials and its characterization[J]. Advanced Materials Research, 2011, 264-265: 597-601.

[31] Bari M A, Kindzierski W B, Wheeler A J, et al. Source apportionment of indoor and outdoor volatile organic compounds at homes in Edmonton, Canada[J]. Building & Environment, 2015, 90(8): 114-124.

[32] Escobedo L E, Champion W M, Li N, et al. Indoor air quality in Latino homes in Boulder, Colorado[J]. Atmospheric Environment, 2014, 92: 69-75.

[33] Kim J, Kim H, Lim D, et al. Effects of indoor air pollutants on atopic dermatitis[J]. International Journal of Environmental Research and Public Health, 2016, 13(12): 1220.

[34] Zhao X, Chen L, Guo Y, et al. Porous cellulose nanofiber stringed HKUST-1 polyhedron membrane for air purification[J]. Applied Materials Today, 2019, 14: 96-101.

[35] Hu M, Yin L, Zhou H, et al. Manganese dioxide-filled hierarchical porous nanofiber membrane for indoor air cleaning at room temperature[J]. Journal of Membrane Science, 2020, 605.

[36] Li L, Zhang F, Zhong Z, et al. Novel synthesis of a high performance Pt/ZnO/SiC filter for the oxidation of toluene[J]. Industrial & Engineering Chemistry Research, 2017, 56 (46): 13857-13865.

[37] Li C, Zhang F, Feng S, et al. SiC@TiO$_2$/Pt catalytic membrane for collaborative removal of VOCs and nanoparticles[J]. Industrial & Engineering Chemistry Research, 2018, 57 (31): 10564-10571.

[38] Ramachandran S, Rajiv S. Ethylenediamine functionalized metalloporphyrin loaded nanofibrous membrane: A new strategic approach to air filtration[J]. Journal of Inorganic and Organometallic Polymers and Materials, 2020, 30(6): 2142-2151.

[39] Wang X, Xu W, Gu J, et al. MOF-based fibrous membranes adsorb PM efficiently and capture toxic gases selectively[J]. Nanoscale, 2019, 11(38): 17782.

[40] Nakashima H, Ooshima T. Analysis of Inorganic Antimicrobial Agents in Antimicrobial Products: Evaluation of a Screening Method by X-ray Fluorescence Spectrometry and the Measurement of Metals by Inductively Coupled Plasma Atomic Emission Spectroscopy[J]. Journal of Healthence, 2007, 53(4): 423-429.

[41] Feng S, Li D, Low Z X, et al. ALD-seeded hydrothermally-grown Ag/ZnO nanorod PTFE membrane as efficient indoor air filter[J]. Journal of Membrane Science, 2017, 531: 86-93.

[42] Taylor M, Mccollister B, Park D. Highly bactericidal polyurethane effective against both normal and drug-resistant bacteria: Potential use as an air filter coating[J]. Applied Biochemistry and Biotechnology, 2016, 178(5): 1053-1067.

[43] Ungur G, Hruza J. Modified polyurethane nanofibers as antibacterial filters for air and water purification[J]. RSC Advances, 2017, 7(78): 49177-49187.

[44] Choi J, Yang B J, Bae G N, et al. Herbal extract incorporated nanofiber fabricated by an

electrospinning technique and its application to antimicrobial air filtration[J]. ACS Applied Materials & Interfaces, 2015, 7(45): 25313-25320.

[45] Chong E S, Hwang G B, Nho C W, et al. Antimicrobial durability of air filters coated with airborne Sophora flavescens nanoparticles[J]. *Science of the Total Environment*, 2013, 444: 110-114.

[46] Fang Q, Zhu M, Yu S, et al. Studies on soy protein isolate/polyvinyl alcohol hybrid nanofiber membranes as multi-functional eco-friendly filtration materials[J]. Materials Science & Engineering B Solid State Materials for Advanced Technology, 2016, 214: 1-10.

[47] Lv D, Wang R, Tang G, et al. Eco-friendly electrospun membranes loaded with visible-light response nano-particles for multifunctional usages: High-efficient air filtration, dye scavenger and bactericide [J]. ACS Applied Materials & Interfaces, 2019, 11: 12880-12889.

[48] Hwang G B, Heo K J, Yun J H, et al. Antimicrobial air filters using natural euscaphis japonica nanoparticles[J]. Plos One, 2015, 10(5): e0126481.

[49] Han B, Kang J-S, Kim H-J, et al. Investigation of antimicrobial activity of grapefruit seed extract and its application to air filters with comparison to propolis and shiitake[J]. Aerosol and Air Quality Research, 2015, 15(3): 1035-1044.

[50] Tamayo L, Azócar M, Kogan M, et al. Copper-polymer nanocomposites: An excellent and cost-effective biocide for use on antibacterial surfaces[J]. Materials Science & Engineering C 2016, 69(69): 1391-1409.

[51] Selvam A K, Baskar D, Nallathambi G. Layer by layer nanocomposite filter for ABC filtration[J]. Chemical Engineering Communications, 2019, 208(6): 1-7.

第 8 章

气体净化膜分离装备

根据应用需求与应用对象特点，气体净化膜往往适用于不同的构型（如平板、管式、袋式、中空纤维等），对膜组件与装备的设计也提出了不同的设计要求。膜分离装备除了要具备良好的气体密封性和高低温可靠性外，还需要兼顾与膜材料的适配性。因此需要综合分析目标分离体系各相基本性质、膜基础应用性能参数、装备操作方式与条件等特点，从而优化设计适用性好、综合应用效率高的膜分离装备。

8.1　影响膜过滤的因素

8.1.1　烟气颗粒物性质

烟气中粉尘的性质影响和决定着膜法除尘器的设计，因此经常需要针对粉尘的一些特殊性质，以所积累的设计经验为基础，对膜法除尘器进行科学设计。

8.1.1.1　附着性和凝聚性

附着性和凝聚性粉尘进入膜除尘器后，粉尘容易团聚变大。堆积于膜袋表面的粉尘在被抖落的过程中，也能继续进行凝聚，清灰效能和通过滤料的粉尘量与粉尘的附着性和凝聚性有关。附着性和凝聚性越强的粉尘，越容易在膜表面堆积，反吹效果将会大大降低。因此，对附着性和凝聚性非常显著的粉尘，需要通过实际参数对膜材料的种类进行选型，可以选择表面更加疏水的膜材料或者抗污染性能好的膜材料，同时除尘器的设计也必须按粉尘特征采取不同的处理措施。

8.1.1.2 粉尘粒径

粉尘的粒径大小及分布主要影响膜除尘器运行过程中的阻力以及除尘器的磨损程度。微细粉尘对压力损失影响比较大，粗粒粉尘对磨损影响比较明显，当入口粉尘浓度高且硬度大时，对除尘器的磨损程度将增强。通常颗粒粒径对膜除尘性能影响主要体现在粉尘截留率和过滤阻力方面。粉尘粒径越大，压降升高的速率越慢，截留率越高；粉尘粒径越小，压降升高越快，截留率也越低。这是由于孔堵塞发生在过滤初始阶段，然后颗粒物才在滤材表面沉积。Tang 等[3]研究了颗粒粒径对过滤压降的影响，从图 8-1 中可知，随着颗粒粒径的增大，过滤压降逐渐减少，在颗粒粒径分别为 $0.3\mu m$ 和 $0.5\mu m$ 时，压降随时间增加比较大，且增长的速率比较快。这是因为颗粒粒径越小，越容易进到膜孔中发生孔堵塞现象，从而使压降增大。

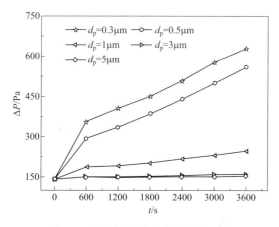

图 8-1 颗粒粒径对过滤压降的影响

8.1.1.3 粒子形状

根据气体净化膜分离原理，其分离过程主要靠表面筛分作用，但是进入膜表面过滤前，气体在除尘器中受气流扰动作用，粉尘也会相应地分离出一部分，这不仅和粉尘粒径的大小有关，和粉尘颗粒的形状也有一定关系。颗粒的形状是指一个颗粒的轮廓或表面上各点所构成的图像。工业烟气中的粉尘形状千差万别，越接近球形的颗粒物所受气流的曳力系数越小。球形度越小其分离效率越低，对于较大颗粒（$>10\mu m$）和较小颗粒（$<1\mu m$），球形度对分离效率的影响较弱。因此，当粉尘进入除尘器后，经过折流引起的板气流扰动，在重力和离心力作用下，大颗粒和球形度低的颗粒容易首先沉降或分离出来。最后在气体净化膜表面截留的粉尘颗粒，形状更接近球形，球形度相对较高，同时粉尘也较细。

8.1.1.4　颗粒浓度

　　颗粒浓度对气体过滤的影响主要表现在过滤压降、过滤效率、膜材料的磨损和清灰周期等方面。颗粒浓度对过滤压降的影响比较单一，在单个反吹周期内，过滤压降随时间基本呈线性增长；过滤压降随着进气浓度的增大而增大，颗粒浓度越大，单位时间内沉积在膜表面的滤饼越厚，压降升高速率越快（图8-2）。图8-3给出的是进气粉尘浓度对截留率的影响，从图中可知，在进气浓度为600mg/m³时，截留率为99.995%，随着进气浓度的增加，在浓度为700mg/m³和800mg/m³时，截留率分别为99.993%和99.991%。虽然随着进气粉尘浓度的增大，颗粒粒径较小的粉尘增多，穿过膜的可能性增大，但从实际过滤实验来看，采用膜材料对粉尘进行脱除，粉尘的截留率都可以达到99.99%[2]。

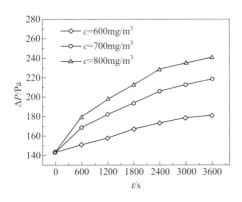
图8-2　进气粉尘浓度对过滤压降的影响

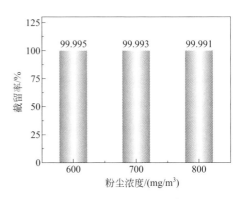
图8-3　进气粉尘浓度对截留率的影响

8.1.1.5　粒子的堆积密度

　　粉尘的堆积密度与粒径、凝聚性、附着性有关，也与膜除尘器的阻力损失、过滤面积有关。堆积密度越小，清灰越困难，设计时要选择较低过滤风速。此外，粉尘的堆积密度对选定除尘器灰斗及排灰装置至关重要。

8.1.1.6　颗粒表面性质

　　气体净化膜分离过程中颗粒表面性质主要表现在比表面积、表面润湿性和表面电荷三方面。固体颗粒的比表面积与颗粒粒径大小有很大关系，颗粒粒径越小，其比表面积越大。在气固分离中，对于同一种粉尘，比表面积大的固体颗粒要比比表面积小的粉尘更难于分离。

　　粉尘颗粒与液体附着难易程度的性质称为粉尘颗粒的润湿性。润湿性与表面张力有关，表面张力越小，粉尘颗粒表面越容易被润湿。与烟气中的水汽一旦接触就能扩大润湿表面且相互附着的粉尘称为润湿性粉尘。烟气中有润湿性粉尘存在时，气体中的气态水分占比对气体净化膜粉尘分离有重要影响，需要保证烟气温度不能低于露点，减少液态水出现，否则会造成糊袋，膜两侧的阻力急剧上升，导致除尘器无法工作。

袁学玲等[1]研究了环境湿度对 PTFE 覆膜过滤性能的影响，针对颗粒间形成的液桥力进行了受力分析。结果表明，过滤阻力随着颗粒粒径的减小逐渐增大，且随着湿度的增大，滤饼的阻力也逐渐增加。唐席等[2]将相对湿度从 60% 增加到 70% 时，过滤压降迅速增加，渗透性出现快速下降的趋势（图 8-4）。这主要是因为随着湿度的增加，颗粒间发生团聚现象，导致颗粒粒径增大，且颗粒堆积较为疏松，滤饼空隙率增大，滤饼过滤压降减少，表明水在颗粒间的填充状态为钟摆状。当液桥数量基本稳定时，随着环境湿度增加，液桥增加，滤饼出现压缩现象，因水占据了颗粒间的空隙，导致滤饼空隙率降低，过滤压降增长速率加快。水在颗粒间的填充状态由钟摆状变为索带状，如图 8-5 所示。此时环境湿度对除尘性能已经由强化作用转变为恶化作用。因此环境湿度对 PTFE 膜的除尘性能存在最优值。

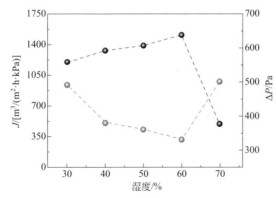

图 8-4　湿度对压降和渗透性的影响

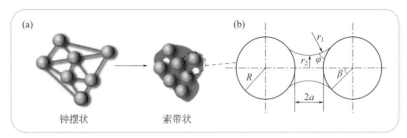

图 8-5　颗粒间填充状态的转变（a）与两球形颗粒间形成的液桥（b）

当烟气温度高时，微小的粉尘颗粒由于表面电荷作用和布朗运动的作用，均有可能使颗粒相互碰撞而引起凝聚，这一特性对于气固分离机理起着不可忽视的作用。如果是在高浓度的粉尘烟气中，则将对气体净化膜分离的效率产生巨大影响。因此，当出现团聚时，一般需要通过超声处理瓦解团聚，再进入除尘器进行除尘。

在膜除尘器运转过程中，吸湿性和潮解性强的粉尘极易在滤料表面上吸湿而固化，或遇水潮解而成为稠状物，造成清灰困难、设备阻力增大，以致影响除尘器正常运转。例如对含有 KCl、$MgCl_2$、NaCl、CaO 等强潮解性物质的粉尘，需采取必要的技术措施。

8.1.1.7　静电

容易带电的粉尘在滤料上一旦产生静电，就不易脱落。对非常容易带电的粉尘，必须采用防静电滤料等技术措施，一方面防止粉尘在滤料上的附着，另一方面，对部分易爆粉体的过滤，要避免因静电产生火花而引起爆炸。

8.1.1.8　可燃性

对于可燃性粉尘，虽然不一定都引起爆炸，但若除尘器前的工艺流程中出现火花且能进入膜除尘器内时，就应采用防爆措施，如增设火花捕集器、设防爆门等。在设计中不仅要设计合理的过滤风速、增设使气流分布均匀的导流部件，而且要按粉尘的粒径、浓度、工况条件设计，选择合理的气流上升速度。

8.1.2　烟气性质

烟气的性质主要是指含尘气体的温度，含水量，酸、碱性质等。一般在含水量较小，无酸性气体，温度≤130℃时，用于净化的膜材料常用 500～550g/m² 的覆膜涤纶针刺毡；当温度在 130～260℃时，选用芳纶诺梅克斯针刺毡、800g/m² 玻纤针刺毡、800g/m² 纬双重玻纤织物或氟美斯等高温覆膜滤料，表面膜材料选用 PTFE 材质；当含水量较大，粉尘浓度又较大时，这时需要考虑膜材料的防水特性，一般会选用防水、防油滤料或覆膜滤料，如 PTFE 覆膜滤料；当烟气温度高（＞260℃）且含酸、碱性等气体时，需要考虑膜材料的耐温和耐腐蚀性等，此时应选用工况适应性强的无机膜材料，如碳化硅陶瓷膜、Fe-Al 金属膜、氧化物类陶瓷纤维膜等。

8.1.3　膜的性能参数

膜的性能参数对除尘器的影响主要体现在粉尘排放浓度和过滤压降两个方面。通常在选定膜材料种类和参数后，在运行过程中只要不是操作失误及烟气工况突然改变，一般不会对排放指标或者运行稳定性产生较大的影响。如针对水汽含量较大的烟气工况，膜材料需要考虑具有一定的疏水性能，否则长期在湿度较大的工况下，膜材料本身可能会发生水解，造成材料损坏、排放超标而导致除尘器无法运行。针对一些复杂烟气工况，如气体中不仅含有水汽，还含有焦油等油性成分，这时普通膜材料是无法使用的，需要选择双疏型的 PTFE 膜材料，可以有效防止除尘器阻力上升过快。目前，国内在双疏膜材料领域的研究机构较少，江苏久朗高科技股份有限公司成功开发了该系列的产品，并实现了工业化应用。图 8-6 是双疏 PTFE 膜产品及疏水疏油测试情况。表 8-1 给出了该产品的性能参数。

图 8-6　双疏 PTFE 膜产品

表 8-1　双疏 PTFE 膜产品性能参数表

主要指标	数值	主要指标	数值
膜孔径/μm	0.5～15	油接触角/(°)	$\geqslant 130$
孔隙率	＞80%	使用温度/℃	＜260
膜厚度/μm	10～150	气体渗透率/[m/(h・kPa)]	＞200
水接触角/(°)	$\geqslant 150$	出口粉尘浓度/(mg/m³)	＜5

8.1.4　装备的操作参数

8.1.4.1　设备阻力

所谓设备阻力，是指除尘器入口至出口在运行状态下的全压差。布袋除尘器的压力损失通常在 1000～2000Pa 之间，膜法除尘器压力损失通常小于 1500Pa。设备阻力是风机选型的主要依据，设备运行过程中允许压力损失有一定变动范围，设计时应通过设备阻力变动余量来确定风机的选型。过滤风速选择不当或分室分布不均，会影响滤袋的寿命。同样，气流上升速度选择不当或分室的气流上升速度不均，也会影响滤袋使用寿命。

8.1.4.2　设备耐压

膜法除尘器的耐压是根据工艺要求及风机的静压确定的，必须按照除尘器正常使用的压力来确定设备的设计耐压。作为一般用途的除尘器，设备耐压为 4000～5000Pa；对于长袋脉冲除尘器，设备耐压一般为 6000～8000Pa；对于采用以罗茨鼓风机为动力的负压型空气输送装置，除尘器的设计耐压为 15～

50kPa。另外，对于高炉煤气干法脉冲除尘器，其设计耐压要求达到 0.3MPa 或更高，设备一般均设计为圆形，以满足耐压要求。

8.1.4.3 反吹压力

清灰的反吹压力是膜法除尘器设计的重要参数，根据所用压缩空气压力的不同，分成高压（0.5～0.7MPa）、中压（0.35～0.5MPa）、低压（0.2～0.35MPa）及超低压（0.2MPa 以下），并把脉冲阀根据气包内压力区分为高压阀（直角阀）和低压阀（淹没阀）。箱式喷吹不设喷吹管，属无序喷吹，清灰气流靠脉冲阀直接喷入上箱体并使之增压，进而将压力传递至该室每条膜袋以实现清灰。对于高温除尘器，因反吹气需要加热，为防止膜管因多次冷热循环出现损坏，气体反吹压力一般设为 0.4～0.6MPa。

范丽丽等[4]对以铁铝合金制备的金属滤管进行了高温反吹过程的实验模拟，反吹气体温度 227℃，喷吹压力 0.4MPa，脉冲喷吹时间 0.1s，通过反吹压力和喷嘴的优化，可以更好地指导过滤管的排布。刘伟等[5]对反吹参数进行优化，实验考察了反吹压力从 0.1MPa 到 0.3MPa 的反吹效果，结果如图 8-7 所示，反吹压力越大，反吹效果越明显。

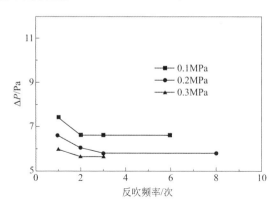

图 8-7　反吹压力对压降恢复的影响（反吹时间 2s）

8.2　膜分离元件种类及过滤方式

8.2.1　膜元件种类

按照材质分类，气体净化膜主要分为有机质和无机质，分别应用在中低温和高温烟气除尘过程。中低温的气体净化膜主要有折叠滤筒式、折叠板式和圆形袋式等构型，其中折叠滤筒式和折叠板式主要应用在家用空气净化或者新风系统中。圆形袋式主要应用在工业烟气治理，长度从 1000mm 到 8000mm 不等，直径 130～160mm。高温的气体净化膜主要有蜂窝式、中空纤维管式和烛状管式等构型。蜂窝式构型为多通道对称结构，负载脱硝催化剂后用于烟气脱硝工艺中，也可负载三元催化剂后用于柴油机尾气过滤捕集器上；中空纤维管式构型一般用于负载分子筛膜层，集束式地装配在膜组件中用于气体中 VOCs 或者 CO_2 等的分离过程；烛状管式膜一般为金属、碳化硅或者氧化物类陶瓷纤维材质，主要用于高温烟气净化过程，使用温度 300～800℃。几种常见的工业用气体净化膜元件构型如图 8-8 所示。

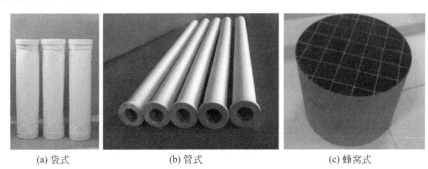

(a) 袋式　　　　　　　(b) 管式　　　　　　　(c) 蜂窝式

图 8-8　常见的几种工业气体净化膜元件

8.2.2　终端过滤模式

终端过滤模式又称直管式或烛状过滤模式，标准的过滤元件形式是一头堵住，另一端敞开。敞开的一段有法兰，用于固定在花板上，而花板的作用是将含尘气体和净化气体分开，如图 8-9 所示。终端过滤一般为表面过滤，粉尘被截留在膜过滤元件的表面，并在一段时间后形成滤饼，通过反吹可以去除一部分滤饼层。表面滤饼的存在增加了一部分过滤阻力，但也提高了除尘效率，一般这种膜过滤模式的出口气体含尘浓度低于 $5mg/m^3$。

图 8-9　烛式陶瓷过滤元件的基本外形结构

8.2.3　壁流过滤模式

无论烛状或管状陶瓷过滤元件，都存在体积大，强度要求高，安装、密封、更换和维护不便等问题。由于陶瓷过滤元件具有一定的刚性，除了传统的管式形

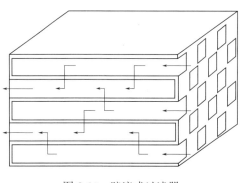

图 8-10　壁流式过滤器

态外，还可以制成单元模块式的蜂窝形态状的过滤元件，如图 8-10 所示。这种结构有很多平行通道，进气通道底部堵死，出气通道上部堵死。采用这种结构，单位体积的过滤面积将大大增大，而且整体强度提高，通道的壁厚也减小很多。壁厚只有 1mm，过滤阻力大大降低，材质主要是堇青石，孔隙率 $30\%\sim50\%$，进气通道膜孔径 $0.2\sim0.5\mu m$，膜厚度不到 $50\mu m$。

8.2.4　错流过滤模式

错流过滤一直是液体过滤领域的主流过滤形式，在高温气体除尘领域，错流过滤还尚未大规模进入工业化应用阶段。图 8-11 是两种错流过滤系统设计，（a）图的设计中，原料气进入膜管内部，部分气体垂直通过管壁被净化，其余气体顺着管道进入旋风分离器，超细颗粒在膜面因浓度增加而形成团聚体，然后被带入旋风分离器除去；（b）图的设计中，原料气从膜外管壁进入，洁净气体从管内出

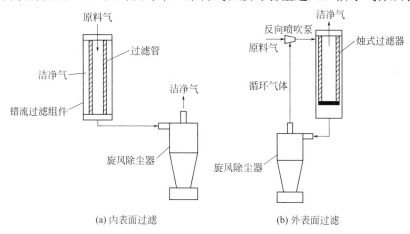

(a) 内表面过滤　　　　　　　　(b) 外表面过滤

图 8-11　错流式过滤

来，浓尘气体经过旋风分离器分离后再与原料气混合，进行多次分离。膜管外壁与壳体间间距较小，可以提供较高的错流速率[6]。

8.3　膜装备的设计及结构型式

8.3.1　膜装备的材料选型

　　膜装备的材料选型主要分为膜材料和膜设备选型。膜材料选型主要根据烟气性质、颗粒浓度、投资成本等方面考虑，而膜设备的钢材选型，主要取决于烟气中是否含腐蚀性成分、运行压力和最高温度条件等。通常烟气的温度在 260℃ 以下，一般选中低温的有机复合膜，如 PTFE 膜、P84 和玻纤等；当温度超过260℃，甚至更高时，则需要使用耐高温的无机复合膜，根据实际需要，可以选用多孔金属膜或者多孔陶瓷膜。金属膜的耐温要比陶瓷膜低些，金属膜可以进行焊接安装，提高密封性；陶瓷膜的过滤精度、抗热震性和抗腐蚀性等方面具有优势。常温不含腐蚀性烟气的条件，一般选用碳钢作为壳体材料。如果高温且含硫化物时，壳体一般采用不锈钢，如 304 或者 316L。当烟气中含有 Cl⁻ 时，壳体还需考虑进行预表面处理，以防止氯离子对钢材颗粒晶界的腐蚀。

8.3.2　中低温膜过滤装备

8.3.2.1　概述

　　中低温气体过滤主要指对温度低于 260℃ 的烟气的过滤。中低温膜过滤装备和传统的袋式除尘器过滤原理类似，工作时依靠有机复合膜作为过滤原件，当含有粉尘的气体通过膜外表面时，粉尘会被截留在膜的表面，过滤后的气体则会渗透到膜内表面一侧，从而实现分离粉尘与气体的目标。粉尘通过膜时会产生筛分、扩散、惯性、静电等作用，被膜分离截留下来[7]。

　　中低温膜法除尘器和袋式除尘器结构类似，作为干式除尘装置的一种，由于其结构简单、捕集粒径范围广、工作稳定、除尘效率高等优点，广泛应用于化工、钢铁、火电等行业[8-9]。膜法除尘器按照清灰方式可以分为以下三类：

　　① 机械清灰式除尘器。采用人工振打、机械振打等方式进行清灰，适用于膜袋长度较短，膜袋清灰不均匀，而且过滤速度较小的情况。

　　② 逆气流清灰式除尘器。采用室外或者循环空气与含尘气流相反的反向气

流使滤饼层脱落。该清灰方式一方面可以使滤饼层直接剥离，另一方面，由于气流的方向不同，膜袋内产生胀缩振动，可进一步加快滤饼的脱落。

③ 脉冲清灰式除尘器。压缩空气释放并通过喷吹管上的喷口喷出，使膜袋四周受到冲击力，导致膜袋外侧的粉尘掉落。采用脉冲清灰，其清灰强度大，可以进行在线清灰，可以使用长膜袋，可处理较大的含尘气体量。

脉冲式膜法除尘器为膜法除尘器中应用最广泛的装备，其工作原理如下：含尘气体由入口进入到除尘器内部，一部分大粒径颗粒由于受到重力作用而沉降到灰斗部位，粒径较小的颗粒随着气流进入中箱体内，粉尘与膜表面纤维之间发生碰撞、拦截、扩散等作用沉降在滤料的表面，形成粉尘层。净化后的气体进入上箱体，由出气口排出。随着过滤时间的不断增加，滤料表面的粉尘积累越来越多，过滤阻力不断加大，当过滤阻力达到一定值时，需要对其进行清灰处理[10]。图 8-12 为膜法除尘器的一般结构示意图。膜袋安装结构如图 8-13 所示，通过弹性胀圈固定膜袋于花板上，然后放入龙架保证膜袋垂直度，以保证过滤和反吹过程中膜袋具有一定的刚性。

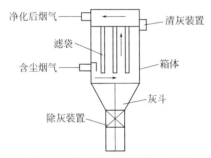

图 8-12　膜法除尘器结构示意图

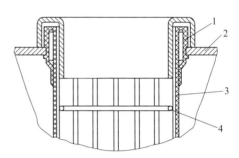

图 8-13　中低温有机复合膜袋固定方式
1—弹性胀圈；2—花板；3—膜袋；4—膜袋龙架

袋式除尘器的应用已经有 100 多年的历史。在大量工业应用中，研究人员与工程人员已经对除尘器有了大量的优化和改进，除尘器的工作性能得到了很大的提升。近年来，研究人员在袋式除尘器的基础上对膜法除尘器进气方式、喷吹压力、气流速度、压力分布等都进行了大量的研究工作[11-13]。但在实际工程应用中，由于不同工况的复杂性以及含尘气体温度、湿度的不同，除尘器运行中仍存在一些问题：

（1）滤袋问题

滤袋是除尘器的核心，决定了除尘器性能。滤料的创新与改进进一步促进了除尘器的进步。除尘器运行过程中造成滤袋损坏的主要原因是：高温烧毁、腐蚀、火星烧穿、高温收缩、灰斗粉尘蓄热烧毁滤袋等。

（2）设计问题

虽然现在的袋式除尘设计具有一定的规范性，但是由于受到各项经济指标的影响，除尘器内气流分布的均匀性往往被忽视。若除尘器内气流分布不合理，长期运行会导致袋间速度过快，造成滤袋损坏。

（3）设备运行阻力高

除尘设备的运行阻力是影响除尘器性能的重要指标。一般情况下，高性能的除尘器不仅除尘效率高，而且运行阻力应该在 1000Pa 以下。在除尘器实际运行过程中，存在糊袋、脉冲喷吹压缩空气不稳定和脉冲阀损坏等问题，从而导致过滤阻力增大，除尘效率低等一系列问题[14]。

8.3.2.2　进气口设计与优化

在实际工业应用中，膜法除尘器系统存在结构复杂、体积庞大等问题，借助实验的方法获取除尘器内部某些参数非常困难。因此，许多研究人员借助数值模拟的方法对除尘器进行研究，最终通过优化设计，指导除尘器装备的制造过程。进气口的设计及进气方式对膜的冲击和气流进入除尘器内部的变化有重要影响。Pereira 等[15]借助 Fluent 软件模拟了不同进口位置对膜法除尘器内部流场的影响（图 8-14）。双对流入口除尘器膜袋表面有均匀的质量流量分布，但会在灰斗部位产生涡流；中部进气不会在灰斗部位产生涡流，但靠近入口侧的膜袋表面质量流量过大，极易造成膜袋的损害。王丹丹等[16]研究不同进风位置对膜法除尘器的气流分布及压力损失，发现相比于上进口与中进口进风，下进口进风时，通过各膜袋的流量分配更加均匀；在入口风速一定的情况下，膜法除尘器的压力损失随进口位置的升高而增加。

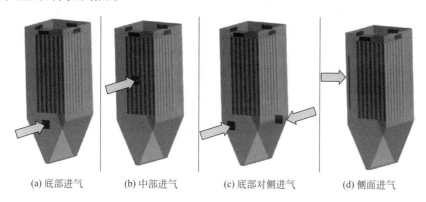

(a) 底部进气　　　(b) 中部进气　　　(c) 底部对侧进气　　　(d) 侧面进气

图 8-14　4 种不同的进口位置的膜法除尘器[16]

8.3.2.3　导流板设计与优化

在膜法除尘器烟道入口和除尘室入口合理布置导流板和挡板将改善气流的分布情况。刘来瑞等[17]通过对比添加导流板与不添加导流板除尘器内部的速度云图得出，添加导流板可使箱体内气流分布趋于均匀。王冠等[18]通过建立小型脉冲袋式除尘器模型，分别对安装格栅导流板、阶梯导流板和斜向导流板的内部流场的分布情况进行测定，结构如图 8-15 所示。结果显示，斜向导流板具有最佳效果，比阶梯导流板和格栅导流板系统阻力降低 20% 以上。

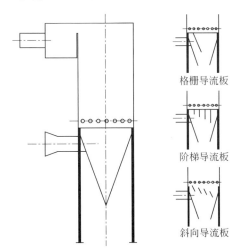

图 8-15　格栅、阶梯和斜向导流板示意图

高广德等[19]对图 8-16 所示的下进气方式下的斜向式和错位式两种不同进口结构的袋式除尘器内部流场进行了模拟，根据数值模拟的结果，对其进行各自内部流场均匀性的分析研究，发现改变进口结构可以改变除尘器内部气流分布，错位式进气口的袋式除尘器会使射流现象减轻，使内部的气流分布更均匀。

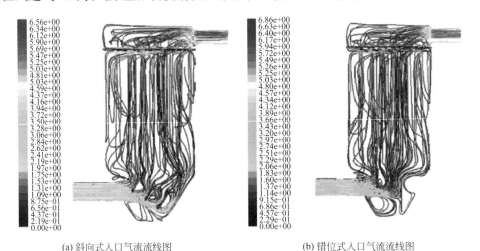

(a) 斜向式入口气流流线图　　　　　(b) 错位式入口气流流线图

图 8-16　两种不同形状入口气流流线图

宁波等[20]考察了四种形式的入口管道对袋式除尘器性能的影响因素，同时也对造成气流偏向和射流的因素——喇叭口几何形状（锥度）、气流速度、弯管形式进行了分析。研究表明，喇叭口锥度增大或弯管角度减小能够在一定程度上改善除尘器中气流偏向和射流，但改善效果并不明显。张相亮等[21]借助正交试验设计方法，探讨了导流板的形状对气流分布均匀性的影响，其结构见图8-17。研究结果给出了带式除尘器底部空间气流速度相对均方根 σ 与板数 n、板长 L、挡板上端距灰斗顶部截面高度 ΔH、挡板前后偏角 θ 及过滤风速 v 之间的函数关系式（8-1），为导流板的设置提供了理论依据。

$$\sigma = 0.97n^{-0.03}L^{0.75}\Delta H^{-0.14}\theta^{-0.12}v^{0.01} \tag{8-1}$$

式中，$2 \leqslant n \leqslant 4$，$500 \leqslant L \leqslant 1000\text{mm}$，$0 \leqslant \Delta H \leqslant 150$，$-15° \leqslant \theta \leqslant 15°$，$0.7\text{m/min} \leqslant v \leqslant 1.3\text{m/min}$。

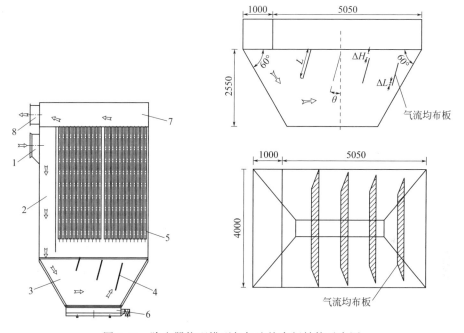

图 8-17　除尘器物理模型与气流均布板结构示意图
1—入口；2—N形烟道；3—灰斗；4—气流均布板；5—膜袋；6—沸腾床；7—上箱体；8—出口

8.3.2.4　膜袋长度优化

通常工业使用的中低温有机复合膜长度在 6000～8000mm 之间，膜袋越长，除尘器设备越高。特别是在清灰过程中，反吹气进入膜袋内侧，有可能因为膜袋太长而导致反吹效果不佳。南京工业大学贾良鑫等[22]针对膜法除尘器存在的这一问题，借助计算流体力学（CFD）技术对除尘器结构进行优化，对气固两相流和非稳态脉冲喷吹过程进行数值模拟研究。研究发现在相同的进气速度下，不同长度膜袋表面的速度云图各异（如图 8-18），膜袋底部区域表面速度较低，位于靠近花板位置的膜袋表面速度较大，但不同长度膜袋在该区域表面速度分布相差较小。这是由于气流进入除尘器后在花板区域有一定的聚集。因此，在相同的除尘器结构下，处理气量相同时，对不同长度的膜袋，其膜袋表面速度差异主要在膜袋的中部区域。

图 8-19 为沿高度方向膜袋的过滤速度[23]。由图可知，当膜袋长度为 1m 时，由袋底到袋口，膜袋过滤速度基本呈现线性增加。随着膜袋长度增加，过滤呈现非线性增加。该结果与 Park 等[23]的研究结果较符合，即膜袋底部过滤速度小，而靠近花板区域的过滤速度较大。这也表明，花板底部的膜袋区域处理的气量大。实验研究发现，过滤速度越低，覆膜滤料除尘效率越高。因此在膜法袋式除尘器设计时，应尽量使含尘气体沉降在膜袋的中下部区域。

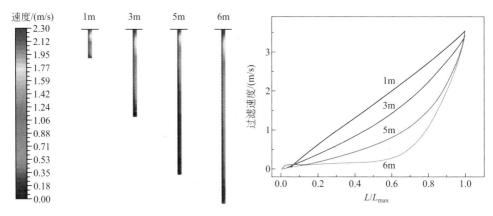

图 8-18　不同长度膜袋表面速度分布云图　　图 8-19　膜袋长度与沿高度方向膜袋过滤速度关系

8.3.3　高温膜过滤装备

目前所有的高温过滤器设计都基于单层花板或多层花板排列布置，这两种设计都可用于不同的过滤器。单层花板式是高温膜过滤应用最为广泛的一种结构形式。通常将一端开口，一端封闭的烛状膜过滤元件平行悬挂在一个花板上，通过花板将原料气和净化气体分隔开（图 8-20）。过滤气体从过滤元件外表面进入，洁净气体由元件内表面排出。过滤元件可以组合成多个单元。过滤单元固定在共用气室的花板上，用卡套和高温密封垫连接。

8.3.3.1　文丘里反吹系统

在脉冲清灰过程中，脉冲气体从上到下导入过滤元件内部，与气体过滤相反。常用反吹系统有基于文丘里的喷射式脉冲系统。采用的气体有空气和氮气。有时为了避免不必要的凝结，反冲气体需要进行预热。过滤器外壳可以是圆形的（用于高压）或者四方形的（用于常压）。单层花板式的优点是安装和维护比较方便，主要缺点是当圆形过滤器外壳尺寸一定时，膜过滤元件的数量（装填面积）受到限制。

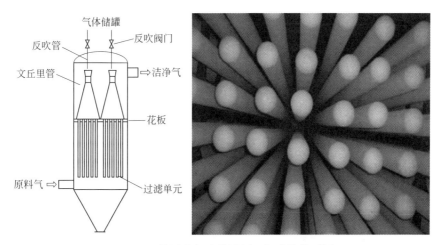

图 8-20　单层花板式设计原理与膜管排列图

Heidenreich 等[24]采用文丘里喷射器分别研究了不同长度下的高温除尘器的反吹效果，装置包含 48 支膜管，分别采用 1500mm 和 2000mm 的碳化硅膜管作为滤芯（图 8-21 是实验过滤示意图）。实验结果显示，即使膜管长度变长，但是只要装备带有文丘里喷射器的设计就不影响反吹效果，而且膜管延长后增加了过滤面积，降低了系统的投资成本。

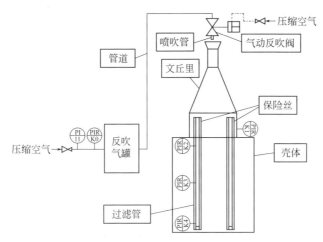

图 8-21　文丘里喷射管陶瓷膜过滤装置流程示意图[24]

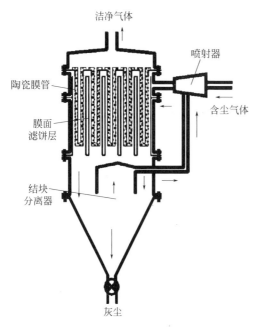

洁净气体

喷射器

陶瓷膜管

含尘气体

膜面滤饼层

结块分离器

灰尘

图 8-22　无脉冲清灰系统陶瓷膜
过滤装置示意图[25]

8.3.3.2　无脉冲清灰系统

此设计使用串联喷射器在膜管表面产生非常高的环形（或剪切）力，在不影响正常过滤的情况下，允许气体不断渗入膜管，从而控制膜管表面速度以控制滤饼厚度。这种在膜管表面产生的剪切力使粉尘颗粒保持悬浮状态，降低了整个过滤器的压降。其装备结构如图 8-22 所示[25]。原料气体是从侧面进入到除尘器，使气体以合适的速度在每个过滤器元件的表面上流动进而渗透到膜管内侧，清洁气体从顶部排出，大量集中的含尘气体在过滤器表面向下移动进入旋风分离器室去除大颗粒，经过旋风分离器处理后的气体向上离开，与进气原料气混合再通过除尘器过滤。

通过对比试验发现，在脉冲反吹模式下，除尘器的压降上升要比无脉冲模式快得多，而且相同粉尘浓度和过滤速度下，无论反吹耗气量还是过滤压降都要明显低于脉冲反吹模式。试验研究还发现，相同过滤面积下，采用脉冲反吹系统的气体流量为 12.9L/min 至 129L/min，但采用无脉冲清灰系统时，除尘器的气体流量为 200～245L/min，这也意味着可以大幅降低膜材料投入成本，而且膜表面的滤饼厚度只有 0.33mm。

8.3.3.3　多层过滤系统

为了增加陶瓷膜装填面积，发展了多层花板式过滤器，主要有西屋陶瓷过滤器与鲁奇陶瓷过滤器两种[26]。鲁奇过滤器的主要特征是过滤元件不是悬挂而是直立着的，如图 8-23（a）所示。管状过滤单元从底部支撑，由水平管定位。管状过滤单元按组呈垂直叠放，这样在器体中可放置多层。来自压缩贮器罐的脉冲压缩空气通过水平管，再进入垂直管，使每一组过滤单元同时得到清灰。鲁奇陶瓷过滤器的过滤单元的排列更紧凑、制作大过滤器更灵活。倒置的重物定位块产生的收缩应力有利于接头密封，并增加陶瓷过滤单元的结构稳定性。

西屋陶瓷过滤系统由过滤单元平行排列，用花板吊挂而成，如图 8-23（b）所示。单元组合由很多烛状陶瓷膜组成，每个组合共用一个气室，蜡烛状过滤单元固定在共用气室的花板上，用卡套和高温密封垫连接。可装 30～60 根陶瓷膜，每个气室有自己的文氏管和脉冲喷吹管。每个组合吊装在相同的支撑骨架上，形成过滤串。在脉冲清灰过程中，脉冲气体从上到下导入共用气室。根据过滤的烟气流量，系统可以设计成每个气室拥有更多的陶瓷膜，或者增加每个过滤串的气室数，亦或容纳更多的过滤串[27]。

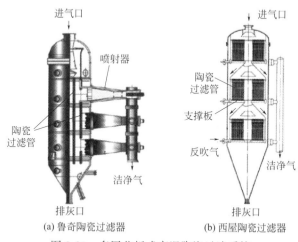

(a) 鲁奇陶瓷过滤器　　　　(b) 西屋陶瓷过滤器

图 8-23　多层花板式高温陶瓷过滤系统

参 考 文 献

[1] 袁学玲. 环境湿度对 PTFE 覆膜滤料过滤性能影响研究[D]. 北京：北京化工大学, 2015.

[2] 唐席. PTFE 膜对超细粉尘的分离机理及过程模拟[D]. 南京：南京工业大学, 2019.

[3] Tang X, Zhao S F, Feng S S, et al. Exploring the key factors in dusty gas filtration: Experimental and modeling studies[J]. Industrial & Engineering Chemistry Research, 2019, 58 (42): 19633-19641.

[4] 范丽丽. 高温除尘器脉冲反吹过程中过滤管数值模拟[J]. 长春工程学院学报（自然科学版）, 2018, 19(1): 66-71.

[5] 刘伟. 碳化硅多孔陶瓷的制备与气固分离性能研究[D]. 南京：南京工业大学, 2014.

[6] Sibanda V, Greenwood R, Seville J, et al. Particle separation from gases using cross flow filtration[J]. Powder Technology, 2001(118): 193-201.

[7] 要璇, 俞亚昕. 袋式除尘技术与装备发展探究[J]. 工艺与设备, 2017, 6: 135-136.

[8] Shaaban S. Numerical optimization and experimental investigation of the aerodynamic performance of a three-stage gas-solid separator[J]. Chemical Engineering Research and Design. 2011, 89(1): 29-38.

[9] Ribeiro D. Applications of CFD techniques in the design of fabric filters[J]. Chemical Engineering Transactions, 2014, 39: 1369-1374.

[10] Oliver K, Jörg M, Gerhard K. The contribution of small leaks in a baghouse filter to dust

emission in the PM$_{2.5}$ range：A system approach[J]. Particuology，2017，30：40-52.

[11] Joe Y H，Shim J，Park H S. Evaluation of the can velocity effect on a bag filter[J]. Powder Technology，2017，321：454-457.

[12] Koch M，Krammer G. Filter performance with non-uniformly distributed concentration of dust-evidence from experiments and models[J]. Powder Technology，2016，292：149-157.

[13] Saleem M，Tahir M S，Krammer G. Measurement and simulation of axial velocity in a filter bag[J]. Chemical Engineering & Technology，2012，35(12)：2161-2169.

[14] 李为浩，高贵军. 直通式下进风袋式除尘器内流场均匀性研究[J]. 煤矿机械，2015，36(6)：289-292.

[15] Pereira T W C，Marques F B，Pereira F A R，et al. The influence of the fabric filter layout of in a flow mass filtrate[J]. Journal of Cleaner Production，2016，111：117-124.

[16] 王丹丹，钱付平，吴显庆，等. 袋式除尘器气流分布均匀性测试与数值模拟[J]. 安徽工业大学学报(自然科学版)，2013，30(3)：343-349.

[17] 刘来瑞，王作杰，刘丽冰，等. 袋式除尘器流场均匀性的自动优化设计[J]. 机械设计与研究，2017，33(2)：171-175.

[18] 王冠. 脉冲袋式除尘器进气口导流板形式的试验研究[J]. 环境保护，2007(20)：71-74.

[19] 高广德，何璐璐. 导流板对袋式除尘器流场影响的数值分析[J]. 煤矿机械，2010，31(12)：38-40.

[20] 宁波，王作杰，张松，等. 入口管道对袋式除尘器性能影响因素研究[J]. 安全与环境学报，2013，13(6)：58-63.

[21] 张相亮，沈恒根，周睿，等. 袋式除尘器进气均布板结构参数对气流分布的影响分析[J]. 环境工程，2012，30(4)：76-79.

[22] 贾良鑫. 膜法袋式除尘器的结构设计与研究[D]. 南京：南京工业大学，2020.

[23] Park S，Joe Y H，Shim J，et al. Non-uniform filtration velocity of process gas passing through a long bag filter[J]. Journal of Hazard Materials，2019，365：440-447.

[24] Heidenreich S，Haag W，Salinger M，et al. Next generation of ceramic hot gas filter with safety fuses integrated in venturi ejectors[J]. Fuel，2013，108：19-23.

[25] Sharma S D，Dolan M，Ilyushechkin A Y，et al. Recent developments in dry hot syngas cleaning processes[J]. Fuel，2010，89：817-826.

[26] 孟广耀，董强，刘杏芹，等. 无机多孔分离膜的若干新进展[J]. 膜科学与技术，2003，23(4)：261-268.

[27] Ahmadi G，Smith D H. Gas flow and particle deposition in the hot gas filter vessel at the Tidd 70 MWE PFBC demonstration power plant[J]. Aerosol Science and Technology，1998，29：206-223.

第9章
气体净化膜在室内空气净化中的应用

9.1　室内空气污染概述

室内空气环境是人们工作和生活的最基本的条件之一。人们要在室内度过 80% 以上的时间，因此室内空气质量的好坏很大程度上影响着人们的身体健康。室内空气污染物质主要包括颗粒物、微生物气溶胶以及挥发性有毒气体等[1]。颗粒物是室内空气中主要的污染物，按粒径大小可以被分为 PM_{10}、$PM_{2.5}$、$PM_{1.0}$ 等，粒径越小，对人体危害越大，也越难去除。其中，空气动力学当量直径小于等于 $2.5\mu m$ 的颗粒物被称为 $PM_{2.5}$，对应于颗粒物污染物中的主要粒径分布，它能较长时间悬浮于空气中。这部分颗粒物相对表面积大，容易吸附一些有毒以及有害物质；同时，这部分颗粒物粒径小，可以通过人体呼吸，进入人体呼吸道进而至肺部，从而引发一些呼吸系统疾病，甚至有些物质可直接进入心血管系统，对人体的健康产生更大的危害[2]。空气微生物主要以气溶胶的形式存在，包括在空气中飘浮的细菌、真菌和孢子等有生命活性的微粒，粒径一般为 $0.002 \sim 30\mu m$[3,4]。自然界中的地表、江河、动物和植物还有人类都是空气微生物的散发源。与人类生产生活相关的一些场所，如废水处理厂、食品厂、垃圾填埋厂和养殖厂也是空气微生物的散发源[5,6]。

9.1.1　室内空气污染的来源

室内空气污染主要来源有两种，一种是室内材料及人类活动给空气带来的污染，另一种来源是室外的污染物进入室内造成室内空气污染[7]。室内材料造成的污染主要来自建筑材料、装修装潢材料等，是导致室内空气产生化学性污染的主要成因。人类活动带来的室内空气污染主要为烹调形成的油烟，吸烟产生的烟雾，环境滋生的细菌、微生物等有害物质等[8]。室外污染物主要为化石燃料燃烧产生的硫氧化物、氮氧化物以及颗粒物等，建筑过程产生的扬尘，工业生产排放的各类化学污染物等，这些污染物会通过窗户、门、孔、洞进入到室内，造成室内空气污染[9]。

9.1.1.1　建筑材料和装修材料造成的污染

在室内空气污染中，建筑材料和装修材料是导致室内空气产生化学性污染的主要原因。特别是近年来，房地产事业的兴起，使得我国城市中住宅及公共场所不断增加，室内装修活动变得频繁。在室内装修过程中，众多的建筑材料和装饰材料被应用到室内环境中，从而给室内空气带来了较为严重的污染。因建筑材料和装修材料造成的化学污染主要包括装修所用到的人造板材（刨花板、胶合板、大理石板等）和化学胶黏剂（包括油漆涂料、防水剂、胶黏剂等），这些材料都会产生挥发性的有机化合物，如甲醛、苯、甲苯等。另外，建筑材料也会释放出氨、氡等化学污染物[10]。

9.1.1.2　室内家庭用品引起的污染

随着民众生活质量的提高，人们在室内活动中难免会使用一些家庭用品，而这些家庭用品自身也会给室内空气带来污染。这些家庭用品主要分为两类，一类是日常生活中使用的化学用品，如杀虫剂、化妆品、洗涤剂等，另一类为家装、家具等，例如床、衣柜、窗帘等。这些家庭用品都会给室内空气带来化学污染[11]。

9.1.1.3　人类活动引起的污染

人类活动也会给室内空气带来污染。例如，在室内烹调时，会产生大量的油烟，而这些油烟中包含烃、醛、醇等许多有害化学物，这些化合物还会和空气中的其他物质产生化学反应，形成新的有害物质，进而给室内空气带来严重的污染。另外，吸烟所产生的烟雾，也是造成室内空气污染的原因。烟燃烧后产生的烟雾中含有大量的烟碱及焦油，这些化学物质在造成空气污染的同时，也给人类自身带来损害[12]。

9.1.1.4　人体新陈代谢引起的污染

人体新陈代谢会通过皮肤、大小便及呼吸道排出许多污染物，而这些污染物会给室内空气带来污染。例如人体新陈代谢会产生苯、硫化氢、氯仿等物质，再加上人体自外界带回来的各种细菌和病毒会通过打喷嚏和咳嗽排放到室内空气当中，进而使室内空气产生化学性污染[13]。

9.1.2 室内空气污染的危害

装修产生的甲醛、苯等挥发性有机物（VOCs）污染，能引起机体免疫水平失调，影响中枢神经系统功能和消化系统功能。轻者出现皮肤过敏、咽喉疼、头痛、头晕、胸闷、乏力、食欲不振、恶心等症状。重者可引起支气管炎、过敏性哮喘、肺炎、肺水肿等，严重时可损伤肝脏，造成造血系统功能紊乱等[14]。世界卫生组织（WHO）、美国国家科学院/国家研究理事会（NAS/NRC）等机构一直强调 VOCs 是一类重要的空气污染物。世界卫生组织也早已将甲醛归为一类致癌物，并明确警示：甲醛和癌症尤其是儿童白血病具有关联性[15-17]。

细菌、真菌和尘螨等微生物在相对封闭、空调大量使用、空气潮湿等条件下极易滋生。长期暴露在这种环境下，极易引起皮肤过敏、呼吸不适等反应，造成过敏性哮喘、过敏性鼻炎、支气管炎和过敏性皮炎；而细菌和病毒可以通过人们说话、咳嗽、打喷嚏等活动进入空气，传播给别人，引发流行性感冒等疾病[18]。

燃料燃烧产物及烹饪产生的油烟中，除去固体颗粒物之外还含有大量有害气体，如二氧化硫、氮氧化物、一氧化碳、二氧化氮以及有机烃类物质，一氧化碳中毒事件时有发生。吸烟产生的烟雾中含有大量的有机致癌物质，每支香烟可产生 0.6～3.6mg 尼古丁[14]。尼古丁可使人血压升高、心跳加快、甚至心律不齐并诱发心脏病；会损害支气管黏膜，引发气管炎；毒害脑细胞，可使吸烟者出现中枢神经系统症状；亦可促进癌的形成。事实上，在室内吸烟可致使 $PM_{2.5}$ 数值暴增 10 倍以上[19]。

有研究表明，居住在马路附近、长期暴露于二氧化氮或 $PM_{2.5}$ 污染中的人，更容易出现左、右心室肥大现象。而且，空气污染越严重，这种心室肥大问题就越明显。在心力衰竭早期阶段，也能观察到类似的心脏变化[20]。

9.1.3 室内空气污染的控制

为了提高室内空气质量，改善居住、办公条件，增进身心健康，必须对室内空气污染进行控制。将目前国内外室内空气治理常用的技术分述如下。

9.1.3.1 化学吸收法

化学吸收法的原理是利用大部分气态污染物易溶于水的特点，采用溶剂吸收法，降低污染物的浓度，或者在吸收液中加入络合剂和氧化剂等改变化学结构从而破坏有毒有害气体的分子结构，降低污染物在室内空气中的浓度[21]。吸收液中所含的化学物质主要有：有机含氮化合物或聚合物、无机铵盐、亚硫酸盐等。以甲醛为例，由于铵盐溶液中含有铵（NH_4^+），可以与甲醛发生反应，生成六亚甲基四胺。而另一种化合物亚硫酸盐的溶液中所含的亚硫酸根离子容易与甲醛发生反应生成沉淀物，从而达到去除甲醛的目的[22]。

9.1.3.2 吸附法

物理吸附技术是实际应用的比较广泛的空气净化技术之一，在各种空气净化器中应用得较多。吸附技术的主要原理是利用活性炭等的强吸附性来吸附甲醛等有毒有害气体污染物[23]。常用的吸附剂有多状活性炭、活性炭纤维、孔炭材料、蜂窝状活性炭、新型活性炭以及多孔黏土矿石、分子筛、沸石、活性氧化铝和硅胶等。由于吸附法具有富集功能强、脱除效率高等优点，对于低浓度有害气体的有效治理有较强的效果。但是利用普通活性炭进行物理吸附时，活性炭的吸附会很快达到平衡。

活性炭物理吸附的特点是：被吸附物的分子在吸附剂的外表上自由移动，而不是附着在吸附剂外表上固定不动。当吸附达到平衡后，因为吸附力主要是分子间力，稳定性较差，容易脱附，并且吸附在一起的分子热运动还会导致被吸附分子脱离吸附物的表面，所以普通活性炭的吸附性易受甲醛浓度的变化和温度变化的影响。为解决活性炭物理吸附稳定性差这一问题，研究人员常常对多孔性物质进行改性，以增强其吸附性能。如可用 HNO_3、O_3、H_2O_2 对活性炭纤维进行表面改性。动态吸附试验表明，用 H_2O_2 改性后的活性炭纤维对甲醛吸附效果最好[24]。

9.1.3.3 光催化技术

光催化技术自从 20 世纪 70 年代兴起以来，受到人们广泛的关注和研究。光催化净化是基于光催化剂在紫外线的照射下具有氧化能力来净化空气中的污染物，主要具有以下特点：直接用空气中的氧气作为氧化剂，氧化还原性强，成本低且使用寿命长；可以将空气中的有机污染物分解成二氧化碳和水等，不存在吸附平衡现象，净化效果彻底，二次污染小[25]。

光导体催化剂通常采用 n 型半导体材料（如 ZnO、CdS、WO_3 与 TiO_2 等）作为催化剂。其催化反应机理为：n 型半导体材料具有特别的能带结构，在价带和导带之间存在一个禁带。当光子的能量高于半导体所能吸收的阈值时，继续对半导体进行光照射，半导体上的价带电子会在带间发生跃迁，即从价带跃迁到导带，产生了自由电子（e^-）和空穴（h^+）。此时吸附在吸附物表面的溶解氧会与电子生成超氧负离子，同时空穴将吸附在吸附物表面上的水或氢氧根离子氧化成氢氧自由基。这两种新生成的物质具有很强的氧化性，可以将绝大多数的有机物氧化成二氧化碳和水。

将光催化技术与吸附技术结合，吸附材料吸附有害气体的同时对有害气体进行光催化降解是目前发展的重点。Zhang 等[25]对于 TiO_2 和活性炭复合体系的光降解活性进行了研究。结果表明，在催化剂制备的初期，煅烧温度影响光催化降解活性，在 $500\sim700℃$ 煅烧得到的催化剂表现出较高的活性，对甲醛的光催化降解率可达到 95％以上。

9.1.3.4　组合技术

活性炭的吸附性具有平衡性并且使用期限有限，需要定期更换。活性炭对于小分子 VOCs 的吸收性能比较差，但是这部分的 VOCs 却对人体健康有重要的影响[26]。由此便产生了一种组合技术，将活性炭吸附与光催化氧化技术组合应用。当活性炭将 VOCs 的浓度降低到一定水平后，光催化可以将剩余的 VOCs 进行充分的氧化，从而提高催化氧化的效率，活性炭也可以吸附中间的副产物，使其进一步被催化氧化，达到彻底净化的目的。另外，由于被活性炭吸附的污染物又在光催化剂的作用下参与了氧化反应，使得活性炭的吸附性因光催化氧化去除表面的污染物而得以再生，延长了活性炭的使用周期[27]。光催化氧化与臭氧的组合可以使臭氧装置产生的臭氧进入到光催化反应装置，其协同作用是能够进行分解有机污染物、除臭和灭菌等高效率的净化作用，也是目前重要的研究方向之一[28]。

9.1.3.5　低温等离子技术

低温等离子废气处理技术采用双介质阻挡放电形式产生等离子体，当外加电压达到气体的放电电压时，气体被击穿，产生包括电子、各种离子、原子和自由基在内的混合体，低温等离子体在电场的加速作用下产生高能电子。当电子的能量超过了所要净化的污染物的分子化学键能时，污染物分子的化学键就会断裂，从而达到消除气态污染物的目的[29]。20 世纪 80 年代，日本东京大学 Oda 教授提出的高压脉冲电晕放电法是常温常压下得到低温等离子体的最简单、最有效的方法[30]。脉冲电晕放电法去除气体有机物是通过高压脉冲电晕放电，在常温常压下获得非平衡等离子体，即产生大量高能电子和 O、OH 等活性粒子，对有害物质分子进行氧化降解反应，使污染物最终转化为无害物的方法。Yamamoto 等[31]首先提出用脉冲电晕放电法治理有机废气及氮氧化物技术，并进行了探索性的研究。国内浙江大学黄立维教授、上海交通大学晏乃强教授等在这方面进行了较深入的研究工作[32-34]。

9.2　家用空气净化器

空气净化器是从空气中分离和去除一种或多种污染物的设备[35]。主要分为房间内使用的单体式空气净化器以及集中空调通风系统内的模块式空气净化器。空气净化器又称"空气清洁器"、空气清新机、净化器，是指能够吸附、分解或转化各种空气污染物（一般包括 $PM_{2.5}$、粉尘、花粉、异味、甲醛之类的装修污染、细菌、过敏原等），有效提高空气清洁度的产品，以清除室内空气污染的家用空气净化器为主[36]。图 9-1 为目前市场上不同样式的空气净化器。

图 9-1　不同样式的空气净化器

9.2.1　家用空气净化器原理

室内的污染物复杂多样，有化学性污染，包括各种挥发性有机物（VOCs）污染以及各种有害的无机小分子污染物，例如二氧化硫、氮氧化物等；也有物理性污染，主要是各种可吸入的颗粒物如 $PM_{2.5}$、PM_{10} 等；还有生物性污染物，指的是各种悬浮微生物如细菌、病毒等[37]。

正是由于污染物的多样性，针对不同的污染物净化需求，空气净化器产品也多种多样，净化原理亦各不相同。按照净化器的运行方式可以将净化器分为被动式净化器、主动式净化器以及混合式空气净化器。被动式净化器就是吸附过滤式的净化器，利用风机作为驱动力产生压差，使空气穿过各种滤网时捕捉污染物来净化空气；主动式净化器则是通过释放净化因子，不靠风机驱动空气穿过滤网，也能达到净化空气的目的；混合式空气净化器兼具主动式空气净化器及被动式空气净化器特点[38]。

9.2.1.1　被动式空气净化器

被动式空气净化器也就是过滤吸附型的净化器，目前应用最广泛的就是 HE-PA 型空气净化器[39]，其净化原理如图 9-2 所示。用风机将空气抽入机器，通过内置的滤网过滤空气，主要能够起到过滤粉尘、除异味、吸附有毒气体和杀灭部分细菌的作用[40]。

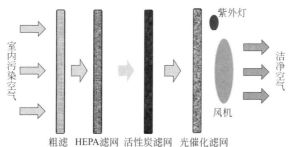

图 9-2　被动式空气净化器净化原理

9.2.1.2　主动式空气净化器

主动式空气净化器的原理如图 9-3 所示，其与被动式空气净化原理的根本区别在于，主动式空气净化器摆脱了风机与滤网的限制，不是被动地等待室内空气被吸入净化器内进行过滤净化。主动式净化器在化学性和生物性的污染物净化领域应用较为广泛。化学性和生物性的污染物依靠过滤法较难去除。化学性的污染物需要用化学物质去与之进行化学反应以生成无害的物质，生物性污染物需要一些抗菌、消毒手段才能达到去除效果。目前市面上较为主流的主动式净化器主要是基于负离子、静电和光催化等机理的净化器[41]。

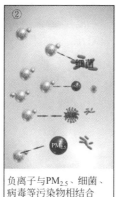

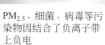

主机向空间释放生态级负离子

负离子与$PM_{2.5}$、细菌、病毒等污染物相结合

$PM_{2.5}$、细菌、病毒等污染物因结合了负离子带上负电

微小颗粒物在负离子作用下凝聚成大颗粒，在重力作用下而沉降

图 9-3　主动式空气净化器（负离子型）净化原理[41]

9.2.1.3 混合型空气净化器

混合型空气净化器净化原理如图 9-4 所示。混合型空气净化器兼具主动式空气净化器与被动式空气净化器的特点，先将室内污染的空气通过风机吸入净化器内部，通过滤网进行层层净化，净化后的空气中添加净化因子后排出空气净化器。净化因子可对室内空气进行主动净化。混合型空气净化器将被动净化与主动净化技术进行结合，增强了空气净化能力[42]。

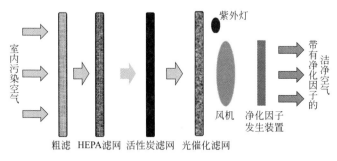

图 9-4 混合型空气净化器净化原理

9.2.2 空气净化器评价指标

空气净化器净化、去除的污染物质由净化器的滤材（滤网）性质或净化原理决定。目前，通常将室内污染物分为颗粒物、气态污染物和微生物三大类。按照国家标准，颗粒物又按"空气动力学粒径"的范围不同，分为 PM_{10} 和 $PM_{2.5}$；化学污染物的种类则有很多，典型的有甲醛、甲苯、二甲苯、SO_2、氨、臭氧以及其他 VOCs 等，而微生物按照国家标准指对人体健康有影响的细菌。我国 GB/T 18801—2015《空气净化器》[43]中提出了 7 个净化器技术评价参数指标要求：有害物质释放量、待机功率、洁净空气量（CADR）、累积净化量（CCM）、净化能效（η）、噪声和微生物去除。建筑行业标准 JG/T 294—2010《空气净化器污染物净化性能测定》[44]中也明确净化器风量、阻力、化学污染物净化效率、微生物净化效率、颗粒物净化效率、净化寿命和安全性能 7 个方面的要求。

9.2.2.1 洁净空气量

目前使用的评价空气净化器的净化能力的参数主要是洁净空气量（CADR）。洁净空气量是净化器在恒温恒湿的国家标准试验舱内通过实验测试后计算出的一个评价净化器净化污染物能力大小的参数，表示其提供的净化空气速度的快慢。洁净空气量是净化器性能评价的一个核心指标，国标《空气净化器》（GB/T

18801—2015）中要求净化器的颗粒物 CADR 实测值要大于标定值的 90％。标准中给出的洁净空气量的计算公式如下：

$$Q = 60(k_e - k_n)V \tag{9-1}$$

式中，Q 为洁净空气量，m^3/h；k_e 为总衰减常数，min^{-1}；k_n 为自然衰减常数，min^{-1}；V 为试验舱体积，m^3。

上式中，衰减常数 k_e 和 k_n 的值可以通过试验舱测试得到颗粒物随时间变化的浓度函数，由函数拟合给出。

9.2.2.2　净化能效

净化能效是指在额定运行条件下净化器单位能耗净化的空气量。净化能效与净化器的 CADR 和电耗有关，是净化器性能和耗电评价的指标。在净化器性能评价中，净化能效值越大，说明净化器单位能耗产生的净化空气量越多，说明净化器的节能环保性能越好。我国新国标 GB/T 18801—2015《空气净化器》中要求净化器的颗粒物净化能效实测值必须≥90％标定值。国标中将净化器的颗粒物净化能效（η）划分为合格级（$2 \leqslant \eta \leqslant 5$）和高效级（$\eta \geqslant 5$）。

标准中给出的净化能效的计算公式如下：

$$\eta = \frac{Q}{P} \tag{9-2}$$

式中，η 为净化能效，$m^3/(W \cdot h)$；Q 为洁净空气量，m^3/h；P 为功率实测值，W。

9.2.2.3　输入功率和待机功率

净化器的输入功率并不等同于功率实测值，输入功率为净化器在净化功能时的功率值。如果净化器的其他功能耗电则该分离出其他功能的功率，并且只有在半小时内净化器功率的波动值小于 1％时净化器功率数才为输入功率。待机功率是指净化器在待机不工作状态下的功率，国家标准规定的待机功率不能高于 2.0W。待机功率越小，净化器在非工作状态下的电能消耗越少，节能效果越好。

9.2.2.4　累积净化量

累积净化量（CCM）是指净化器在恒温恒湿标准环境下国家标准试验舱内测试得出的净化器累积净化能力的参数，用来表征净化器滤网的使用寿命。简单来说，CCM 就是净化器滤网从开始使用到失效时累计净化的污染物质量。国家标准给出当净化器的 CADR 衰减 50％时，累计净化的颗粒物质量就是净化器的累积净化量。因此，累积净化量不是滤网的属性，而是放在特定净化器后净化器的属性。相同的滤网，净化器的 CADR 越高，其判定失效时的净化器净化的颗粒物质量就越大。由于净化器的 CADR 是随着使用不断衰减的，如果一个净化器的 CCM 较高也可以说明净化器可以长时间维持较高的 CADR。影响净化器累积净化量的主要因素有净化器滤网的展开面积和滤网材料。国标对颗粒物的 CCM 进行了分档，评价指标如表 9-1 所示。

表 9-1 颗粒物 CCM 指标分档

分档	CCM/mg	分档	CCM/mg
P1	$3000 \leqslant M \leqslant 5000$	P3	$8000 \leqslant M \leqslant 12000$
P2	$5000 \leqslant M \leqslant 8000$	P4	$12000 \leqslant M$

9.2.3 膜技术在家用空气净化器中的应用

过滤技术是家用空气净化器去除室内可吸入颗粒物及微生物的主要方法。传统的过滤材料为高效空气过滤器（HEPA），对 $PM_{0.3}$ 的过滤效率大于 99.97%[45]。20 世纪末出现了用于室内空气净化的 PTFE 膜。Michael 等[46]对 PTFE 膜和 HEPA 进行了对比，PTFE 膜对 $0.3\mu m$ 颗粒物去除效率可达 99.9999%，远高于 HEPA 的 99.97%，可以达到超高效空气过滤器（ULPA）标准，而阻力只有 HEPA 的一半[47-49]。

膨体聚四氟乙烯微孔膜是以聚四氟乙烯树脂颗粒为原料，经过膨化拉伸后，与针刺毡、机织布、无纺布、玻纤等多种过滤材料相复合得到的具有表面过滤性能的复合膜材料[50]（图 9-5）。相对传统 HEPA 滤网对称结构，复合膜结构使"深层过滤"转变成"表面过滤"，不仅可以维持高的过滤效率，而且降低了过滤阻力，延长了使用寿命。PTFE 膜孔隙率可达 88% 以上，作为空气净化器的核心滤网代替传统 HEPA 滤材安装在空气净化器内，可以迅速有效地截留亚微米级超细粉尘，对 $0.3\mu m$ 颗粒除尘效率可达 99.99% 以上，使用寿命长达 3 年[51]。

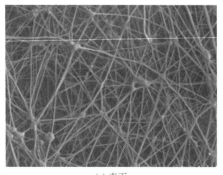

(a) 表面　　　　　　　　　　(b) 断面

图 9-5 PTFE 膜电镜照片

PTFE 膜具有透气不透水、透气量大、阻力低、微粒截留率高、耐温性好、抗强酸、碱、有机溶剂和氧化剂、耐老化及不粘、不燃性和无毒、生物相容性等特点，是目前世界上最先进的空气过滤材料，是各种吸尘器、空气滤芯、空气净化设备、高效空气过滤器等的最佳选择[46]，其主要技术参数见表 9-2。从表中数据可以看出，PTFE 膜材料在没有增加风阻的前提下，从过滤效率、使用温度以及使用寿命方面看要远优于现有的 HEPA 滤网。

表 9-2　家用空气净化器 PTFE 膜技术参数

孔径/μm	孔隙率/%	过滤效率(0.3μm)/%	风阻(5.33cm/s)/Pa	厚度/μm	最高使用温度/℃	使用寿命/年
0.2~5	80~95	>99.99	30~50	2~10	260	>3

纳米纤维膜是空气净化膜的核心过滤部件，图 9-6 为纳米纤维膜滤网，可用于对 $PM_{2.5}$、细菌、甲醛等污染物同时进行去除，对 $PM_{2.5}$ 的去除效率可达 99.999％以上，对甲醛等挥发性有机气体的去除率高于 95％。

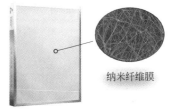

纳米纤维膜

图 9-6　纳米纤维膜滤网

除 PTFE 膜以外，采用静电纺丝法制备的纳米纤维膜的纤维直径在纳米到微米尺度，用于家用空气净化器，对 0.3μm 颗粒物的去除效率在 99.9％以上[52]。聚偏氟乙烯（PVDF）膜可以在细菌过滤方面展现优异的性能，将国产的 PVDF 膜在空气净化器中集合成三级过滤，经过粗滤、预过滤及精过滤，可以对空气中的细菌达到99.99995％的截留[53]。

9.3　家用新风净化系统

新风净化系统是提高室内空气品质的一种有效手段。可以采用新风净化系统引入经过净化的室外新鲜空气用以稀释室内空气污染物，同时将室内污浊的气体排出室外。Liddament 等[54]研究证明，采用新风净化系统进行通风是控制室内空气污染的一种较为有效的手段。谢伟[55]以某住宅为研究对象，通过建立质量平衡方程，对室内 $PM_{2.5}$ 的净化方式进行研究。计算结果表明，提高新风过滤器性能可以明显降低室内 $PM_{2.5}$ 浓度。叶霖[56]对采用 G4＋H12 二级过滤的新风系统的健身房进行测试，发现健身房内 $PM_{2.5}$ 数值小于 $10\mu g/m^3$。Chao[57]的研究发现新风系统除了对细颗粒物、CO_2、TVOC 以及一些有毒气体有良好的净化效果外，对总挥发性有机物也有一定控制作用。

9.3.1 家用新风净化系统原理

家用新风净化系统是由风机、进风口、排风口及各种管道和接头组成。安装在吊顶内的风机通过管道与一系列的排风口相连，风机启动，室内受污染的空气经排风口及风机排往室外，使室内形成负压，室外新鲜空气便经安装在窗框上方（窗框与墙体之间）的进风口进入室内，在送风的同时对室内的空气进行新风过滤、灭毒、杀菌、增氧、预热（冬天）。排风经过主机时与新风进行热回收交换，回收大部分能量通过新风送回室内，以达到室内空气净化的目的，从而使室内人员可呼吸到高品质的新鲜空气[58,59]。新风净化系统换气不仅仅是排去污染的空气，在换气功能之外，还具有除臭、除尘、排湿、调节室温的功能。图9-7为新风净化系统工作原理。

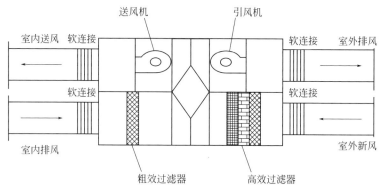

图 9-7　新风净化系统工作原理

王军亮[60]、Halek[61]和Lange[62]等对有新风系统房间的室内颗粒物浓度进行研究，发现新风系统对室内颗粒物污染的净化效果与过滤器的安装位置、室内外颗粒物浓度、过滤器过滤效率以及新风运行时长有关。陈剑波[63]以颗粒物为研究对象，通过测试新风实验室内各个测点颗粒物的浓度，分析了新风颗粒物的分布规律。新风量是影响新风系统净化效率的主要因素，部分学者对不同新风量下，室内污染物浓度的变化规律进行了研究。李岩[64]通过模拟研究发现，空调房间内新风量的变化对新风系统去除室内空气污染物的净化效果有着显著的影响，但当换气次数提高到一定程度后，新风量的变化对污染物的去除影响就变得不再明显。胡松涛[65]对空调系统和机械通风同时开启时室内污染物浓度的分布进行了研究，发现独立新风系统可以作为空调系统的补充，提供室内所需新风量，同时他指出新风量对室内污染物浓度变化起到显著的影响。不同的通风送风方式对室内污染物的影响也不尽相同。

Wu 等[66]通过实验的方式，利用示踪气体对公寓式住宅内的污染物扩散进行研究，结果表明，自然通风可以降低传染源房间的传染风险，但对其他房间无明显效果。Yaghoubi[67]等通过对室内污染物进行模拟，研究了不同通风方式和室内污染源位置对污染物浓度分布的影响。原斌斌[68]通过改变房间的通风策略，分析了新风系统对室内污染物的净化效果，发现新风系统与空气净化器搭配使用对室内空气污染物的去除效果较好。Mundt 等[69]对空调通风系统室内颗粒物浓度变化进行实验测试，分别比较了室内有无人员以及不同换气次数对颗粒物运动的影响。测试结果表明，置换通风可以有效地将室内颗粒物排出室内，避免颗粒物二次悬浮。Zhao[70]和 Lin[71]等以颗粒物作为研究对象，在初始浓度不变的情况下，通过对比研究置换通风和混合通风两种通风方式下室内颗粒物的浓度，发现置换通风可以更有效地将室内颗粒物排出室外。祝琦琦[72]通过 Fluent 仿真软件，模拟了在不同送风形式下，改变颗粒物的粒径和发散源位置时室内颗粒物污染的扩散分布。

9.3.2　膜技术在家用新风净化系统中的应用

新风系统中的空气过滤器是对空气污染物进行净化的装置。空气过滤器结构简单，被广泛用于各种生产、生活场所。空气过滤器的原理是空气中的颗粒物经过过滤材料时，通过物理方法拦截空气中的污染物来降低室内的污染物浓度[73]。

根据过滤器的过滤效率可分为粗效过滤器、中效过滤器和高效过滤器。粗效过滤器选用的材料主要有金属丝网、粗孔无纺布等，常常被用于空调通风系统的新风过滤以及作为新风净化装置的预过滤器，主要过滤粒径大于 $5\mu m$ 的大颗粒物。中效过滤器所用滤料多采用中、细孔无纺布以及玻璃纤维等，中效过滤器一般可作为新风和回风的过滤件，主要过滤粒径大于 $1\mu m$ 的颗粒物。高效过滤器可进一步分为高中效、亚高效及超高效过滤器，其主要过滤粒径小于 $1\mu m$ 的颗粒物。不同净化系统的末端通常会选用高中效过滤器，而洁净室内末端过滤器则会采用亚高效过滤器，亚高效过滤器也常常被用于新风机组的末级过滤。超高效过滤器则通常被用于对室内环境要求极为严格的洁净手术室、洁净厂房的空气过滤[74]。

高效过滤器（HEPA）是家用新风净化系统的核心净化组件。图 9-8 为传统HEPA 滤网表面与断面的电镜照片。由于 HEPA 滤网是对称型过滤材料，实际应用时既要保证较大的新风量，又要能有效过滤细微颗粒，二者很难兼顾。经过一些科研机构的测试发现，由于种种条件的限制，目前市售的新风净化系统的实际颗粒物净化效率仅有 $50\%\sim95\%$，远低于滤材本身的过滤能力，这主要是商家为了提高新风净化系统新风量，采用更大孔径的分离材料所致。另外，HEPA

主要依靠滤网孔道的深层过滤，我国室外尘土比较严重，室外新风经过 HEPA 净化时，将会导致滤网孔道堵塞严重，滤网风阻将迅速增大，成为细菌滋生的温床，使用寿命迅速降低，也就意味着 HEPA 过滤器需要经常更换[75]。

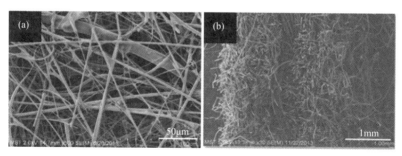

图 9-8　传统 HEPA 滤网的表面（a）和断面（b）扫描电镜照片[75]

膜分离技术是一种新型的高效分离技术，可有效去除空气中的 PM$_{2.5}$。将膜分离技术引入新风净化系统代替传统的 HEPA 滤网，一方面由于纳米纤维膜具有高孔隙率和比表面积，能有效增强 PM$_{2.5}$ 颗粒与纳米纤维之间的拦截效应，使 PM$_{2.5}$ 颗粒与纳米纤维之间具有更多有效接触而被纤维黏附，具有更高的过滤效率；另一方面，纳米纤维尺度与气体分子的平均自由程（约 66nm）相当，由于"滑移效应（slip effect）"，使得过滤阻力降低[76]。

用于新风净化系统的膜材料主要为双向拉伸聚四氟乙烯膜及静电纺丝纳米纤维膜，图 9-9 为这两种膜的电镜照片。用于新风净化系统的 PTFE 膜的孔隙率可达 88% 以上。以 PTFE 膜为主要过滤原件，配合光催化、等离子净化等其他净化手段，可大幅提升新风净化系统的净化作用[77]。静电纺丝纳米纤维膜的纤维直径在几纳米至几微米范围灵活可调。表 9-3 为用于新风净化系统的纳米纤维膜参数，采用纳米纤维膜加工成新风净化系统过滤器，具有高效、低阻、使用寿命长等优点，对 0.3μm 颗粒物净化效率可达 99.99% 以上[78,79]。

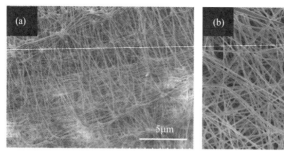

图 9-9　用于新风净化系统的膜材料
(a) PTFE 双向拉伸膜；(b) 静电纺丝纳米纤维膜

表 9-3　用于新风净化系统的纳米纤维膜参数[78,79]

孔径/μm	孔隙率/%	过滤效率 (0.3μm)/%	风阻 /Pa	厚度 /μm	最高使用温度 /℃	使用寿命 /年
0.1~3	85~90	>99.99	25~40	2~10	120	>2

9.4　家用防雾霾纱窗

防雾霾纱窗在保证通风、透光的同时，可有效阻挡室外粉尘进入室内，作为一种新型民用防雾霾产品正在逐渐被社会重视与应用[80]。防雾霾纱窗的核心为气体净化技术，目前用于家用防雾霾纱窗的气体净化技术主要为静电技术及过滤技术。

静电式防雾霾纱窗是将静电发生器固定在窗框上，静电发生器的输入端接低压直流电，输出端的一根线接地，另一根线接到金属网上，然后把金属网覆盖到玻璃纤维纱窗上，玻璃纤维纱窗就会带上静电，这样空气中的灰尘通过纱窗时就会被静电吸附，然后定期清理窗纱上的灰尘就可以达到净化室内空气的目的[81-83]。张伟等[84]设计了一组新型防雾霾纱窗装置。在普通纱窗的外层安装一台静电除尘装置，对纱窗外即将进入室内的空气进行高效除霾。在纱窗外端安装湿度检测探头，连接室内湿度检测控制装置，实现了对静电除尘装置的工作湿度控制。通过现场检测试验发现，使用普通纱窗时，室内 PM$_{2.5}$ 值为 401μg/m^3，使用防雾霾纱窗之后，室内 PM$_{2.5}$ 值下降到 20μg/m^3。

另一种静电式防雾霾纱窗是采用电容器原理对细小颗粒物进行吸附去除。它是由两扇窗纱构成的，每一扇窗纱用一根导线编织而成。其中一扇窗纱的导线，一端经高压控制系统内的限流电阻与高压控制系统正极相连接，另一端用耐高压的绝缘胶密封，不与空气相通；另一扇窗纱的导线与高压控制系统负极相连接，导线另一端用耐高压的绝缘胶密封，不与空气相通。两扇窗纱并排竖放，构成一个电容器，其结构图如图 9-10 所示[85]。

采用过滤技术的防雾霾纱窗将过滤材料作为细颗粒物拦截的核心原件，室外的细颗粒物被过

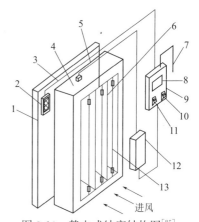

图 9-10　静电式纱窗结构图[85]

1—普通纱窗；2—湿度检测探头；
3—湿度检测探头引线；4—静电
除尘装置；5—高压电源线；
6—集尘板；7—外接电源线；
8—湿度检测控制装置显示屏；
9—湿度检测控制装置；10—开关；
11—湿度控制范围调节按钮；
12—变压器；13—电晕极

滤材料拦截，空气可自由透过纱窗，实现纱窗的换气功能[86,87]。作为防雾霾纱窗的过滤材料，除可以高效拦截室外颗粒物并保证通风外，还需要有良好的透光功能，材料多采用高透气性膜材料与基材复合而成，结构如图 9-11 所示。

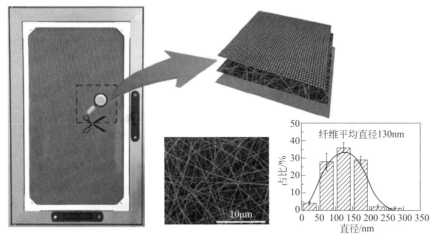

图 9-11　过滤式防雾霾纱窗[87]

9.4.1　纳米纤维膜防雾霾纱窗

纳米纤维膜防雾霾纱窗采用双向拉伸或静电纺丝方法制备的纤维直径 1～100nm 范围内的纳米纤维膜材料，将膜材料与尼龙网复合后加工成纱窗[88]。透明度、细颗粒物截留效率及透气量是纳米纤维膜防雾霾纱窗的关键技术指标。Zhang 等[89]采用静电纺丝，通过控制泰勒锥上带电液滴的喷射、变形和相分离，制备了厚度仅为 350nm 的透明纳米纤维膜，其对 0.07μm 细颗粒物的去除效率可达到 99.98%。图 9-12 为静电纺丝纳米纤维膜防雾霾纱窗及其电镜图。

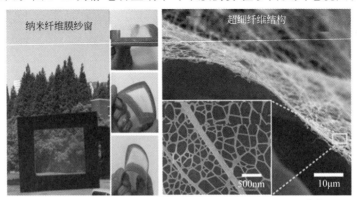

图 9-12　静电纺丝纳米纤维膜防雾霾纱窗及其电镜图[89]

纳米纤维膜的强度是制约防雾霾纱窗应用的关键因素。许多学者对亚微米纤维纱窗的强度进行了大量的研究，提出的改进方法包括：添加粒子法（包括加入氧化物等）、后处理法（包括热压黏合、改性处理）、多材料的共混、多轴复合等。Tijing 等[90]的研究表明，双轴拉伸纯聚氨酯亚微米纤维纱窗断裂强度比单轴拉伸者高 25%。Wang 等[91]的研究表明，适当比例的氧化物如 Fe_3O_4、SiO_2 等的加入会使亚微米纤维纱窗的强度成倍增加。Ding 等[92]研究发现，在 25～75℃ 温度范围内，聚偏氟乙烯-六氟丙烯静电纺亚微米纤维纱窗的断裂应力随着温度的增加逐渐下降。娄莉华[93]研究发现经过热轧黏合可以显著提高亚微米纤维纱窗的强度。

聚丙烯腈（PAN）是一种常用的静电纺丝材料，以它所制得的纳米纤维具有厚度均匀、孔隙率高的特点[94]。Wang 等[95]采用静电纺丝法制备了 PVA/PAN 亚微米纤维复合膜，通过水蒸气和化学交联提高 PVA 的过滤性能。Cao 等[96]在双层 PAN 膜中加入黄麻纤维的纳米晶，提高了亚微米纤维纱窗的力学性能。聚偏氟乙烯（PVDF）是一种优良的膜材料，具有良好的稳定性和抗辐射性能[97]。Zárate 等[98]通过实验确定了制备 PVDF 膜所用的 PVDF/DMAc 和 PVDF/DMF 溶液体系的最佳浓度。Bottino 等[99-101]研究认为混合溶剂可以提高 PVDF 膜的孔径和孔隙率。

9.4.2 核孔膜防雾霾纱窗

利用核反应堆中的热中子使铀 235 裂变，裂变产生的碎片穿透有机高分子薄膜，在裂变碎片经过的路径上留下一条狭窄的辐照损伤通道。通道经氧化后，用适当的化学试剂蚀刻，即可把薄膜上的通道变成圆柱状微孔。控制核反应堆的辐照条件和蚀刻条件，就可以得到不同孔密度和孔径的核孔膜[102,103]。核孔膜防雾霾纱窗同时利用了气体分子高浓度向低浓度扩散的原理进行室内外气体交换，透气性较差，且很难满足透光性的要求[104]。

目前，核孔膜防雾霾纱窗的研究重点在于提高核孔膜的孔隙率，增加核孔膜的透气性能。蚀刻技术是核孔膜制备的关键技术，也是核孔膜防雾霾纱窗研究的重点[105,106]。蚀刻过程中有两个重要参数，即径迹蚀刻速率与体蚀刻速率。径迹蚀刻速率是指蚀刻液与沿潜径迹方向辐照产物的反应速率，体蚀刻速率是指蚀刻液与无辐照损伤区域的反应速率。

径迹蚀刻速率受很多因素的影响，如薄膜材料的性质、辐照条件（离子种类和离子能量等）、辐照后处理（敏化）、蚀刻条件（浓度、温度等），体蚀刻速率主要受温度和蚀刻液浓度的影响。

微孔的尺寸取决于体蚀刻速率和蚀刻时间，微孔的开角由径迹蚀刻速率与体蚀刻速率之比决定，当径迹蚀刻速率远大于体蚀刻速率时，形成接近于圆柱形的微孔[107]。南华大学屈国普教授团队通过在不同蚀刻液浓度和温度下进行蚀刻，获得关于蚀刻速率与蚀刻条件的关系的认识，从而可以通过温度和浓度调节达到控制核孔膜孔径和孔型的目的。他们制备出了具有更接近圆柱形微孔的核孔膜[108]。图 9-13 为核孔膜防雾霾纱窗结构图。

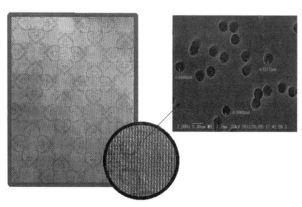

图 9-13　核孔膜防雾霾纱窗[108]

参 考 文 献

[1] 韩旸，白志鹏，袭著革. 室内空气污染与防治(第二版)[M]. 北京：化学工业出版社，2020.

[2] Wang Y，Wild O，Chen H，et al. Acute and chronic health impacts of PM 2.5 in China and the influence of interannual meteorological variability[J]. Atmospheric Environment，2020，229：117397.

[3] 车凤翔. 现代空气微生物学及采检鉴技术[M]. 北京：军事医学科学出版社，2010.

[4] 闵航. 微生物学[M]. 杭州：浙江大学出版社，2019.

[5] Zhong S，Zhang L，Jiang X，et al. Comparison of chemical composition and airborne bacterial community structure in PM2.5 during haze and non-haze days in the winter in Guilin, China[J]. Science of the Total Environment，2019(655)：202-210.

[6] Zhang Y，Wu D，Kong Q，et al. Exposure level and distribution of airborne bacteria and fungi in an urban utility tunnel：A case study[J]. Tunnelling and Underground Space Technology，2020，96：103215. 1-103215. 11.

[7] 侯立安. 看不见的室内空气污染[M]. 北京：中国建材工业出版社，2020.

[8] 吕阳，卢振. 室内空气污染传播与控制[M]. 北京：机械工业出版社，2014.

[9] Zhao G，Zou J，Zhang T，et al. Recent progress on removal of indoor air pollutants by catalytic oxidation[J]. Reviews on Environmental Health，2020，35(4)：311-321.

[10] Bai Y，Huo L，Zhang Y，et al. A spatial fractional diffusion model for predicting the characteristics of VOCs emission in porous dry building material[J]. Sicence of the Total Envi-

ronment，2020，704：135342. 1-135342. 6.

[11] Becerra J A，Lizana J，Gil M，et al. Identification of potential indoor air pollutants in schools[J]. Journal of Cleaner Production，2020，242：118420. 1-118420. 19.

[12] Basu A K，Byambasuren T，Chau N H，et al. Cooking fuel choice，indoor air quality and child mortality in india[M]. Social Science Electronic Publishing，2020.

[13] Angelova R A，Stankov P，Markov D，et al. Human as a physiological source of deterioration of the air quality and comfort conditions indoors[C]. CBU International Conference Proceedings. ISE Research Institute 2019.

[14] Kosmider L，Cox S，Zaciera M，et al. Daily exposure to formaldehyde and acetaldehyde and potential health risk associated with use of high and low nicotine e-liquid concentrations[J]. Scientific Reports，2020，1(10)：6546.

[15] Schachter E N，Rohr A，Habre R，et al. Indoor air pollution and respiratory health effects in inner city children with moderate to severe asthma[J]. Air Quality Atmosphere and Health，2020，2(13)：247-257.

[16] Mathew J，Goyal R，Taneja K K，et al. Air pollution and respiratory health of school children in industrial，commercial and residential areas of Delhi[J]. Air Quality，Atmosphere & Health，2015，4(8)：421-427.

[17] Hirsch T，Weiland S K，Mutius E V，et al. Inner city air pollution and respiratory health and atopy in children[J]. European Respiratory Journal，2010，14：669-677.

[18] Park J K，Xiao Y，Ramuta M D，et al. Pre-existing immunity to influenza virus hemagglutinin stalk might drive selection for antibody-escape mutant viruses in a human challenge model[J]. Nature Medicine，2020，26：1-7.

[19] Safa F，Chaiton M，Mahmud I，et al. The association between exposure to second-hand smoke and sleep disturbances：A systematic review and meta-analysis[J]. Sleep Health，2020，6(5)：702-714.

[20] Bi C，Chen Y，Zhao Z，et al. Characteristics，sources and health risks of toxic species (PCDD/Fs，PAHs and heavy metals) in PM2. 5 during fall and winter in an industrial area[J]. Chemosphere，2020(238)：124620.

[21] Javier G，Richardus K N J，Cristina P，et al. A state-of-the-art review on indoor air pollution and strategies for indoor air pollution control[J]. Chemosphere，2020，262：128376.

[22] Polley J R，Winkler C A，Nicholls R V V. Studies on the formation of hexamine from formaldehyde and ammonium salts in aqueous solution[J]. Canadian Journal of Research，1947，25：525-534.

[23] 日本空气清净协会. 室内空气净化原理与实用技术[M]. 北京：机械工业出版社，2016.

[24] 建晓朋，许伟，侯兴隆，等. 活性炭改性技术研究进展[J]. 生物质化学工程，2020，54(5)：66-72.

[25] Han L，An X，Zhang P，et al. The removal of formaldehyde via visible photocatalysis using the black TiO_2 nanoparticles with mesoporous[J]. ChemistrySelect，2020，1(5)：97-103.

[26] An Y，Fu Q，Zhang D，et al. Performance evaluation of activated carbon with different pore sizes and functional groups for VOC adsorption by molecular simulation[J]. Chemosphere，2019，227：9-16.

[27] Rangkooy H A，Jahani F，Ahangar A S. Photocatalytic removal of xylene as a pollutant in the air using ZnO-activated carbon，TiO_2-activated carbon，and TiO_2/ZnO activated carbon nanocomposites[J]. Environmental Health Engineering and Management 2020，7（1）：41-47.

[28] Filho B M D C，Silva G V，Boaventura R a R，et al. Ozonation and ozone-enhanced photocatalysis for VOC removal from air streams：Process optimization，synergy and mechanism assessment[J]. Science of the Total Environment，2019，687：1357-1368.

[29] 梁文俊，李晶欣，竹涛. 低温等离子体大气污染控制技术及应用[M]. 北京：化学工业出版社，2016.

[30] Oda T，Kumada A，Tanaka K，et al. Low temperature atmospheric pressure discharge plasma processing for volatile organic compounds[J]. Journal of Electrostatics，1995，35：93-101.

[31] Yamamoto T，Asada S，Iida T，et al. Nobel NO_x and VOC treatment using concentration and plasma decomposition[C]. Industry Applications Society Meeting 2010.

[32] 吴祖成. 等离子体-催化协同治理有机废气研究[D]. 杭州：浙江大学，2001.

[33] 晏乃强，吴祖成，谭天恩. 脉冲电晕放电治理有机废气的研究——放电反应器结构[J]. 上海环境科学，2000(6)：278-281.

[34] 欧阳萍. 低温离子放电技术在室内空气净化方面的运用[J]. 科技经济导刊，2020，28：56-57.

[35] 任平康，常静，穆国华. 空气净化器的结构设计与创新[J]. 轻工科技，2020，36(10)：76-78.

[36] Peng C，Ni P，Xi G. Evaluation of particle penetration factors based on indoor PM 2.5 removal by an air cleaner[J]. Environmental Science and Pollution Research，2020，27（27）：8395-8405.

[37] Sharma R，Balasubramanian R. Evaluation of the effectiveness of a portable air cleaner in mitigating indoor human exposure to cooking-derived airborne particles[J]. Environmental Research，2020，183：109192.

[38] 季英波. 滤网式空气净化器性能研究[D]. 济南：山东建筑大学，2020.

[39] 许钟麟，冯昕，张益昭，等. 空气净化器环境测试舱自然衰减影响因素-关于空气净化器几个问题的探讨(3)[J]. 暖通空调，2017，47(8)：11-13.

[40] 沈栋梁. 空气净化器结构设计[J]. 中国新技术新产品，2020，6：67-69.

[41] 张乐. 常见室内空气净化技术的评价研究[J]. 广东化工，2020，47：140-144.

[42] Yoda Y，Tamura K，Adachi S，et al. Effects of the use of air purifier on indoor environment and respiratory system among healthy adults[J]. International Journal of Environmental Research and Public Health，2020，17(10)：3687.

[43] 中国国家标准化管理委员会. 空气净化器：GB/T 18801—2015[S]. 北京：中国标准出版社，2015.

[44] 中华人民共和国建筑工业行业标准. 空气净化器污染物净化性能测定：JG/T 294—2010 [S]. 北京：中华人民共和国住房和城乡建设部，2010.

[45] 许钟麟. 空气洁净技术原理[M]. 北京：科学出版社，2014.

[46] Osborne M W，Gail L，Ruiter P，et al. Applied membrane air filtration technology for best energy savings and enhanced performance of critical processes[C]. AAF International，2012.

[47] Burton N C，Grinshpun S A，Reponen T. Physical collection efficiency of filter materials for bacteria and viruses[J]. Annals of Occupational Hygiene，2007，51：143-510.

[48] Jiang D，Zhang W，Liu J，et al. Filtration and regeneration behavior of polytetrafluoroethylene membrane for dusty gas treatment[J]. Korean Journal of Chemical Engineering，2008，25：744-753.

[49] Feng S，Li D，Low Z X，et al. ALD-seeded hydrothermally-grown Ag/ZnO nanorod PTFE membrane as efficient indoor air filter efficient indoor air filter[J]. Journal of Membrane Science，2017，531：86-93.

[50] Choi Y H，Lee J，Khang D Y. A reusable，isoporous through-hole membrane filter for airborne particulate matter removal[J]. Journal of Membrane Science，2020，612：118474.

[51] 陈宜华，王峰，陈颂，等. PTFE 微孔膜滤料及其除尘器在选矿除尘系统中的应用[J]. 现代矿业，2019，35：244-251.

[52] 丁彬，俞建勇. 静电纺丝与纳米技术[M]. 北京：中国纺织出版社，2011.

[53] 刘钟郊，李辉. 国产膜过滤设备的应用与研究[J]. 黑龙江医药，2004，4：306.

[54] Liddament M W. A review of ventilation and the quality of ventilation air[J]. Indoor Air，2000(10)：193-199.

[55] 谢伟，祁得运. 基于控制室内 PM2.5 的新风系统设计探讨[J]. 洁净与空调技术，2018 (4)：76-78.

[56] 叶霖，陈伟君. 双向流新风系统在健身房的应用 [J]. 建筑热能通风空调，2018，37(10)：67-68.

[57] Chao C Y H，Wan M P，Cheng E C K. Penetration coefficient and deposition rate as afunction of particicle size in non-smoking naturally ventilated residences[J]. Atmospheric Environment，2003，37：4233-4241.

[58] 王军. 室内通风与净化技术[M]. 北京：中国建筑工业出版社，2020.

[59] 唐中华. 通风除尘与净化[M]. 北京：中国建筑工业出版社，2020.

[60] 王军亮，王清勤，林常青. 北京地区办公建筑室内颗粒物质量浓度分布特征[J]. 暖通空调，2017，47：113-118.

[61] Halek F，Boghozian S，N. A. Simultaneous size distributionstudy of indoor and outdoor particulates in Tehran[J]. Journal of Aerosol Science，1990，21：361-364.

[62] Lange C，D R. Particle size specific indoor/outdoor measurement[J]. Journal of Aerosol

Science，1995，26：519-520.

[63] 陈剑波，刘妍妍，汪洪涛. 置换新风系统室内颗粒物扩散及分布规律[J]. 建筑节能，2019，47(5)：11-17.

[64] 李岩. 空调房间污染物的分布特性研究[D]. 哈尔滨：哈尔滨工程大学，2008.

[65] 胡松涛，叶必朝，王刚等. 变频多联机与组合通风系统的联合应用研究[C]. 中国建筑学会建筑热能动力分会学术交流大会，2007.

[66] Yan W，Tung T C W，Niu J-L. On-site measurement of tracer gas transmission between horizontal adjacent flats in residential building and cross-infection risk assessment[J]. Building and Environment，2016(99)：13-22.

[67] Yaghoubi M A，Knappmiller K D，Kirkpatrick A T. Three-dimensional numerical simula-tion of air contamination dispersal in a room[C]. American Society of Heating，Refrigera-ting and Air-Conditioning Engineers，Inc.，Atlanta，GA1995.

[68] 原斌斌. 办公建筑室内 $PM_{2.5}$ 净化策略研究[D]. 南京：南京理工大学，2017.

[69] Mundt E. Non-buoyant pollutant sources and particles in displacement ventilation[J]. Building and Environment，2001，36(7)：829-836.

[70] Zhao B，Zhang Z，Li X. Numerical study of the transport of droplets or particles generated by respiratory system indoors[J]. Building and Environment，2005，40：1032-1039.

[71] Lin Z，Chow T T，Fong K F，et al. Comparison of performances of displacement and mix-ing ventilations. Part II：Indoor air quality[J]. International Journal of Refrigeration，2005，28(2)：288-305.

[72] 祝琦琦. 不同送风方式下室内气流组织及颗粒物分布的模拟实验研究[D]. 济南：山东建筑大学，2019.

[73] Yit J E，Chew B T，Yau Y H. A review of air filter test standards for particulate matter of general ventilation[J]. Building Service Engineering，2020，41(6)：758-771.

[74] Park D H，Joe Y H，Piri A，et al. Determination of air filter anti-viral efficiency against an airborne infectious virus[J]. Journal of Hazardous Materials，2020，396：122640.

[75] Pei J，Ji L. Secondary VOCs emission from used fibrous filters in portable air cleaners and ventilation systems[J]. Building and Environment，2018，142：464-471.

[76] Wang C，Yan K，Wang J，et al. Electrospun polyacrylonitrile/polyvinyl pyrrolidone com-posite nanofibrous membranes with high-efficiency PM2.5 filter[J]. Journal of Polymer Engineering，2020，40：487-493.

[77] 郑玉婴，蔡伟龙，汪谢，等. 无胶热压聚四氟乙烯覆膜高温滤料[J]. 纺织学报，2013，34(8)：22-26.

[78] Kim M W，An S，Seok H，et al. Transparent metallized microfibers as recyclable electro-static air filters with ionization[J]. ACS Applied Materials & Interfaces，2020，22(12)：25266-25275.

[79] Cao M，Gu F，Rao C，et al. Improving the electrospinning process of fabricating nanofi-brous membranes to filter PM2.5[J]. Sicence of the Total Environment，2019，666：1011-

1021.

[80] 郑佳文，吴会永，李强，等. 防雾霾纱窗对微细颗粒的过滤性能研究[J]. 工业安全与环保，2019，45(2)：54-58.

[81] 黄思聪，赵军，陈松. 一种防雾霾空气净化纱窗：CN211448465U[P]. 2020-09-08.

[82] 于森，龙云泽，拉马克瑞斯纳·西拉姆. 车用防雾霾纱窗：CN111605386A[P]. 2019-12-06.

[83] 胡伟，宛立，孙长才. 一种防雾霾纱窗和防雾霾纱窗组：CN210598768U[P]. 2020-05-22.

[84] 张伟，刘波，杨炳耀，等. 静电除尘式防雾霾纱窗除尘试验及效率分析[J]. 西安工业大学学报，2016，36(6)：456-460.

[85] 韩东颖，李征，宋宝星，等. 静电技术在防尘纱窗中的应用[J]. 科技资讯，2014，12：1-2.

[86] 胡宝继. 聚氨酯驻极体纳米纤维的制备与防雾霾纱窗应用[D]. 郑州：中原工学院，2019.

[87] 高婧. 光致变色防雾霾亚微米纤维纱窗的制备及性能研究[D]. 上海：东华大学，2018.

[88] Jeong S，Cho H，Han S，et al. High efficiency，transparent，reusable，and active PM2.5 filters by hierarchical Ag nanowire percolation network[J]. Nano Letters，2017，7(17)：4339-4346.

[89] Zhang S，Liu H，Tang N，et al. Highly efficient，transparent，and multifunctional air filters using self-assembled 2D nanoarchitectured fibrous networks[J]. ACS Nano，2019，11(13)：13501-13512.

[90] Tijing L D，Choi W，Jiang Z，et al. Two-nozzle electrospinning of (MWNT/PU)/PU nanofibrous composite mat with improved mechanical and thermal properties[J]. Current Applied Physics，2013，13：1247-1255.

[91] Wang S，Liu Q，Zhang Y，et al. Preparation of a multifunctional material with super hydrophobicity，super paramagnetism，mechanical stabilityand acids － bases resistance by electrospinning[J]. Applied Surface Science，2013，279：150-158.

[92] Ding Y，Di W，Jiang Y，et al. The morphological evolution，mechanical properties and ionic conductivities of electrospinning P(VDF-HFP) membranes at various temperatures[J]. Ionics，2009，15：731-734.

[93] 娄莉华. 高效低阻 PAN 静电纺微纳米滤膜制备与性能研究[D]. 上海：东华大学，2016.

[94] 吴清鲜. 静电纺丝法制备聚丙烯腈基纳米纤维纱及其预氧化[D]. 天津：天津工业大学，2014.

[95] Wang X，Zhang K，Yang Y，et al. Development of hydrophilic barrier layer on nanofibrous substrate as composite membrane via a facile route[J]. Journal of Membrane Science，2010，356：110-116.

[96] Cao X，Huang M，Ding B，et al. Robust polyacrylonitrile nanofibrous membrane reinforced with jute cellulose nanowhiskers for water purification[J]. Desalination，2013，316：120-126.

[97] 蔡新海，肖通虎，陈珊妹. PVDF 热致相分离法成膜体系铸膜液流变性能研究[J]. 膜科学与技术，2015，35(3)：7-14.

［98］Zárate J M O D，Pen～A L，Mengual J I. Characterization of membrane distillation membranes prepared by phase inversion［J］. Desalination，1995，100：139-148.

［99］Bottino A，Camera-Roda G，Capannelli G，et al. The formation of microporous polyvinylidene difluoride membranes by phase separation［J］. Journal of Membrane Science，1991，57：1-20.

［100］Bottino A，Capannelli G，Monticelli O. Poly(vinylidene fluoride) with improved functionalization for membrane production［J］. Journal of Membrane Science，2000，166（1）：23-29.

［101］Bottino A，Capannelli G，Munari S，et al. High performance ultrafiltration membranes cast from LiCl doped solutions［J］. Desalination，1988，68：167-177.

［102］张林. 核孔膜制备及其在茶水过滤中的应用研究［D］. 兰州：中国科学院大学（中国科学院近代物理研究所），2018.

［103］吕晓莉，刘昕，方伟明，等. 高效滤霾核孔膜滤片及高效滤霾核孔膜口罩：CN103830980A［P］. 2014-06-04.

［104］杨文静. 会呼吸的功能核孔膜［J］. 纺织科学研究，2015，9：32-33.

［105］王洋，曲华，莫丹. 核孔膜孔径测量和过滤效果研究［J］. 核技术，2016，1(39)：38-42.

［106］Wu X，Li H，Hao X，et al. Manufacture of polyimide micron-hole separation membrane by electron beam etching［J］. Journal of Radiation Research & Radiation Processing，2007，25：345-349.

［107］周敏兰. 用核孔膜制备纳米银和纳米钯的研究［D］. 上海：东华理工大学，2016.

［108］左振中. PET核孔膜蚀刻因素影响研究［D］. 衡阳：南华大学，2014.

第 10 章

气体净化膜在医疗领域的应用

10.1 概述

膜技术的出现和应用，不仅使传统化工分离的概念及过程发生了革命性的改变，而且在许多新兴领域，如医疗卫生行业中也得到了逐步的推广和应用。

用于医疗保健方面的分离膜可简称为医用膜。医用膜种类繁多且应用广泛，从医疗气体净化膜、气体选择性透过膜、医用（输、注器具用）微孔过滤膜，到人工器官膜均有涉及。其中，医用膜技术最受关注且发展相对成熟的是人工器官膜，主要涉及人工皮肤、血液透析膜、人工心瓣膜与血液供氧膜等[1-2]。

气体净化膜作为医用膜中的一种，在医疗环境净化以及医用器具方面均有涉及。医用气体净化膜多为多孔过滤膜材料，相较于一般的多孔膜材料有更高的要求，比如，这些膜材料除了要满足一般的化学性能（如酸碱度、重金属含量及溶出物等）要求之外，还必须满足具有良好的生物相容性、细胞相容性、溶血率不得超过 5% 、无细胞毒性等要求。

目前常用的医用膜材料见表 10-1。

表 10-1 医用膜的种类及举例[3]

种类		举例
纤维素膜	再生型（未改良型）	铜仿膜、生物流膜、再生纤维素膜、皂化纤维素膜、纤维素酯型
	改良型	醋酸纤维素膜、双醋酸纤维素膜、三醋酸纤维素膜
	表面涂层型	生物纤维素膜、聚乙二醇纤维素膜
	合成改良型	血仿膜、SMC

续表

种类		举例
聚合物膜	天然亲水性	聚乙烯醇膜
	过程亲水化	聚丙烯腈膜、聚甲基丙烯酸甲酯膜、聚碳酸酯膜
	混合亲水化	聚酰胺、聚砜、聚醚砜
	处置亲水化	聚砜 PSF-K、聚砜 PU-S

10.2　医用（输、注器具用）气体净化膜

静脉输液治疗在现代临床治疗中占有重要地位。据统计，90%～95%的住院患者需要进行静脉输液治疗，国内目前一次性输液器的年使用量高达 50 亿支。研究表明，在输液过程中，病房中的尘埃、细菌、纤维等在输液时可能会随着排气管进入液体造成污染而引起血管栓塞、静脉炎、过敏反应等[4]。20 世纪 30 年代，已经有学者研究输液中微粒的危害；50 年代，通过电子显微镜可以检测微粒的大小；60～70 年代，学者们对输液微粒造成临床危害已经达成共识。

在输液过程中，不同的输液速度会影响到治疗效果，临床实验表明成人输液速度宜在每分钟 40～60 滴，最高不超过每分钟 100 滴。GB 8368—2018 标准规定[5]，输液器在 1m 高度的静压下 10min 输出 0.9% 氯化钠溶液应不少于1000mL。为了保证正常的输液速度，输液器中需要空气进入以维持输液瓶内外压力平衡，为了消除空气中的细菌、悬浮颗粒物等对药液的污染，输液需要采用精密输液器。

精密过滤输液器一般由静脉针、输液软管、药液过滤器、流速调节器、滴壶、进气管空气过滤器等组成（图 10-1）。对于进气管空气过滤器，中国医药行业标准 YY 0770.2—2009 有着明确要求[6]，即医用输液、注器具用过滤材料第 2部分：空气过滤材料。具体要求如表 10-2 所示。

表 10-2　空气过滤材料的要求

性能	指标
过滤效率	对空气中 0.5μm 以上的微粒过滤效率≥95%
单位面积流出量	阻水压>15kPa
疏水性能	每平方毫米 10min 流出量不低于标称值
气压传递性	传递 10kPa 气压所需时间≤3s

目前国内的输液器普遍选用玻璃纤维布为基材进行空气过滤。玻纤是以玻璃为原料，经高温熔融、拉丝的工艺制成的，具有耐温、耐湿等性质。但是玻纤本身为亲水材料，容易被水浸润堵孔，导致透气量下降。在用于输液器净化材料

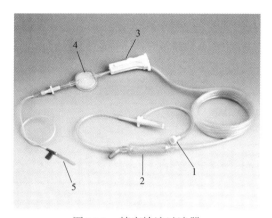

图 10-1 精密输液过滤器

1—进气管空气过滤器；2—滴壶；3—流速调节器；4—药液过滤器；5—静脉针

时，必须对玻璃纤维布进行疏水处理。含氟聚酯是常用的有效表面疏水剂，将氟酯乳液均匀涂在材料表面，经高温热处理使氟碳链直立排列而形成疏水膜。采用氟酯处理的玻纤无纺布可以达到超疏水的级别，能够满足透气及防止药液渗透的要求。但是玻璃纤维也有一定的局限性。其材质脆、不耐弯曲，在加工或使用过程中容易出现纤维的脱落，造成药液的污染。因此，需要选用新的材料代替玻纤材料[7-9]。

下面介绍代替玻纤材料的常用输液器空气过滤滤料。

（1）聚酯/聚四氟乙烯

聚四氟乙烯（PTFE）本身具有较好的疏水性能，耐热耐寒，抗酸碱，摩擦系数低，并且通过孔径调控可达到理想的过滤效率，是极好的输液用空气过滤材料。但是 PTFE 膜膜厚一般在 $10\mu m$ 以下，强度较低，需要聚酯等材料作为支撑体。李猛等[10]制备出 PTFE/（PET/PP）双组分复合膜材料，其过滤性能优异，对 $0.3\mu m$ 微粒的过滤效率高达 99.95%，过滤压降仅为 350Pa。

（2）聚丙烯/聚醚砜

聚醚砜（PES）是一种性能优良的膜材料，其分子中同时具有苯环的刚性、醚基的柔性及砜基与整个结构单元形成的大共轭体系，机械性能及成膜性能优异，近年来逐渐在空气过滤材料领域崭露头角。同时 PES 还具有一定的血液相容性，在人工器官领域具有很大潜力。王娇娜等[11]制备的 PP/PES 复合纤维膜，在纤维间引入适量 PES 微球，对 $0.33\mu m$ 微粒的过滤效率高达 99.99%。为了改善 PP/PES 膜材料的过滤性能，孙丽颖等[12]尝试引入 ZnO 和 SiO_2 等添加剂，发现 SiO_2 的引入能够有效提高材料的过滤性能。

（3）聚丙烯/聚偏氟乙烯

聚偏氟乙烯（PVDF）本身也具有很好的疏水性能，同时还具有良好的耐腐蚀和耐热性能，因此近年来 PVDF 材料在空气净化领域有着诸多应用研究。输液器用 PVDF 膜材料孔径分布均匀，孔径在 0.5～2μm 之间，透气性能好。表 10-3 为某科技公司的输液器用空气过滤 PVDF 膜与传统玻纤膜的技术参数对比。由表 10-3 可见，与传统玻纤膜材相比，PP/PVDF 膜在通气量上有着明显优势。

表 10-3   PVDF 膜与传统玻纤膜的技术参数对比

主要技术参数指标	聚丙烯/聚偏氟乙烯	玻纤
孔径/μm	0.5～2	0.7～1.9
气通量(0.01MPa)/[mL/(m² · h)]	4800	4200
膜厚度/μm	100～200	100～200
阻力/kPa	22	23

朱宝库等[7]提出采用耐温型疏水无纺布作为过滤基材，采用氟酯乳液浸涂并经热处理后生成纳米级的氟酯涂层，以此材料来作为输液器的空气过滤膜（图 10-2）。该膜材料孔隙率高达 80%，表面水接触角大于 150°，水的滚动角在 4°以下，阻水压高达 32kPa，保压后的气通量在 12L/h，表现出了极好的疏水性能和高气体渗透性能。由于在热处理过程中氟酯涂层和聚酯基材之间形成共价键，保证了膜层的稳定性，有效消除了膜层剥落的隐患。该材料在浙江省食品医药检测所进行了检测，检测结果表明氟酯涂层聚酯膜材料完全满足输液器空气过滤材料的要求。

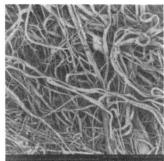

聚酯无纺布结构(处理前)　　　　聚酯无纺布结构(处理后)　　　　疏水化处理后接触角

图 10-2   氟酯涂层形成前后微观结构对比

10.3   口罩膜

自然界中病毒的形态各异，大多数病毒的尺寸在 10～300nm 之间，大型病毒如痘苗病毒直径为 200～300nm，中型病毒如流感病毒直径约 100nm，冠状病毒直径为 80～130nm，小型病毒如猪圆环病毒直径仅 17nm。病毒不能独自生存，需要依附一定的载体才能进行传播。空气传播途径主要有两种，即飞沫传播和气溶胶传播。空气中由病毒、细菌、真菌及其他生物副产物为组分的固态或液态颗粒称为生物气溶胶。区分飞沫和气溶胶的确切颗粒大小阈值，国际上尚未统一标准。WHO 和美国疾病预防和控制中心将直径>5μm 的颗粒划分为飞沫，将直径≤5μm 的颗粒划分为气溶胶。气溶胶可以通过呼吸道侵入人体而致病[13,14]。

2020 年新型冠状病毒肺炎的全球蔓延使得口罩成为了世界人民日常生活不可缺少的防护用品。截至 2021 年 7 月上旬，新冠肺炎累计确诊的病例已高达 1.811 亿例，死亡人数已超过 390 万。新冠病毒的传播途径主要有飞沫传播、气溶胶传播以及密切接触传播等，通过佩戴防护口罩以切断新冠病毒的传播途径是目前最有效的疫情防控手段。

10.3.1 静电驻极熔喷布过滤材料

医用外科口罩和 N95 型口罩主要依靠中间核心层——熔喷布发挥防护作用。中间层的熔喷布是采用聚丙烯原料通过熔喷法制得的随机纺线层叠的纤维膜，纤维直径 0.5～10μm，所形成的膜孔径小、孔隙率高。纤维膜可以通过扩散作用、惯性碰撞、沉降截留及静电吸附等拦截带有病毒的飞沫和气溶胶[15-23]。

熔喷工艺是将聚合物熔体从模头喷丝孔中挤出，形成熔体细流，加热的空气从模头喷丝孔两侧风道中高速吹出，对聚合物熔体细流进行拉伸。如图 10-3 所示，冷却器在模头下方补入，使纤维冷却结晶。熔喷技术的工艺流程短、生产效率高，但是典型的熔喷工艺制备的纤维直径最小一般为 1～2μm，纳米级纤维的制备仍是巨大的挑战[24,25]。

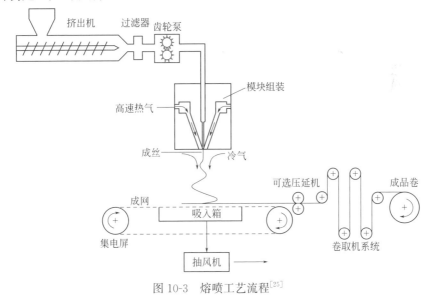

图 10-3　熔喷工艺流程[25]

近几年学者们通过各种办法来降低熔喷纤维直径。Deng 等[26]采用聚丙烯（PP）和聚苯乙烯（PS）为基料，通过一步法熔喷工艺制备出纳米纤维膜材料（图 10-4），其制备出的纤维直径最小为 300nm，且纤维之间的尺寸相差 30 倍，这是一种多尺度微/纳米型的材料。多尺度结构的存在不仅使 PP/PS 膜的过滤效率得到保障（99.87%），而且其过滤压降极低，仅为 37.73Pa。此研究为以后研究高性能低阻材料提供了可资借鉴的思路。

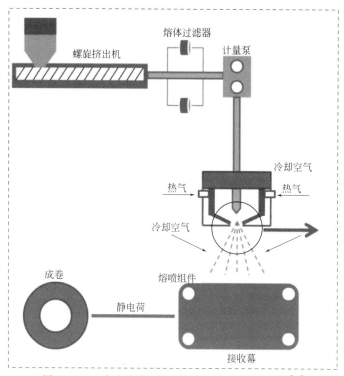

图 10-4 一步法熔喷工艺制备 PP/PS 纳米纤维膜[26]

所谓驻极体材料，即具有长期保留电荷的电解质，该电荷可以是因极化而被"冻结"的极化电荷，也可以是陷入表面或体内"陷阱"中的正负电荷，在无电场的作用下，能自身产生静电作用力。将聚丙烯材料和驻极体结合，在不提高过滤阻力的前提下，通过将静电吸附和物理隔离相结合，提升了口罩的过滤效率。但是在使用过程中，电荷量会随温度、环境湿度和时间的增加逐渐衰退，过滤效果也逐渐降低，这一问题的存在大大限制了驻极熔喷布的发展。

10.3.2 可重复性使用的膜材料

全球性口罩的短缺引发了学者们的关注，并激发了可重复性使用口罩材料的研发。仲兆祥等[27,28]研发的蜘蛛网状聚四氟乙烯膜材料具有独特的微孔结构，具有防水、透湿、耐腐蚀等优点，它可以有效抵抗微生物的渗透。该膜材料纤维直径为 $0.1\sim0.2\mu m$，纤维之间相互交错构成三维类蜘蛛网状结构，所形成的微孔尺寸范围为 $0.1\sim0.5\mu m$，无需加静电就能有效过滤 99％以上的非油性颗粒，有效拦截各种固体气溶胶、飞沫和病毒。该团队研究人员将膜材料在水中和 75％酒精中浸泡多次后，检测发现其过滤效率基本不受影响，均保持在 99％以上，这意味着该种膜材料口罩可以用水清洗或者酒精消毒后重复使用，大大增加了口罩的利用率。

Li 等[29]采用熔喷法制备出聚丙烯/聚碳酸酯（PPC）纤维膜材料，并且通过原位生长 ZIF-8 纳米晶体负载在纤维上（图 10-5）。PPC 纤维膜在负载 ZIF-8 后，对 $PM_{2.5}$ 的过滤效率达 91.68％，比纯 PPC 纤维膜提高了 32.83％，并且负载 ZIF-8 纳米晶体后过滤压降无明显变化。该膜材料在经过五次水洗-干燥试验后，$PM_{2.5}$ 的过滤性能仍高于 80.77％，为研究可重复使用的膜材料提供了简单而有效的方案。

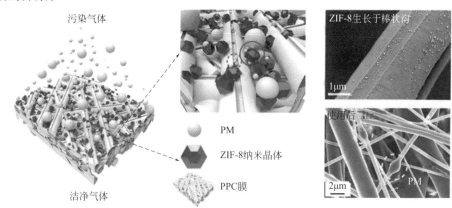

图 10-5　聚丙烯/聚碳酸酯（PPC）纤维膜示意图[29]

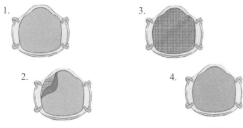

图 10-6　可重复使用的口罩更换示意图[30]

Nazek 等[30]研发出一种可重复使用的口罩，该口罩是在现有 N95 口罩的基础上贴合一层轻薄的多孔纳米聚酰亚胺膜，这层聚酰亚胺膜的孔径＜5nm，且具有疏水性能。在日常使用过程中，只需更换这层多孔纳米膜就能实现口罩的重复利用（图 10-6）。

Horvath 等[31]通过对口罩材料的重复使用性能研究发现，在口罩材料膜中引入 TiO_2 纳米线，可以通过光催化来杀灭细菌病毒等，进而实现口罩的重复利用。这种基于 TiO_2 纳米线的口罩可重复使用 1000 次以上。目前这种口罩已经得到了初步的应用（图 10-7）。

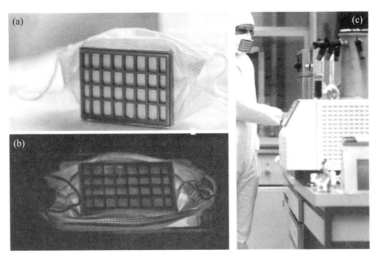

图 10-7　TiO₂ 纳米线口罩实物图、光催化杀菌过程及现实使用场合[31]

10.3.3　静电纺纳米纤维膜过滤材料

静电纺丝技术是利用电场力对位于高压电场中的纺丝溶液或熔体射流进行牵伸的纺丝方法，所得的纳米纤维呈无序状沉积在接收装置上，形成具有大量微孔的纳米纤维膜材料。静电纺丝技术制备的纤维直径可低至 5nm，比表面积大，孔径大小均匀，可实现对小颗粒的高效、低阻过滤。

为了获得更好性能的膜材料，相关学者通过生成特殊的微观结构来提高纳米纤维膜的性能。如 Wang 等[32]采用聚乳酸（PLA）为基料，通过静电纺丝法制备出多孔串珠聚乳酸纳米纤维膜材料。这种膜材料具有特殊的串珠状结构（图 10-8）且其过滤性能极佳，对 260nm 的气溶胶粒子的过滤效率高达 99.997％，而压降仅为 165.3Pa。

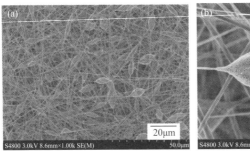

图 10-8　多孔串珠聚乳酸纳米纤维膜微观结构[32]

Li 等[33]采用静电纺丝工艺成功制备出一种新型的聚偏氟乙烯（PVDF）纳米纤维膜材料，该材料具有独特的树状纳米纤维网结构（如图 10-9）。这种树状结构的粗干纤维起着膜骨架的支撑作用，为膜提供较好的机械性能；细枝纤维起着连接枝干作用，可以有效减小膜孔径（最小达 5～10nm），同时可以增加纤维和粉尘颗粒间的范德华力，使得膜材料具有优异的过滤性能。0.26μm 的氯化钠颗粒过滤实验表明，该树状纳米纤维膜的过滤效率高达 99.999%，过滤压降仅为 124.2Pa。

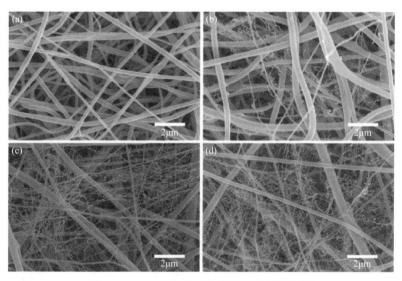

图 10-9 PVDF 树状纳米纤维膜微观结构[33]

除了利用特殊微观结构外，一些学者还发现借助石墨烯或者纳米晶体也可以提高纤维膜的性能。如 Zhang 等[34]通过引入氧化石墨烯（GO）来提高过滤材料的性能，该团队使用聚丙烯腈（PAN）为基料，以石墨烯进行修饰，采用静电纺丝工艺制备出 PAN/GO 纳米纤维膜材料（图 10-10）。PAN/GO 纳米纤维膜对 $PM_{2.5}$ 的过滤效率达 99.6%，过滤压降仅为 117Pa，而纯 PAN 膜材料的过滤效率和过滤压降分别为 88.3%、462Pa。由此可见，通过石墨烯的修饰，PAN 膜材料的过滤效率和过滤压降都有着大幅度的优化。该团队还研究了 PAN/GO 膜材料使用过程中的稳定性能，在使用 100h 后，PAN/GO 膜材料的过滤效率为 99.1%，仅下降 0.5%。有关研究发现，石墨烯的引入还能提高口罩的抑菌效果。Huang 等[35]通过激光诱导石墨烯（LIG）技术，开发了一种 LIG 抗菌口罩，与传统口罩相比，抑菌率提高到约 81%。结合光热效应，在 $0.75kW/m^2$ 的太阳光辐照下，10min 内杀菌率可达到 99.998%。此外，通过对激光参数的精细控制，可实现 LIG 表面特性的精确调控，从而制备出以呼吸为动力的湿气发电器件。细菌或大气悬浮颗粒在 LIG 上的附着会改变 LIG 的表面特性，影响湿气诱导产生的电势，从而为口罩的污染状况提供判断信息。

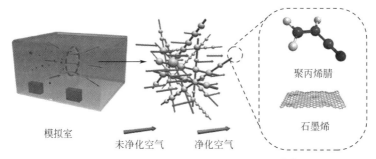

模拟室　　　未净化空气　　净化空气

聚丙烯腈

石墨烯

图 10-10　PAN/GO 纳米纤维膜示意图[34]

Lee 等[36]利用 PAN 纳米纤维和一种导电的金属有机骨架 MOF（Ni-CAT-1）材料通过水热反应制备出 MOF 涂层的纳米纤维膜材料（如图 10-11）。由于 MOF 具有比表面积大、功能丰富等特点，该膜材料不仅对 $PM_{2.5}$ 有很好的截留效果（＞99％），并且还能应用于高油烟的场所。由于该 MOF 材料具有导电性能，在使用过程中膜材料的电阻会随着呼吸流量的变化而变化，从而能够进行呼吸检测。

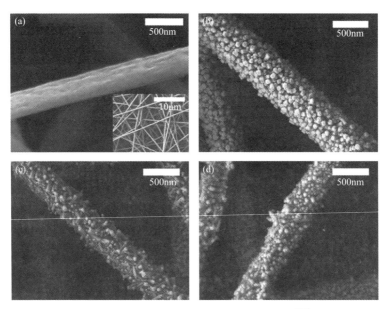

图 10-11　PAN/MOF 纳米纤维膜微观结构[36]

随着纳米科技的发展，近年来静电纺丝技术得到了突飞猛进的发展，国内也成立了众多静电纺丝研究机构。东华大学丁彬教授团队开发的蛛网结构电纺膜对细小颗粒具有很高的过滤效率；北京理工大学王博教授团队利用 MOFilter 技术开发病毒杀灭材料催化空气中的分子氧，产生超氧自由基，能够实现对细菌、真菌、病毒等的高效杀灭[37]；吉林大学王策教授开发的纳米纤维材料在高温气体过滤领域也有很好的示范作用。一些科技型公司如重庆中纳科技、厦门中科贝斯达等已利用静电纺纳米材料生产出医用防护口罩。

气体净化膜在医疗领域除了上述两种典型的应用外，在医疗空气净化器、医疗用呼吸机空气过滤器等方面也有所应用。相信随着研究的不断拓展和深入，未来在医疗领域会有越来越多的气体净化膜产品出现。

参 考 文 献

[1] 邢卫红，顾学红. 高性能膜材料与膜技术[M]. 北京：化学工业出版社，2017.

[2] 王学松. 气体膜技术[M]. 北京：化学工业出版社，2010.

[3] 潘峰，段亚峰. 膜技术在人工脏器上的应用于展望[J]. 产业用纺织品，2003，2：21-24.

[4] 蒋勇，占盛鹤. 精密过滤输液器的原理与应用发展[J]. 医疗卫生装备，2012，33（6）：80-83.

[5] 一次性使用输液器重力输液式：GB 8368—2018[S]. 2018.

[6] 医用输液、注器具用过滤材料：YY 0770. 2—2009[S]. 2009.

[7] 朱宝库，银雪，梁治樱. 输液器用超疏水空气净化材料[C]. //2016 年中国-欧盟医药生物膜科学与技术研讨会论文集，2016：120-124.

[8] 张永华，杨守玉，朱宝库，等. 医用微孔过滤膜材料及器件料[C]. 第七届全国膜与膜过程学术报告会，2011：213.

[9] 张磊. 医用拒水透气空气膜的制备与性能研究[D]. 上海：东华大学，2018.

[10] 李猛，代子荇，黄晨，等. 聚四氟乙烯微孔膜/双组分熔喷材料复合空气滤材的制备与过滤性能[J]. 东华大学学报，2018，44（2）：174-181.

[11] 王娇娜，马利婵，李丽，等. 静电纺 PES 微球/纤维低阻复合空气过滤膜的研究[J]. 高分子学报，2014（11）：1479-1785.

[12] 孙丽颖，钱建华，沈伟坚，等. 无机添加剂对聚醚砜复合膜的结构与性能研究[J]. 现代纺织技术，2020，28（1）：11-17.

[13] 杨苏声，周俊初. 微生物生物学[M]. 北京：科学出版社，2004.

[14] 陈雪琴，李姗，张明顺，等. 生物学气溶胶研究进展[J]. 南京医科大学学报，2020，40（6）：783-788.

[15] 张星，刘金鑫，张海峰，等. 防护口罩用非织造滤料的制备技术与研究现状[J]. 纺织学报，2020，41（3）：168-174.

[16] 陈凤翔，翟丽莎，刘可帅，等. 防护口罩研究进展及其发展趋势[J]. 西安工程大学学报，2020，34（2）：1-12.

[17] 韩玲，胡梦缘，马英博，等. 医用非织造口罩材料及其新技术的研究现状[J]. 西安工程大学学报，2020，34（2）：20-26.

[18] 左双燕，陈玉华，曾翠，等. 各国口罩应用范围及相关标准介绍[J]. 中国感染控制杂志，2020，19(2)：109-116.

[19] 呼吸防护自吸过滤式防颗粒物呼吸器：GB 2626—2019[S]. 2019.

[20] 一次性使用医用口罩：YY/T 0969—2013[S]. 2013.

[21] 医用外科口罩：YY 0469—2011[S]. 2011.

[22] 医用防护口罩技术要求：GB 19083—2010[S]. 2010.

[23] 日常防护型口罩技术规范：GB/T 32610—2016[S]. 2016.

[24] 胡吉永. 防止结构成型学 2[M]. 上海：东华大学出版社，2016.

[25] Drabek J，Zatloukal M. Meltblown technology for production of polymeric microfibers nanofibers：A review[J]. Physical Review Fluids，2019，31(091301)：1-26.

[26] Deng N，He H，Yan J，et al. One-step melt-blowing of multi-scale micro/nano fabric membrane for advanced air-filtration[J]. Polymer，2019，165：174-179.

[27] 仲兆祥. 南工大膜科所用膜技术成果扛起战"疫"使命担当[J]. 膜科学与技术，2020(1)：63.

[28] 仲兆祥. 南工大研制出新型纳米蛛网仿生膜口罩[J]. 膜科学与技术，2020，41：64.

[29] Li T，Cen X，Ren H，et al. Zeolitic imidazolate framework-8/Polypropylene-Polycarbonate barklikemeltblown fibrous membranes by a facile in situ growth method for efficient $PM_{2.5}$ capture[J]. ACS AppliedMasterials&Interfaces，2020，12：8730-8739.

[30] Nazek E，Nadeem Q，Husa B，et al. Flexible nanoporous template for the design and development of reusable anti-COVID-19 hydrophobic face masksair-filtration[J]. ACS Nano，2020，14：7659-7665.

[31] Horvath E，Rossi L，Mercier C，et al. Photocatalytic nanowires-based air filter：Towards reusable protective masks[J]. Advanced Functional Materials，2020，30(2004615)：1-8.

[32] Wang Z，Zhao C，Pan Z. Porous bead-on-string poly (lactic acid) fibrous membranes for airfiltration[J]. Journal of Colloid and Interface Science，2015，441：121-129.

[33] Li Z，Kang W，Zhao H，et al. Fabrication of a polyvinylidene fluoride tree-like nanofiber web for ultra high performance air filtration[J]. RSC Advances，2016，6：91243-91249.

[34] Zhang C，Yao L，Yang Z，et al. Graphene oxide-modified polyacrylonitrile nanofibrous membranes for efficient air filtration [J]. ACS Applied Nano Materials，2019，2：3916-3924.

[35] Huang L B，Xu S Y，Wang Z Y. Self-reporting and photothermally enhanced rapid bacterial killing on a laser-induced graphene mask[J]. ACS Nano，2020，14：12045-12053.

[36] Lee H，Jeon S. Polyacrylonitrile nanofiber membranes modified with Ni-based conductive metal organic frameworks for air filtration and respiration monitoring[J]. ACS Applied Nano Materials，2020，3：8192-8198.

[37] Li P，Li J，Feng X，et al. Metal-organic frameworks with photocatalytic bactericidal activity for integrated air cleaning[J]. Nature Communications，2019，10(21771)：1-10.

第 11 章

膜技术在工业尾气净化中的应用

11.1 膜技术在粉尘超低排放领域的应用

11.1.1 膜技术应用于燃煤电厂粉尘超低排放

燃煤电厂烟气成分复杂，不仅含有大量的固体粉尘，还含有 SO_2、NO_x 等腐蚀性气体以及 O_2 和水蒸气等成分[1]。在中国经济腾飞的初级阶段，环保指标要求相对宽松，电除尘器因其处理烟气量大、适用于高温、高压、高湿的场合而得到很多电厂的青睐。但是进入 2010 年之后，随着环保意识的增强，除尘技术要求进一步提高，袋式除尘器成为国内治理工业粉尘和烟尘最有效的技术设备之一。然而在工业实施过程中，传统滤料逐渐暴露出它的一些不足，其对小粒径的粉尘截留率较低，无法满足最新的排放标准[2]。

传统滤料过滤粉尘时，由于滤料纤维间的孔隙较大，小粒径的粉尘易穿透滤料而无法被拦截，导致除尘效率较低，当滤饼层形成后，过滤效率能得到一定的提升，但是过滤阻力会显著增加[2,3]。膜材料将传统滤材的深层过滤方式转变为膜材料表面过滤模式。粉尘的过滤过程主要由膜层来实现，膜材料是立体网状、交叉微孔结构，没有直通孔，孔径在 $0.1 \sim 3.5 \mu m$，粉尘捕集效率更高。传统滤料过滤与膜过滤原理如图 11-1 所示[2]。

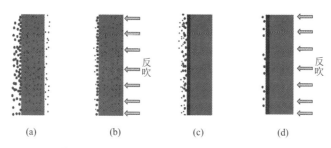

图 11-1　传统滤料（a，b）与膜材料（c，d）的粉尘过滤原理

11.1.1.1　燃煤锅炉膜法除尘器

该项目为常州某电厂 210t/h 燃煤锅炉超低排放改造项目，过滤材料采用有机复合滤膜，运行要求为：出口烟气粉尘排放浓度低于 $5.0mg/m^3$，除尘器运行压差低于 1200Pa。

（1）工艺概况

电厂工艺如图 11-2 所示，空气经预热器换热后进入锅炉与煤粉混合燃烧，燃烧后的烟气携带大量的粉尘颗粒物和气态污染物，经过脱硝、换热后进入除尘器，在除尘器内，粉尘颗粒物被过滤材料分离，烟气得到净化，除尘后的烟气再经过脱硫塔去除硫化物之后经烟囱排出[4,5]。工艺过程中，除尘器为分离粉尘颗粒物的主设备，其工作性能和稳定性对整个系统的运行至关重要。

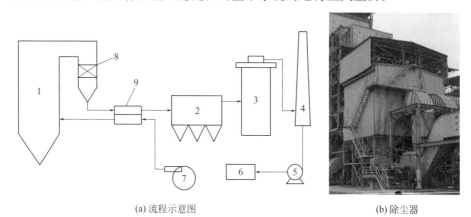

(a) 流程示意图　　　　　　　　　　　(b) 除尘器

图 11-2　燃煤电厂工艺流程示意图（a）与除尘器外观（b）

1—锅炉；2—除尘器；3—脱硫塔；4—烟囱；5—废水泵；6—废水处理装置；
7—鼓风机；8—SCR 脱硝；9—空气预热器

粉尘粒径是设计膜材料的重要依据，根据粉尘的粒径特征可以设计过滤膜材料的孔径。采用扫描电镜及粒径分析仪对工艺系统中的粉尘进行表征，结果如图 11-3 所示。从图中可以看出，粉尘有团聚现象，粒径大小不均，形貌为近似球形，为粒径基本介于 $0.5\sim3\mu m$ 的超细粉体。

(a) SEM照片

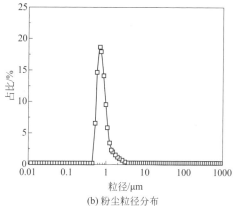

(b) 粉尘粒径分布

图 11-3 粉尘表征结果

（2）工艺参数设计

该工艺中的除尘器为膜法除尘器，设计运行寿命大于 3 年，过滤风速 0.6～1.2m/min；清灰方式采用电磁脉冲阀反吹，包含阻力控制及时间控制两种工作模式，阻力控制启动值设定为 1000Pa，时间控制设定值为 50min，反吹气体压力为 0.4MPa，项目工艺参数如表 11-1 所示。

表 11-1 工艺参数

项目	数值	项目	数值
烟气温度/℃	＜180	运行压差/Pa	＜1000
含氧量/%	＜10	寿命/年	＞3.0
湿度/%	6	过滤材质	有机复合膜材质
烟气量/(×10⁴m³/h)	40～45	滤材规格/mm	$\phi160\times7500$
过滤风速/(m/min)	0.6～1.2	喷吹方式	离线

（3）膜产品设计

除尘器的过滤性能主要取决于过滤膜产品的性能[6,7]，根据该工程的项目特点，除尘器的过滤材料采用 PPS 有机复合膜，膜孔径设计为 0.5μm，膜产品规格设计为 $\phi160mm\times7500mm$。膜产品的性能参数设计如表 11-2 所示。

表 11-2 膜产品性能参数

项目	数值	项目	数值
膜产品材质	PPS 有机复合膜材质	膜孔径/μm	0.5
膜产品规格/mm	$\phi160\times7500$	透气量(200Pa)/(m/min)	2～4
厚度/mm	1.8～2		

(4) 影响因素分析

影响除尘器运行性能的参数有烟气特性（包括气体温度、湿度、腐蚀性和爆炸性等）、粉尘特性（包括粉尘粒径、黏附性、吸湿性和爆炸性等）、膜产品性能（包括膜材料、膜孔径、透气率、厚度等）、运行参数（包括清灰方式、清灰周期、压缩空气压力等）和使用要求（包括使用寿命、运行阻力、排放要求、维护等），在此选择其中几项参数进行影响分析。

① 温度。温度是选择过滤产品最重要的影响因素。在选择膜材料时，要求其连续使用温度必须高于工况正常运行时的温度。对于气体温度波动剧烈的工况条件，宜选择相对较大的安全系数，工况的瞬间峰值温度不得超过膜材料使用温度的上限值[8]。该燃煤锅炉工艺正常运行温度低于180℃，因此可以选择PPS有机复合膜材料。

② 膜材料。复合膜材料的材质、孔径等，对材料过滤性能有着重要的影响。图11-4是对有机复合膜材料孔径表征的结果，膜材料的最可几孔径在0.5μm左右[9,10]，小于粉尘的平均粒径，而且孔径尺寸分布窄，说明孔的大小比较均匀，膜材料性能优异。

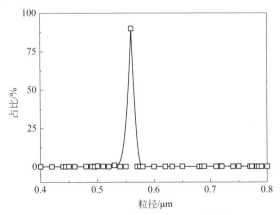

图 11-4　有机复合膜的孔径尺寸分布

图11-5为普通滤材与有机复合膜材料表面的扫描电镜照片，通过对比可以看出，普通滤材和膜材料均为纤维结构，但是前者的纤维直径更大，因交织而形成的孔尺寸不均，且基本为大孔，孔径超过50μm；有机复合膜材料的纤维直径小，孔更密且均一，平均孔径0.5μm左右。小而密的孔更有利于将粉尘捕集在材料表面，避免粉尘进入滤材内部堵塞过滤通道，也有利于反吹清灰。

图11-6为普通滤材和有机复合膜分别运行30个月后的扫描电镜照片。从图中可以看出，有机复合膜材料结构完好，材料内部比较洁净，没有粉尘污染，而普通滤材内部孔道已经被大量粉尘所堵塞，继续运行会增加设备阻力及运行能耗。因此，有机复合膜相较于普通滤材优势明显[11-13]。

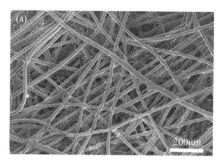 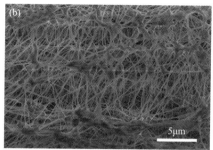

图 11-5　普通滤材表面电镜照片（a）与有机复合膜表面电镜照片（b）

 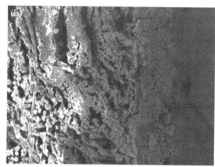

图 11-6　有机复合膜与普通滤材过滤后的扫描电镜照片
(a) 有机复合膜；(b) 普通滤材

③ 运行阻力。在除尘器运行期间（取 30 个月为一个考察周期），每隔一定时间，分别取普通滤材和有机复合膜滤材除尘器运行压差数据进行对比，结果如图 11-7 所示。从图中可以看出，在运行初期，普通滤材除尘器略占优势，普通滤材除尘器运行压差比有机复合膜滤材除尘器运行压差低 50Pa；然而运行 2 个月后，有机复合膜滤材即体现出非常明显的优势，并且在之后的时间里对普通滤材除尘器都保持着较高的优势。普通滤材除尘器运行压差在 30 个月时已经达到了 1300Pa，然而有机复合膜材料仍维持在 850Pa 左右。这主要是因为相较于普通滤材，膜材料孔径更小，在运行初期阻力更大，但是由于其属于表面过滤机理，因而在运行过程中清灰效果更好，膜过滤恢复更彻底，因此能够较长时间保持低能耗、高效率的运行状态[14]。

④ 排放水平。在除尘器运行期间，每隔一定时间（以 3 个月为一个考察周期），分别在普通滤材和有机复合膜滤材除尘器出口进行粉尘排放浓度检测，结果如图 11-8 所示。由图可以看出，普通滤材除尘器运行初期，粉尘排放浓度较高，运行 5 个月之后，粉尘排放浓度趋于稳定，维持在 20mg/m³。这主要是因为，在运行初期，普通滤材孔径较大，粉尘拦截效率不高，随着过滤的进行，大

量的粉尘进入滤材内部，导致滤孔被堵塞，因而过滤效率有所提高[14]。有机复合膜很好地避免了上述问题，从过滤开始即维持相对较低的阻力且其排放浓度比较稳定，始终低于 5.0mg/m³，基本维持在 3.0mg/m³ 水平。

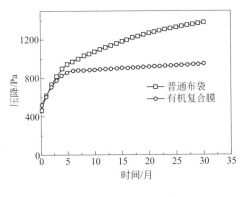

图 11-7　普通滤材与
有机复合膜滤材运行压差对比

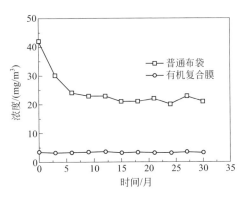

图 11-8　普通滤材与
有机复合膜滤材过滤效果对比

⑤ 经济效益。有机复合膜具有致密的微孔结构，属于表面过滤，可以将大部分的粉尘截留在膜表面，除尘更彻底，除尘效率可以达到 99.99%，烟气出口粉尘浓度低于 5.0mg/m³，并且过滤压降低、能耗少，不仅为企业节能，而且还可以延长除尘器的使用寿命，可提高企业的综合效益。膜法除尘器相对于普通的袋式除尘器运行阻力降低 400Pa 以上，同时可以降低引风机的功率，反吹周期长，减少了气体的用量，年节约费用达 100 余万元。膜法除尘器可以使锅炉产能增加 6% 以上，年新增产值 4100 余万元，经济效益明显。

11.1.1.2　燃煤烟气超低排放改造

该项目为连云港某电厂 3 号锅炉配套除尘器超低排放改造项目，过滤材料为有机复合膜。下面介绍膜法除尘器的运行情况。

（1）工艺概况

图 11-9 为电厂锅炉工艺系统示意图。该工艺为常规的燃煤电厂烟气净化工艺，包括 SCR 脱硝、中低温除尘、石膏法脱硫等。其中，除尘器为烟气颗粒物净化的主要设备，烟气量为 $3 \times 10^5 \, m^3/h$，入口粉尘浓度 25~30g/m³，烟气温度约 130℃。

烟气粉尘粒径分布如图 11-10 所示。可以看出，烟气粉尘粒径分布较宽，最可几粒径在 30μm，同时含有粒径在 0.1μm 左右的超细粉与粒径接近 1mm 的大颗粒物。

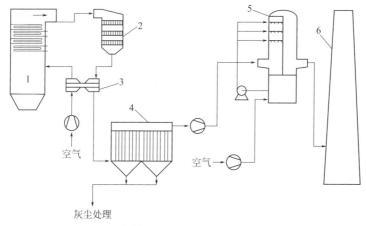

图 11-9　燃煤电厂锅炉系统工艺流程示意图
1—锅炉；2—SCR 反应器；3—空预器；4—除尘器；5—脱硫塔；6—烟囱

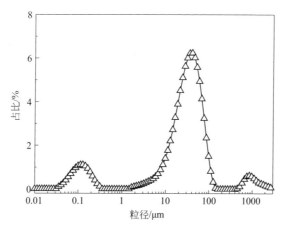

图 11-10　燃煤烟气粉尘粒径检测结果

（2）工艺设计

该工艺中的除尘器为膜法除尘器，设计运行寿命大于 3 年，过滤风速为 0.7~1.0m/min，清灰方式采用电磁脉冲阀反吹，包含阻力控制及时间控制两种模式，反吹阻力控制设定值为 800Pa，时间控制设定值为 30min，反吹压力为 0.45MPa，项目工艺参数如表 11-3 所示。

表 11-3　工艺参数

项目	数值	项目	数值
烟气温度/℃	130	烟气量/($\times 10^4 m^3/h$)	30
含氧量/%	10	过滤风速/(m/min)	0.7~1.0
湿度/%	11	运行压差/Pa	<800

项目	数值	项目	数值
寿命/年	>3.0	膜产品使用温度/℃	250
膜产品材质	改性 PTFE 复合膜材质	喷吹方式	离线
膜产品面密度/(g/m²)	550~845	反吹间隔/min	30

此系统烟气粉尘浓度大，除尘器在设计时考虑到粉尘烟气均布及粉尘有效去除的问题，将烟道布置在中间，更加有利于烟气在除尘器内的导流和均布，除尘器重量分布合理[15,16]，运行稳定（图 11-11）。

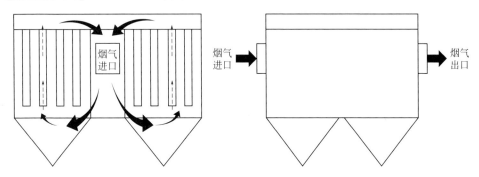

图 11-11　膜法除尘器

（3）影响因素及运行情况

① 含尘气体的湿度。含尘气体的湿度表示气体中含水蒸气的多少，通常用含尘气体中水蒸气的体积分数或相对湿度表示[17,18]。在烟气除尘领域，当水蒸气体积分数大于 10％或者相对湿度超过 80％时，称为湿含尘气体。对于湿含尘气体，在选择过滤产品及系统设计时，要尤其注意。因为水蒸气和化学气体同时存在时，会影响过滤产品的耐温性能，加速过滤产品的水解。同时，湿的含尘气体会使过滤产品表面的粉尘润湿黏结，尤其是对吸水性、潮解性粉尘，甚至会引起糊袋。

该项目除尘器运行期间，燃煤烟气中含有的水分长期保持在 10％以上，工艺运行过程会有一部分水分凝结在过滤材料表面并与灰尘结合导致过滤材料性能下降甚至报废。工况波动时和开、停机过程中影响尤为严重。传统滤材大多为亲水性滤材，容易导致粉尘黏结，对除尘器运行非常不利[1]。PTFE 改性膜产品具有很强的疏水特性，操作弹性大，工况适应能力强，不会导致糊袋等情况的发生。

② 油污的影响。燃煤电厂锅炉点炉时，常采用的点炉方式有重油（渣油）枪点火、轻油（柴油）枪点火、微油（少油）点火等方式。考虑到点炉过程中未充分燃烧的油污将会对除尘器布袋的过滤性能造成严重破坏，而且是不可逆的、致命的，厂家点炉一般都避免点炉烟气直接经新布袋过滤，最常用的选择就是走

旁路[4]。随着环保要求的提高，现在新建除尘器已经不允许设计旁路，这对除尘器过滤材料的性能提出了更高的要求。

改性 PTFE 膜材料不仅具有很强的疏水性，而且还有很强的疏油性，可以抗有机物污染。膜法除尘器点炉所产生的油烟直接走膜产品进行过滤。为了考验膜产品的耐受力，将点炉时间延长 4h，然后对膜产品的性能进行了考察，结果表明膜产品依然保持着良好的工作性能。

图 11-12 为燃煤电厂长期运行后膜产品及普通滤材的 SEM 照片。可以看出，粉尘没有进入膜内，只能被截留在膜面，说明膜产品抗污染性能高，不会被粉尘污染。

图 11-12　经长期运行后膜与普通滤材的扫描电镜表征照片
（a～c）为膜产品，其中（a）为膜表面图，（b）为膜面放大图，（c）为膜产品背面图；
（d～f）为普通产品，其中（d）为产品表面图，（e）为产品表面放大图，（f）为产品背面图

③ 操作弹性。在 7 月中旬除尘器调试稳定，在 11 月份将 3 号锅炉负荷提升到 300t/h，此时除尘器压差约 1200Pa；将锅炉负荷再次下调到 220t/h 左右时，除尘器压差迅速下降到 600Pa 以下（图 11-13）。除尘器运行压差随着锅炉负荷的降低而降低，表明膜产品抗负荷冲击力较强。膜产品耐负荷冲击力强，则操作弹性高。

④ 过滤效率。图 11-14 给出了分别采用改性 PTFE 复合膜材料与传统滤材的除尘器出口烟气粉尘排放浓度的检测结果。可以看出，采用传统滤材过滤时，刚开始粉尘排放浓度较高，经过 5h 之后，粉尘排放浓度逐渐趋于稳定，维持在 24mg/m³ 左右。采用改性 PTFE 复合膜材料进行过滤，开始运行后粉尘的排放浓度基本就稳定在 2mg/m³。造成这种结果的原因是两种材料的性质、结构和过滤机理等不同[13]。改性 PTFE 膜材料更适合苛刻环境下的烟气过滤，粉尘过滤效率高，耐酸碱，反吹效率高，使用寿命长，经济效益好[9,19]。

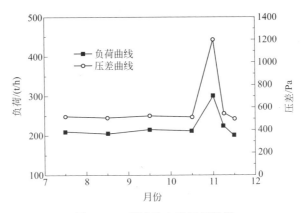

图 11-13 膜法除尘器运行数据

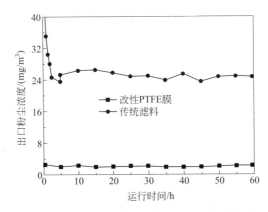

图 11-14 出口烟气粉尘浓度随运行时间的变化

⑤ 工作稳定性。表 11-4 为膜法除尘器膜产品与普通除尘器滤材的性能参数对比。可见，膜产品去灰后其各项性能指标均可以恢复，产品性能保持完好，性能稳定；而普通滤材去灰后其透气率及断裂伸长率等指标已低于国家标准，说明产品被污染、损坏严重，不宜再使用。

表 11-4 产品参数对比

项目	膜产品		普通滤袋	
	使用前	使用后	使用前	使用后
面密度/(g/m²)	555～845	576.00	500～600	735.00
厚度/(mm)	1.8～2.0	2.24	1.7	1.98
透气率(去灰前,200Pa)/(m/min)	—	1.32	—	1.12
透气率(去灰后,200Pa)/(m/min)	2～4	3.01	13	1.46
断裂伸长率 T/%	≥20	28.31	30	19.41
断裂伸长率 W/%	≥25	27.15	40	18.78

项目	膜产品		普通滤袋	
	使用前	使用后	使用前	使用后
断裂强力 T/N	≥1500	1676	≥1000	929
断裂强力 W/N	≥1800	2505	≥1200	1262

⑥ 节能降耗效果及经济评价。膜产品相对于普通的滤材产品具有非常明显的节能降耗优势。图 11-15 给出的是除尘器运行的压差与锅炉负荷的对应关系，其中 A 为采用普通滤材的除尘器运行数据，B 为采用有机复合膜产品除尘器的运行数据。从图中可以看出，在负荷基本相同的情况下，膜产品比普通滤材运行阻力降低约 400Pa。图 11-16 给出了引风机电流与锅炉负荷的对应关系，从图中可以看出，在锅炉负荷相似的情况下，引风机电流有比较明显的降低。

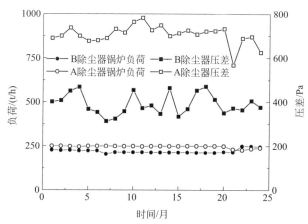

图 11-15　负荷与压差的对应关系图
A—采用普通滤材；B—采用有机复合膜

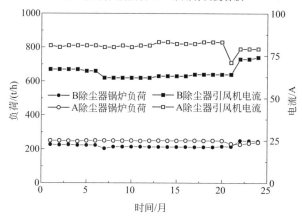

图 11-16　负荷与引风机电流的对应关系图
A—采用普通滤材；B—采用有机复合膜

通过数据采集和分析，采用膜法除尘器后，粉尘颗粒物排放浓度由原来的 $24mg/m^3$ 减排到 $2mg/m^3$，按年运行 8000h、烟气量 $300000m^3/h$ 计算可得，每年可减排粉尘颗粒物达 50t 以上，年节约用电量 $4.98×10^5kW·h$。

11.1.2 膜技术应用于废弃物烟气超低排放

随着中国经济的发展，各种废弃物的数量也越来越多。废弃物的种类繁多，若处理不好则危害极大。因此，废物处理越来越引起重视。废物处理包括生活垃圾处理、危险废物处理和医疗废物处理等。目前，废物焚烧是实现废物无害化、减量化和资源化最有效的方法之一[17]。世界上发达国家（如日本、瑞士等国），以焚烧方式处理的垃圾废物已占被处置废物总数的 70% 以上。虽然废物焚烧优势明显，但其同样有自身的局限性，比如焚烧产生的烟气需要处理，但是烟气成分复杂，参数变化频繁，污染物种类繁多，颗粒物难以有效去除，这些都是废物焚烧技术所面临的问题[18]。目前，袋式除尘器已经成为废物焚烧烟气净化的主流技术，以袋式除尘器为主体的烟气净化工艺有干法处理工艺和半干法处理工艺，其各自的优缺点及综合性能如表 11-5 所示[8]。

表 11-5 废物焚烧烟气净化干法与半干法处理工艺比较

项目	干法	半干法
处理工艺	急冷反应塔-尾气处理设施-袋式除尘器	制浆-脱气反应塔-袋式除尘器
原理	1)用气-水双流喷嘴喷雾急冷,调节喷水量控制烟气温度 2)通过调整配粉机转速将消石灰粉喷入急冷塔和烟道内,同时按需加入一定量反应助剂 3)烟气与吸附剂在烟道内和除尘器粉尘层发生中和吸附 4)利用除尘器将吸附剂与粉尘过滤、去除而达到净化	1)将水与消石灰混合制成石灰浆液,然后用特殊结构雾化器将制成的石灰浆液雾化 2)通过控制石灰浆喷入量和补充水的喷入量,控制酸气排放浓度,使得烟气在反应塔、烟道及除尘器粉尘层发生中和吸附 3)生成的大颗粒反应物降落到塔底排出 4)最终利用除尘器过滤层除尘、净化
去除效率 /%	HCl:≥90 SO_2:≥80 尘:≥99.5	HCl:90~95 SO_2:85~90 尘:≥99.5
排放浓度 /(mg/m³)	HCl:≤60 SO_2:≤200 NO_x:≤300 尘:≤50 二噁英(日均):≤0.1(ng-TEG/m³) 汞(日均):≤0.2 镉(日均):≤0.1 铅(日均):≤0.6	HCl:≤50 SO_2:≤150 NO_x:≤300 尘:≤50 二噁英(日均):≤0.1(ng-TEG/m³) 汞(日均):≤0.2 镉(日均):≤0.1 铅(日均):≤0.6

项目	干法	半干法
运行与控制	1)消石灰粉制备、输送系统简单,不存在设备腐蚀及管路积垢堵塞 2)系统及除尘器运行稳定、可靠 3)除尘器入口烟气温度和酸气排放浓度是两个独立的控制系统,互不影响	1)石灰浆液制备、输送系统复杂,调剂要求高,喷嘴易磨损,管道易堵塞 2)石灰浆液中的水分对烟气温度影响较大,当酸气成分的含量较高时,容易导致烟气温度过低而出现凝结水,最终导致"糊袋"现象,影响系统和除尘器正常运行
维护	1)系统全部处于干态环境下,所需要的动力设备少 2)系统设备故障因素少,损坏率较低 3)管理及维修方便,维护简便	1)系统处于半干态,所需要的动力设备较多 2)设备故障率较高,设备零部件容易损毁 3)维护管理工作量大,要求高
运行成本	1)脱酸率稍低,消耗一定量压缩空气 2)耗电量少 3)备品备件及维护费用较低	1)脱酸率稍高,但因多一道制液及输送工序,脱酸剂用量并不省 2)耗电、耗水量较多 3)备品备件及维护费用高
占地	较少	较多

垃圾焚烧过程中所产生的烟尘俗称飞灰,其特征如表 11-6 所示。从表中可以看出,烟气含湿量较大、飞灰质量轻,因此难以处理。实践表明,袋式除尘器才是最合理的选择,除尘器内所选用的滤材为有机复合膜材料,它的抗污染能力强,烟气净化性能优异[7,19]。

表 11-6 垃圾焚烧飞灰特点

项目	数值	项目	数值
粒径/μm	20~30	含尘浓度/(g/cm^3)	1.5~25
堆积密度/(g/cm^3)	0.3~0.5	含湿量/%	30~60

某垃圾废物焚烧厂烟气净化采用干法的处理工艺,工艺流程图如图 11-17 所示。烟气经过急冷塔降温后进入除尘器,在除尘器内与喷入的吸附剂发生中和吸附反应,吸附剂被除尘器截留,得到的净化尾气由烟囱排出。

除尘器设计处理烟气量 $4 \times 10^4 \, m^3/h$,运行温度 220℃,过滤材质为 PTFE 复合膜材料,系统参数见表 11-7。

表 11-7 垃圾焚烧炉烟气净化干法处理系统设计参数

项目	设计参数及设备选型	备注
锅炉出口烟气量/(m^3/h)	4×10^4	尾部设余热锅炉
烟气温度/℃	220	—
急冷塔喷水量/(m^3/h)	1032	—

项目	设计参数及设备选型	备注
出口烟气温度/℃	170	—
消石灰喷入量/(kg/h)	104	—
反应助剂添加量/(kg/h)	20	颗粒状化学物质
除尘器选型	复合膜脉冲袋式除尘器	—
过滤材质	PTFE复合膜	—
设备阻力/Pa	<1000	—

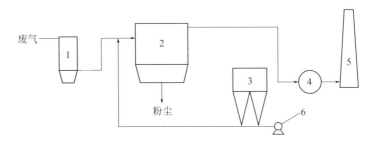

图 11-17　垃圾废物焚烧烟气净化干法处理工艺流程
1—急冷塔；2—除尘器；3—吸附剂储罐；
4—引风机；5—烟囱；6—给料泵

系统设计要点：

① 垃圾焚烧产生的烟气温度高达 600℃以上，有机滤材根本无法承受这个温度，因此在除尘器前设置急冷塔，利用急冷塔喷雾降温，严格控制进入除尘器的烟气温度低于 170℃，防止二噁英聚合。

② 喷雾设备由水-气两相雾化喷嘴和温度、湿度控制装置进行控制，反应塔设有保温、伴热装置，控制除尘器入口的烟气温度和湿度。

③ 系统中的吸附剂采用消石灰粉，用以脱除系统中的酸性气体、二噁英和重金属，同时在消石灰粉里面添加反应助剂以提高目标污染物的脱除效率。1t 垃圾燃烧产生的烟气量需要消耗消石灰粉约 7～10kg，反应助剂的消耗量为 1.5～5kg。系统采用消石灰＋反应助剂代替活性炭，可以达到节能降耗、减少废物的目的。消石灰在有机复合膜表面形成吸附层，不但可以充分吸收净化烟气中的污染物，而且可以提高过滤效率[20,21]。

④ 除尘器清灰采用电磁脉冲阀控制压缩空气反吹，净化效率高，系统操作稳定。

⑤ 采用有机复合膜，烟气净化更彻底，节能降耗明显，适应性强[22]。

11.1.3　膜技术应用于水泥窑炉超低排放

水泥窑的生产工序繁多，排放粉尘的污染点也较多，水泥产品生产过程中，从原料准备到成品出厂有将近40个污染源，表11-8为水泥生产过程中会产生粉尘污染的设备及其烟气特性[8]。

表 11-8　水泥生产工艺部分设备烟气特性

设备名称		含尘浓度 /(g/m³)	气体温度 /℃	水分含量 (体积分数) /%	露点/℃	粉尘粒径/%	
						<20μm	<88μm
悬浮预热器窑		30～80	350～400	6～8	35～40	95	100
窑外分解窑		30～80	300～400	6～8	35～40	95	100
熟料冷却机		2～20	100～250	—	—	10	30
回转烘干机	黏土	40～150	70～130	20～25	50～65	25	45
	矿渣	10～70				—	—
	煤	10～50				60	
生料磨	重力卸烘干磨	50～150	60～95	10	45	50	95
	风扫磨	300～500					
	立式磨	300～800					
	选粉机	800～1200	70～100				
水泥磨	机械排风磨	20～120	90～120	—	—	50	95
煤磨	球磨(风扫)	250～500	60～90	8～15	40～50	—	—
	立式磨						
破碎机	颚式	10～15					
	锤式	30～120					
	反击式	40～100					
包装机		20～30					

新型的干法水泥生产工艺通常有4～5级旋风装置，干生料通常在第一级和第二级之间的通道加入，然后被高速气流带入到旋风装置内，与来自窑尾的高温烟气接触传热，温度得到提升。再依次经过其他旋风装置继续被加热，待温度升到700℃以后进入窑内煅烧成熟料。窑尾的烟气温度约为350～400℃，经与粉磨烟气换热、增湿塔降温后温度约为120℃，再经过除尘器除尘后经烟囱排出。图11-18为预分解回转窑与除尘工艺流程图。

干法窑尾烟气性质如表11-9所示。

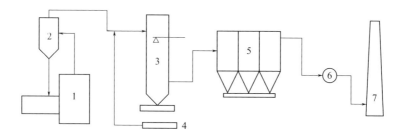

图 11-18　预分解回转窑尾与生料磨工艺流程

1—回转窑；2—预热器；3—增湿塔；4—生料磨；5—除尘器；6—风机；7—烟囱

表 11-9　干法窑尾烟气性质

名称	烟气量 /(m³/kg 熟料)	温度/℃	湿度/%	露点/℃	含尘浓度 /(g/m³)	化学成分/%		
						CO₂	O₂	N₂
一般	1.6~2.5	350~400	4~6	40	40~130	—	—	—
实测	2.5~3.0	300~350	7	40	60~80	12	12	76

某水泥生产线将窑尾烟气返回前端对原料气进行预热，使热量得到了利用[23]。除尘器采用有机复合膜脉冲除尘器，其烟尘参数和除尘器设计运行参数分别见表 11-10 至表 11-12。

表 11-10　水泥窑烟尘化学成分测试数据

名称	SiO₂	Al₂O₃	Fe₂O₃	CaO	MgO	Na₂O	K₂O
质量分数/%	13.2	4.7	2.3	42	1.1	0.2	0.5

表 11-11　水泥窑烟尘粒度分布

粒径/μm	<15	15~20	20~30	30~40	40~88	>88
比例/%	94	2	2	1	1	0

表 11-12　膜法除尘器规格和参数

名称	参数	名称	参数
处理烟气量/(m³/h)	23000	清灰方式	反吹风
温度/℃	≤240	设备阻力/Pa	<2000
滤袋材质	有机复合膜	膜袋使用寿命/年	6
膜袋规格/mm	Φ200×8000	仓室数/个	10
膜袋数量/条	960	控制系统/套	1

11.2 膜技术在粉体回收领域的应用

11.2.1 膜技术应用于分子筛催化剂回收

分子筛催化剂是一种多孔性物质，以其每克的比表面积高达数百平方米，活性高、吸附能力强、耐压性好而成为石油炼制和石油化工中常用的吸附剂、催化剂和催化剂载体。分子筛催化剂在生产过程中存在易流失的问题，不仅造成资源浪费，还导致严重的环境污染，因而在其生产过程中需要进行严格的分离净化，提高催化剂的回收率。与传统的沉降、板框过滤、离心分离等分离方式相比较，膜技术具有分离效率高、能耗低、污染小、自动化程度高等优点，因而越来越受到重视，下面结合工程实际应用进行介绍。

11.2.1.1 工程概况

某催化剂公司在分子筛催化剂的生产过程中，生产的分子筛催化剂经过干燥器后，分子筛催化剂浓度在 $30\sim50g/m^3$，如果不进一步对分子筛催化剂进行回收，不仅造成大量分子筛催化剂流失，而且尾气排放不达标，污染空气。而采用传统的旋风分离器、普通布袋除尘器或水洗吸收工艺等进行物料回收，不仅物料回收能力有限，而且会产生大量废水等新的污染物，且小粒径的催化剂更容易堵塞到普通布袋的孔道内，导致过滤阻力急剧升高，频繁的反吹会导致普通布袋大量破损，使用寿命基本低于 6 个月，经济效益不明显（工艺流程见图 11-19）。

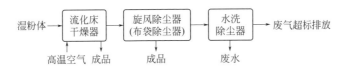

图 11-19 原有分子筛催化剂回收工艺

采用马尔文粒径分析仪和扫描电镜对分子筛催化剂的粒径分布及表面形貌进行表征，并对分子筛催化剂的堆积密度进行了测试，结果如下：

（1）分子筛催化剂粒径分布

分子筛催化剂粒径分布如图 11-20 所示，其平均粒径 $3\mu m$，存在 $1\mu m$ 以下的小粒径颗粒，有团聚现象。

（2）分子筛催化剂表面形貌

图 11-21 是分子筛催化剂表面形貌的扫描电镜照片。如图所示，分子筛催化

剂超细粉体团聚成接近球形的颗粒，大部分颗粒粒径在 $3\sim8\mu m$ 之间，与粒径分析数据吻合，还存在未团聚的超细粉尘及团聚较为严重的大颗粒粉尘。其体堆积密度较小，实测值为 $0.42g/cm^3$。

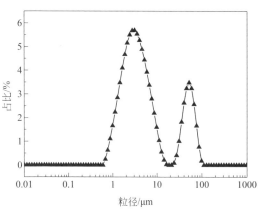

图 11-20　分子筛催化剂粒径分布

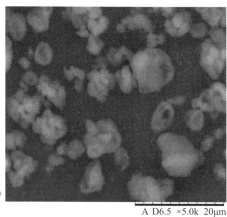

A D6.5　×5.0k　20μm

图 11-21　分子筛催化剂的 SEM 照片

11.2.1.2　方案设计

　　针对现有的工艺特点，厂家经过考察和了解，最终采用有机复合膜除尘器对分子筛催化剂进行回收，工艺流程及除尘器参数分别如图 11-22 及表 11-13 所示。

图 11-22　膜法分子筛催化剂回收工艺

表 11-13　分子筛催化剂膜法除尘器参数

序号	项目	参数
1	除尘器材质	304 不锈钢
2	入口温度/℃	120～200
3	入口粉尘浓度/(g/m³)	30～50
4	处理气体量/(m³/h)	8000～12000
5	膜袋材质	有机复合膜
6	膜袋尺寸/mm	130×3000
7	膜袋数量/条	144
8	过滤面积/m²	176

序号	项目	参数
9	过滤速度/(m/min)	0.76~0.95
10	脉冲阀数量/个	40
11	笼架材质	不锈钢
12	笼架长度/mm	2850
13	笼架周长/mm	上38cm,中40cm,下38cm
14	笼架筋数	纵筋8根,加强环13个

11.2.1.3 膜产品设计

除尘器性能的优劣由除尘材料、除尘器设备、待处理粉尘性质、运行工况等条件综合决定[6]。以排放浓度小于 $10mg/m^3$ 为设计目标,针对现有除尘器工况与所回收的分子筛催化剂的性质,进行气体净化膜材料定制化生产,调控膜材料孔径、孔隙率、厚度等参数使之与催化剂的粒径、表面形貌及堆积密度相匹配,以求催化剂回收效果达到最优。膜材料性能参数如表 11-14 所示。

表 11-14 膜材料性能参数

项目	参数	项目	参数
平均孔径/μm	$3\mu m$	使用温度/℃	160
孔隙率	>85%	瞬时温度/℃	220
成品面密度/(g/m^2)	580	径向强度/(N/50mm)	≥1000
厚度/mm	2	纬向强度/(N/50mm)	≥1200
透气量(200Pa)/(m/min)	3		

11.2.1.4 运行结果

① 分子筛催化剂粉体排放浓度小于 $10mg/m^3$;

② 膜材料使用寿命大于 24 个月;

③ 除尘器运行压降小于 1200Pa。

11.2.2 膜技术应用于染料回收

传统的染料产品回收工艺存在染料回收不充分、染料泄漏严重、尾气粉尘排放不达标等问题,不利于环境保护且影响生产。膜法除尘器有望成为最有效的解决办法。

11.2.2.1 工程概况

某染料公司在染料生产过程中，采用旋风分离＋喷淋的方式进行尾气净化，这种尾气净化方式只能去除部分大颗粒的染料粉体，染料收集不充分，并且染料废气通过水洗塔后降温，气体中的微小染料分子会重新生成大颗粒的凝胶团，对设备的运行非常不利。

对整个工艺过程中产生的染料颗粒物取样检测，对粒径分布情况进行测试，结果如图 11-23 所示。

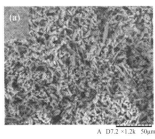 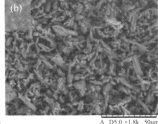 

图 11-23　染料颗粒的 SEM 表征

（a）喷淋塔出口尾气中的染料；（b）旋风分离器收集的染料；（c）旋风分离器出口尾气中的染料

从以上三个样品的检测结果可以看出，染料颗粒有团聚现象，粒径在 10～100μm。且染料 a 和染料 c 粒径集中在 10～20μm，但其中含有一些粒径较小（约 1～3μm）的染料粉体，此部分染料粉体因其粒径小，穿透性极强。染料 b 粒径较大，且几乎没有小粒径的染料。染料 a 和染料 c 的相对密度较小，是造成染料回收困难的主要原因。

11.2.2.2　烟气净化要求

净化后的烟气排放指标（标态、干基、基准氧含量）为：粉尘≤10mg/m³。

11.2.2.3　方案设计

通过对比，最终采用膜法染料回收工艺，有效解决粉尘排放浓度高、设备运转的阻力大、粉体架桥等问题。膜法除尘器的工艺如图 11-24 所示。染料废气经过旋风干燥器和旋风分离器后，废气得到干燥，并且一部分大颗粒的染料得到回收，余下的超细粉体染料与废气经过膜法除尘器，在膜产品的作用下，染料粉体被截留下来得到回收，净化后的尾气染料浓度低于 10mg/m³，经烟囱排空。

11.2.2.4　除尘器设计

对除尘器进行了设计，具体布置如图 11-25 所示：

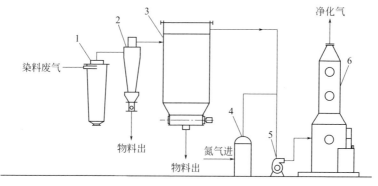

图 11-24　膜法染料回收工艺

1—旋风干燥器；2—旋风分离器；3—膜法除尘器；4—氮气缓冲罐；5—引风机；6—喷淋塔

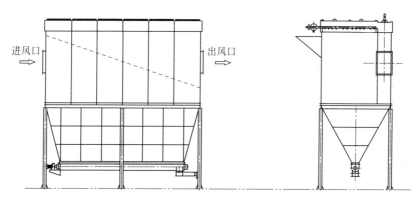

图 11-25　染料回收工艺除尘器设计

除尘器的工艺规格设计如表 11-15 所示。

表 11-15　染料回收除尘器工艺规格设计

序号	部件名称	型号规格及技术参数	数量	单位	备注
1	钢结构	型钢 Q235	1	套	包括立柱及气路管道
2	钢结构	不锈钢	1	套	—
3	喷吹系统	喷吹管不锈钢	1	套	气包碳钢
4	脉冲阀	淹没式、防爆	1	批	—
5	离线阀	活塞杆不锈钢	1	批	带磁性开关
6	有机复合膜	130mm×3050mm	1	批	—
7	笼架	碳钢、有机硅喷涂	1	批	—
8	螺旋机	S400, L=6m	1	台	不锈钢壳体及轴
9	卸灰阀	DN400	1	台	叶轮不锈钢, 外壳不锈钢
10	密封条		1		—

序号	部件名称	型号规格及技术参数	数量	单位	备注
11	储气罐	1m³	1	台	—
12	气路系统阀门	—	1	套	—
13	差压变送器	—	1	只	—
14	料位计	—	2	只	—
15	电气控制仪	—	1	台	—
16	热电阻	—	2	件	进风口
17	电缆桥架	—	1	套	—
18	运输	—	1	套	—
19	安装调试	—	1	套	—
20	保温	—	1	套	彩钢瓦＋岩棉

11.2.2.5 运行结果及经济性分析

膜法除尘器稳定运行 1 年后，膜产品与普通滤材的效果对比如图 11-26 所示。从图中可以看出，普通滤材因为漏粉而导致除尘器净气室内大面积污染，而采用膜产品进行尾气净化时，染料粉体被截留在膜表面，不能透过膜产品而进入净气室内，因而除尘器净气室内相对比较干净。经检测，经膜法除尘器净化后排放的尾气中染料粉体的浓度低于 5mg/m³。

普通布袋　　　　　　　膜产品

图 11-26　染料回收滤材内部污染情况

采用膜法除尘器后，相较于原来的染料回收工艺，染料排放浓度由原来的 50mg/m³ 降低至 5mg/m³，每年可多回收染料 12t，新增效益 100 余万元。同时，每年可节约电耗费用约 5 万元。

11.3　陶瓷膜技术在高温烟气净化领域的应用

随着能源工业和节能技术的发展，对高温除尘技术开发提出了更高水平的要求。当前研究的高温除尘技术是指对数百摄氏度以上的高温气体在不降温情况下进行净化，并设法回收洁净高温气体的热量再利用[24-27]。近几年，许多国家正致力于研究开发的联合循环发电和煤气化工艺中都需要解决高温、高压下的高效除尘技术。本节以陶瓷膜高温过滤器在燃煤电厂的应用为例进行介绍。

11.3.1　陶瓷膜技术应用于燃煤电厂

11.3.1.1　工程概况

江苏某燃煤电厂烟气工艺流程如图 11-27 所示。燃烧完成的烟气经过热器、省煤器降温后进入 SCR 脱硝，到达 SCR 的烟气温度约 350℃，粉尘浓度约 50g/m³。大量的粉尘随着烟气进入到 SCR 脱硝装置内，会覆盖、堵塞催化剂的孔道，影响催化剂的使用性能。因此，如果能在 SCR 装置之前安装一台高温过滤设备，将粉尘去除掉，则将极大改善 SCR 的工作性能。

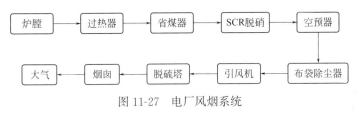

图 11-27　电厂风烟系统

SCR 之前的烟气温度通常高于 350℃，普通的有机材料在此条件下无法正常工作，陶瓷膜材料因其优异的耐高温、耐腐蚀性能及高过滤精度等特点成为最佳选择。如图 11-28 所示，在脱硝设备旁引出烟气管线接陶瓷膜设备，经高温过滤后的烟气进入 SCR 设备，以降低 SCR 内的粉尘污染，提高设备运行效率。

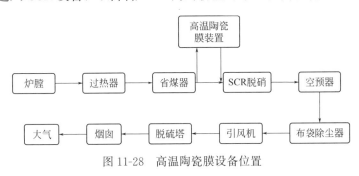

图 11-28　高温陶瓷膜设备位置

11.3.1.2　工艺参数

设计之前，对锅炉燃烧的粉尘进行详细分析，结果见表 11-16。锅炉燃烧煤种属于烟煤，该煤样含硫 0.32%，含氮 0.84%，燃烧后，烟气中将会产生氮氧化物和硫化物。

表 11-16　煤样分析汇总表

表 11-16　煤样分析汇总表

名称		煤种	名称		煤种
工业分析	收到基水分/%	6.5	元素分析	收到基碳/%	51.2
	收到基灰分/%	29.45		收到基氢/%	3.5
	空气干燥基水分/%	2.0		收到基氧/%	8.19
	收到基挥发分/%	26.46		收到基氮/%	0.84
收到基低位发热量/(MJ/kg)		20.3		收到基全硫/%	0.32
哈氏可磨系数		60	灰熔性	变形温度/℃	>1450
				软化温度/℃	>1500
				流动温度/℃	>1500

对烟气粉尘进行粒径分析，结果如图 11-29 所示。从图中可以看出，灰尘粒径主要分布在 $10\sim100\mu m$ 之间，但是也存在一些小于 $10\mu m$ 的细小颗粒。因此，陶瓷膜的最小孔径小于 $10\mu m$ 就能有效保证其具有较高的粉尘截留率。

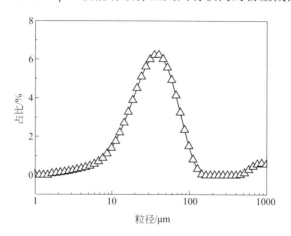

图 11-29　电厂烟气粉尘的粒径分布

图 11-30 为粉尘的形貌图（SEM 照片），从图中可以看出，粉煤灰主要呈球状，煤粉燃烧较为充分，粉体中小颗粒粉尘分布较多。

11.3.1.3　陶瓷膜过滤器的设计

（1）设计依据及参数

该项目的高温陶瓷膜过滤器的设计依据见表 11-17，设计参数见表 11-18。

（2）管板设计及管束分布

陶瓷膜过滤器系统包括了一个传统的管板基础的容器，这个管板将下部含尘气侧和上部清洁气体隔开，同时陶瓷膜管悬吊在管板上。整个管板，即所谓的主

图 11-30 粉尘表面形貌图

管板，设计用于 100 根陶瓷膜管的安装。主管板采用法兰盖设计，壁厚不小于 32mm，通过螺栓和法兰固定在容器内。

表 11-17 设计依据

项目名称	数值	项目名称	数值
烟气处理量/(m³/h)	1000	入口 SO$_2$ 浓度/(mg/m³)	400～700
烟气温度/℃	305～460	入口 NO$_x$ 浓度/(mg/m³)	350～500
入口粉尘浓度/(g/m³)	<50		

表 11-18 设计参数

项目	参数	项目	参数
烟气处理量/(m³/h)	1500	陶瓷膜数量/根	100
陶瓷膜规格/mm	φ60/40×1500	脉冲阀数量/个	10
设计温度/℃	450	设计压差/kPa	5.0～8.0
出口浓度/(mg/m³)	≤5	风机最大压力/kPa	10.0
喷吹气体	N$_2$	喷吹气源压力/MPa	0.3～0.6
喷吹气源温度/℃	250	喷吹气源加热	电加热

在陶瓷膜过滤装置中，陶瓷膜管往往成组布置，每组之间的距离有一定的要求，距离太大，则过滤器体积变大，经济性变差；距离太小则容易造成桥接现象。桥接现象会严重影响到陶瓷膜的过滤性能，甚至导致陶瓷膜管破损，最终导致系统停机。因此选取合适的陶瓷膜管间距非常重要。该项目设计陶瓷膜管之间的距离为 60mm，管束的布置如图 11-31（a）所示。图 11-31（b）为陶瓷膜管速度和压力分布云图，由图所示，总体流场分布较均匀，但是在局部存在着流速集中的现象。

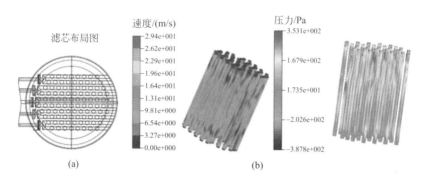

图 11-31　管束布置及膜管内速度和压力分布云图

（3）运行情况

陶瓷膜过滤器系统的关键是保证系统的长期运行稳定性[26,27]。图 11-32 为系统运行压降随流量、时间变化的曲线图。由图所示，系统压降随流量变化有轻微波动，系统流量范围 1000～1500m³/h，系统压降稳定在 2300～2500Pa。图 11-33 为陶瓷膜高温过滤设备装置图。

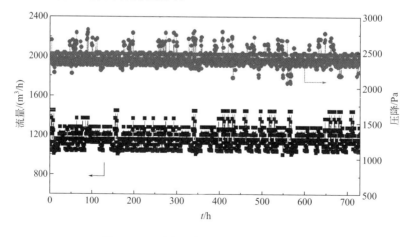

图 11-32　压降、流量与时间关系曲线图

图 11-33　陶瓷膜高温过滤器

11.3.2　陶瓷膜技术在焦炉烟气治理中的应用

11.3.2.1　工程概况

安徽某钢厂的焦炉烟气中含有大量的氮氧化物、硫化物以及颗粒物等有害物质，如果直接排放，将对环境产生严重的污染。采用活性焦吸附-再生法对烟气进行净化，是目前较为普遍采用的方法之一[28-30]，其工艺流程如图 11-34 所示。焦炉烟气经过吸附塔与活性焦错流接触，烟气中的二氧化硫和氮氧化物被吸附在活性焦的微孔内，氮氧化物被活性焦微孔内的催化剂催化转化为氮气，吸附饱和

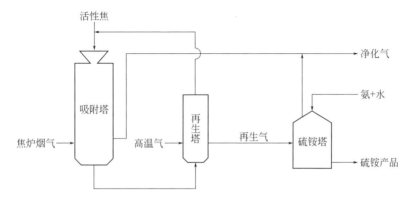

图 11-34　吸附-再生法净化焦炉烟气工艺流程

的活性焦被转移到再生塔利用高温气体进行再生，再生后的活性焦返回到吸附塔进行再利用。经过再生塔的再生气在硫铵塔内与塔顶喷淋的氨和水逆流接触，再生气中的二氧化硫与氨和水反应生成亚硫酸铵，再经循环曝气后生成硫酸铵产品。经净化后的再生气与吸附塔净化气一起进入下一个工序。

此工艺过程中，由于再生塔出来的再生气中会携带一定量的活性焦，因而生成的硫铵产品纯度和色度都比较差。为了提高硫铵产品的纯度，就需要对再生气进行净化。然而，再生气具有温度高、腐蚀性强、颗粒物粒径小等特点，常规的净化方法根本无法满足要求。

11.3.2.2　工艺设计

再生气的净化工艺设计如图 11-35 所示。再生气经陶瓷膜过滤器净化后，其中的活性焦被陶瓷膜过滤，净化后的再生气进入硫铵塔进行后续产品的生产。再生气流量为 140m³/h（正常运行时气量，SO_2 浓度 5.5%），高浓度检修时流量为 170m³/h，烟气温度＜420℃，烟气压力 −6000～−3000Pa，气体主要成分如表 11-19 所示。

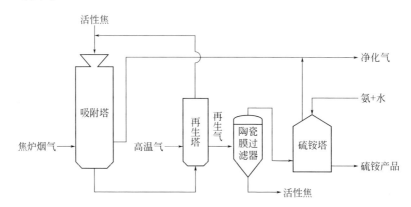

图 11-35　以陶瓷膜过滤器净化再生气工艺流程示意图

表 11-19　烟气主要成分表

成分	占比	成分	占比
SO_2/%	5～9	O_2/%	0
NH_3/%	1～5	CO/%	0.05
H_2O/%	16～30	SO_3/%	0.09
N_2/%	74～55.8	粉尘/(g/m³)	2
CO_2/%	3～4.75		

注：粉尘主要为活性焦，陶瓷膜过滤器设计需考虑避免出现硫铵和亚硫铵结晶，以防止造成堵塞。

通过对现场采集的粉尘进行粒径测试，发现活性焦粒径主要集中在 10～100μm 之间，比例占到 90%，10μm 以下的颗粒比例占到 10% 左右，结果如图 11-36 所示。

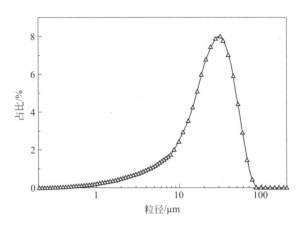

图 11-36　再生尾气中粉尘粒径测试结果

11.3.2.3　陶瓷膜过滤器设计

图 11-37 所示的是陶瓷膜过滤器装置的设计图，主要包括陶瓷膜过滤器筒体和反吹净化组件两部分。

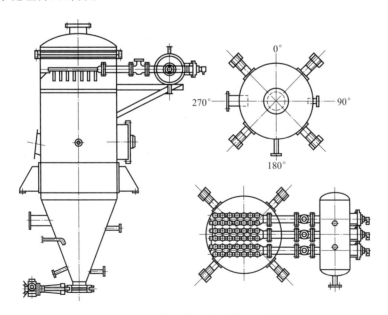

图 11-37　陶瓷膜过滤器装置设计图

陶瓷膜过滤器的设计参数如表 11-20 所示。

表 11-20　陶瓷膜过滤器的设计参数

序号	项目	性能、数量	备注
1	设备编号	—	非标制作
2	过滤器型式	低压脉冲陶瓷膜过滤器	—
3	处理气量/(m³/h)	355	工况
4	过滤器过滤面积/m²	11	—
5	膜管规格/(mm,支)	60/1500,40	—
6	滤料材质	耐高温陶瓷膜	碳化硅材质
7	脉冲阀规格	淹没式	—
8	脉冲阀规数量/个	3	—
9	反吹气源	氮气	—
10	进口含尘浓度/(g/m³)	<2.0	—
11	出口排放浓度/(mg/m³)	≤10	—
12	除尘效率/%	≥99.9	—
13	漏风率/%	≤2	—
14	最大运行阻力/Pa	≤1500	—
15	工作温度/℃	≤450	—
16	过滤器耐压/Pa	−10000	—

11.3.2.4　过滤系统特点

① 过滤元件选用高性能的高温碳化硅陶瓷膜。该陶瓷膜具有过滤精度高、透气阻力小、耐高温高压等优点，特别适用于高温烟尘（热气体）的净化，过滤精度最高可以达到 $0.1\mu m$，净化效率可以达到 99.9%。

② 陶瓷膜再生采用在线高压脉冲反吹技术，以氮气为反吹介质，采用电子时序及压差控制。过滤器内的陶瓷膜分为多组，每组按顺序逐一反吹，完成陶瓷膜的在线反吹再生。

11.3.2.5　运行结果

陶瓷膜装置内陶瓷膜管的安装如图 11-38 所示。自调试运行成功以来，陶瓷膜装置一直保持稳定运行，过滤精度、运行阻力等各项参数都符合设计标准。

① 出口排放浓度≤10mg/m³。

② 除尘效率≤99.9%。

③ 漏风率≤2%。

④ 运行阻力≤1500Pa。

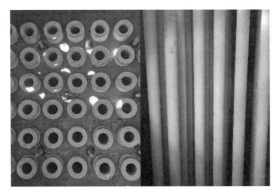

图 11-38　陶瓷膜装置图

11.3.3　陶瓷膜技术在黄磷尾气治理中的应用

11.3.3.1　工程概况

贵州某化工有限公司黄磷生产过程中会产生大量的含磷炉气,目前其炉气处理工艺如图 11-39 所示。磷炉产生的炉气直接进入洗气塔,向洗气塔中喷入热水,黄磷在热水条件下由气态变为液态,炉气中的粉尘进入水相后沉淀分层,粗磷进入受磷槽,再次沉降后,含磷水相进入精制锅,精制锅通入热水再次精制,含有粉尘的废水沉降后进入沉淀池。此工艺过程中会产生大量磷泥,污染环境,部分磷产品进入磷泥,浪费资源[31]。为了节约能源,提高经济效益和保护环境,本着技术可行、经济节约的原则,陶瓷膜过滤技术可以有效改善处理工艺。

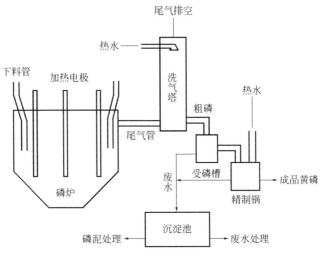

图 11-39　现有的黄磷尾气治理工艺

11.3.3.2 设计依据

磷炉气体参数如下所示。

① 原料气：全密闭黄磷炉高温炉气。

② 炉气发生量：6000m³/h（最大炉气发生量）。

③ 含尘浓度：50～200g/m³。

④ 电炉出口炉气温度：正常为120～180℃；最高为340℃。

⑤ 炉气成分：详见表11-21。

表 11-21 炉气成分表

序号	组成	含量(体积分数)/%	序号	组成	含量(体积分数)/%
1	CO	55～60	6	HF	1000mg/m³
2	CO_2	2	7	P_4	25～30
3	O_2	0.3	8	H_2S	680～2100mg/m³
4	N_2	1	9	PH_3	500～1100mg/m³
5	H_2	11			

此外，炉气中还有少量焦油、偏磷酸等成分。

⑥ 工作方式：连续。

⑦ 工作环境：防雨、防雪半封闭厂房。

11.3.3.3 陶瓷膜净化方案

采用陶瓷膜对黄磷炉气中的粉尘进行净化。利用陶瓷膜表面过滤机理及优良的耐腐蚀性能[32]，在高温下对黄磷炉气进行净化，去除炉气中的黄磷粉尘，净化后的炉气通入水洗塔，减少磷泥产生，降低固废生成量，从而达到清洁生产目的。

陶瓷膜黄磷炉气净化方案如图11-40所示，其主体设备为陶瓷膜过滤器，辅助系统有反吹气产生系统、反吹系统、过滤粉尘输送系统等。

11.3.3.4 设计参数

陶瓷膜黄磷炉气净化设备设计参数见表11-22。主体设备要做相应的保温措施，避免出现温度有较大的波动情况，保证设备内的温度高于230℃，使黄磷呈气态。

陶瓷膜采用反吹压缩氮气的方法进行清洗再生，可分为手动和自动控制两种模式，自动控制又可分为定时控制与定阻控制，从而保证实现对陶瓷膜过滤器的完全清洗再生，避免出现事故。

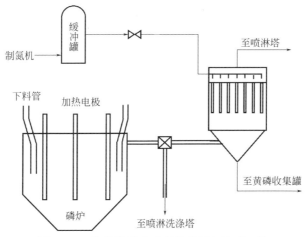

图 11-40　陶瓷膜技术治理黄磷尾气处理工艺

表 11-22　设计参数表

序号	项目	参数	序号	项目	参数
1	处理风量/(m³/h)	6000	7	脉冲阀规格	直角式
2	处理烟气温度/℃	230~340	8	脉冲阀数量/个	12
3	入口含尘浓度/(g/m³)	50~200	9	喷吹气源压力/MPa	0.2~0.4
4	出口含尘浓度/(mg/m³)	<10	10	本体漏风率/%	<2
5	过滤面积/m²	201	11	除尘器运行阻力/Pa	<2000
6	陶瓷膜材质	碳化硅	12	主系统运行时间/h	8400

11.3.3.5　运行结果

陶瓷膜装置稳定运行，过滤精度和运行阻力完全达到设计标准。

① 除尘器运行阻力<2000Pa。

② 粉尘排放浓度<10mg/m³。

参 考 文 献

[1] 熊镇湖. 大气污染防治技术及工程应用[M]. 北京：机械工业出版社，2003.

[2] 潘江胜，王国华，张峰，等. 超高效膜法除尘技术在燃煤电厂超低排放中的应用[J]. 中国盐业，2018，305(2)：42-47.

[3] 王国华，陈留平，张峰，等. 膜技术在燃煤电厂烟气除尘中的应用[J]. 盐业与化工，2015，305(2)：50-53.

[4] 嵇敬文，陈安琪. 锅炉烟气袋式除尘技术[M]. 北京：中国电力出版社，2006.

[5] 陈裕楼. 电厂锅炉脱硫脱硝及烟气除尘技术[J]. 中国设备工程，2020，7(13)：196-197.

[6] 孙卫国. 袋式除尘技术在燃煤电厂烟气处理中的应用[J]. 设备管理与维修，2019，10(20)：107-108.

[7] 杨东，徐辉，刘江峰，等. 不同滤料性能比较研究及应用[J]. 化纤与纺织技术，2018，47

(1)：6-10.

[8] 陈隆枢，陶晖. 袋式除尘技术手册[M]. 北京：机械工业出版社，2010.

[9] 吴瑶瑶，刘宇，杨国华，等. 可控制 $PM_{2.5}$ 工业粉尘排放的覆膜滤料[J]. 化纤与纺织技术，2013，42(3)：30-32.

[10] 仲兆祥，张峰，武军伟. 一种高浓度含盐有机废液焚烧尾气膜法处理系统及工艺：CN107255288B[P]. 2019-05-21.

[11] 徐涛，费传军. 袋除尘技术的发展及国产覆膜滤料的应用[J]. 水泥技术，2018，5，96-100.

[12] 殷依华，韩建，于斌. 滤料的覆膜处理对袋式除尘器压力损失的影响[J]. 现代纺织技术，2016(5)：43-45.

[13] 周冠辰，刘江峰，徐辉，等. 覆膜滤料与普通滤料性能对比研究[J]. 轻工科技，2016(1)：93-94.

[14] 田玮. 脉冲喷吹袋式除尘器清灰的研究[D]. 西安：西安建筑科技大学，2005.

[15] 翁海明. 多室袋式除尘器的流场分析与结构选优[D]. 杭州：杭州电子科技大学，2013.

[16] 于洋，陈炼非，丛东升，等. 除尘器前烟道数值模拟和优化设计[J]. 长春工程学院学报（自然科学版），2018(2)：39-42.

[17] 聂永丰，金宜英，刘富强. 固体废物处理工程技术手册[M]. 北京：化学工业出版社，2012.

[18] 王纯，张殿印，王海涛，等. 废气处理工程技术手册[M]. 北京：化学工业出版社，2012.

[19] 张峰，仲兆祥，许志龙，等. 一种废液焚烧烟气净化设备：CN207169346U[P]. 2018-04-03.

[20] 周裕成，华玉龙，马科伟，等. 生活垃圾焚烧烟气净化处理技术[J]. 化学工程与装备，2020(10)：277-279.

[21] 毛中建. 垃圾焚烧烟气超低排放改造技术探讨[J]. 科技与创新，2020(3)：100-101.

[22] 穆璐莹，吴刚，王健，等. 垃圾焚烧炉尾气处理系统滤料的应用[J]. 技术与工程应用，2013(3)：47-49.

[23] 段云刚，阿西燕. 天山水泥公司窑尾烟气除尘器的技术改造[C]//中国水泥技术年会暨第十一届全国水泥技术交流大会论文集，重庆：2009.

[24] 钟永生. 高温烟气过滤材料在袋式除尘器中的应用评述[J]. 中国环保产业，2020(8)：57-61.

[25] Liu L, Ji Z, Luan X, et al. Multi-objective optimization model of high-temperature ceramic filter[J]. Korean Journal of Chemical Engineering. 2020(37)：883-890.

[26] 谷艳玲. 高温烟气袋式除尘系统关键技术研究[D]. 沈阳：沈阳工业大学，2015.

[27] 刘威，金江，马飞. 耐高温除尘过滤材料的进展[J]. 资源节约与环保，2018(3)：13-14.

[28] 保德山. 焦炉烟气排放及影响因素探究[J]. 云南化工，2020，47(8)：67-71.

[29] 周云龙. 活性焦法烧结球团烟气净化技术探析[J]. 化工管理，2016(5)：205.

[30] 熊银伍，李艳芳，孙仲超. 焦化烟气活性焦低温脱硝工艺与反应器设计[J]. 煤炭工程，2020，52(7)：174-181.

[31] 郜华萍. 黄磷尾气对燃气设备高温腐蚀行为及燃烧特性研究[D]. 昆明：昆明理工大学，2015.

[32] 李丹，王慧，王昆，等. CFD-DEM模拟气固两相在陶瓷膜内的流动特性[J]. 膜科学与技术，2019，39(2)：51-57.